Die Quantentheorie

Ihr Ursprung und ihre Entwicklung

Von

Fritz Reiche

Mit 15 Textfiguren

Berlin
Verlag von Julius Springer
1921

Softcover reprint of the hardcover 1st edition 1921
ISBN-13: 978-3-642-90292-5 e-ISBN-13: 978-3-642-92149-0
DOI: 10.1007/978-3-642-92149-0

Vorwort.

Die vorliegende kleine Schrift ist im Wesentlichen eine Ausarbeitung und Erweiterung meines gleichbetitelten Aufsatzes im Planckheft der „Naturwissenschaften“. Sie beansprucht nicht, ein systematisches Lehrbuch der Quantentheorie darzustellen, sondern will eine nach Möglichkeit vollständige und leichtfaßliche Übersicht über die Entstehung und Entwicklung dieser weitverzweigten Lehre bieten. Ich habe daher im Text mathematische Auseinandersetzungen vermieden und den Beweis wichtiger Formeln, soweit dies möglich war, in die Zusätze und Anmerkungen verlegt, in denen auch manche Textstellen durch eingehendere Ausführungen ergänzt worden sind. Auch die mannigfaltigen Literaturzitate habe ich in den Anmerkungen zusammengestellt und hoffe, daß sie dem Leser das Auffinden der einschlägigen Originalarbeiten erleichtern werden.

Berlin, im Oktober 1920.

Der Verfasser.

Inhaltsverzeichnis.

Der alte Satz: „Kleine Ursachen, große Wirkungen" hat in der Geschichte der Physik mehr als einmal seine Bestätigung erfahren. Denn oft sind unscheinbare Unterschiede zwischen Theorie und Experiment, die dem wachsamen Sinn des Forschers nicht entgingen, zum Ausgangspunkt neuer und bedeutsamer Gedanken geworden.

So wuchs aus dem bekannten *Michelson-Morley*schen Interferenzversuch, der, trotz Anwendung stärkster Mittel der optischen Feinmessung, einen theoretisch angekündigten Einfluß der Erdbewegung auf die Lichtausbreitung nicht zu konstatieren vermochte, das große Gebäude der *Einstein*schen Relativitätslehre hervor.

So hat sich auch aus geringfügigen Differenzen zwischen den gemessenen und den berechneten Werten der Strahlung des schwarzen Körpers die von *Max Planck* begründete Quantentheorie entwickelt, die berufen war, im Laufe der Zeit in fast allen Gebieten der Physik Revolutionen größten Stils zu entfachen.

Noch ist die Quantentheorie verhältnismäßig jung, und es ist daher nicht zu verwundern, daß wir einer unabgeschlossenen, in stärkstem Entwickelungsflusse befindlichen Theorie gegenüberstehen, die, in vielseitiger Wandlung begriffen nicht selten einreißen muß, was sie kurz zuvor au[illegible]. Aber gerade bei diesem Sachverhalt — dem frischen Strom lebendiger Gedanken und Impulse, der die Theorie durchzieht, und den erstaunlichen, sich fast täglich mehrenden Erfolgen — ist es von bestechendem Reiz, einen Überblick über die bisherige Lebensgeschichte der Quantenlehre zu wagen, und ihren Kern, der wohl die Wandlungen der Form überdauern wird, herauszuschälen.

I. Der Ursprung der Quantenhypothese.

§ 1. Die schwarze Strahlung und ihre Verwirklichung.

Das Geburtsjahr der Quantentheorie ist das Jahr 1900. Als in den vorangehenden Jahren (1897—99) *O. Lummer* und *E. Pringsheim* in der physikalisch-technischen Reichsanstalt ihre grundlegenden Messungen an der Strahlung des schwarzen Körpers durchführten[1]), da konnten sie nicht ahnen, daß ihre sorgfältigen Versuche zum Ausgangspunkt einer so weitreichenden Umwälzung wurden, wie sie die Physik wohl selten erlebt hat.

Im Vordergrunde des Interesses auf dem Gebiete der Wärmestrahlung stand damals die Strahlung des „schwarzen Körpers" (auch kurz die „schwarze Strahlung" genannt), d. h. desjenigen Körpers, der alle auf ihn fallende Strahlungsenergie vollständig verschluckt (absorbiert), ohne sie zu reflektieren, hindurchzulassen oder zu zerstreuen[2]). Zur näheren Erläuterung sei an folgende Tatsachen erinnert. Es ist bekannt, daß jeder Körper von bestimmter Temperatur Energie in Form von Strahlung in den umgebenden Raum entsendet. Diese Strahlung ist kein einheitliches Energiegebilde, sondern aus einer unendlichen Mannigfaltigkeit einzelner Strahlungen von verschiedener Farbe, d. h. verschiedener Wellenlänge λ (oder verschiedener Schwingungszahl[3]) ν) zusammengesetzt; m. a. W.: sie bildet im allgemeinen ein Spektrum, in dem die Strahlungen aller Schwingungszahlen zwischen $\nu = 0$ und $\nu = \infty$ vertreten sind. Und zwar sind sie mit verschiedener „Intensität" vertreten, einer Größe, die man folgendermaßen definiert: man betrachte die von der Oberflächeneinheit des Körpers pro Sekunde nach einer Seite entsandte Strahlung, zerlege sie spektral und schneide aus dem Spektrum ein schmales Schwingungszahlen-Intervall $d\nu$ heraus, so daß also die herausgegriffene Strahlung alle Schwingungszahlen zwischen ν und $\nu + d\nu$ umfaßt. Die so ausgesonderte Strahlungsenergie E_ν (das „Emissionsvermögen des Körpers für die Schwingungszahl ν") setze man[4]:

$$E_\nu = 2\pi\, \mathfrak{K}_\nu\, d\nu\,, \tag{1}$$

wenn — was wir der Einfachheit halber voraussetzen — die Oberfläche des Körpers nach allen Richtungen gleichmäßige und unpolarisierte Strahlung entsendet. Die hierdurch definierte Größe $\mathfrak{K}_\nu$ nennt man die „Strahlungsintensität" des Körpers für die Schwingungszahl ν. Sie ist im allgemeinen eine mehr oder minder komplizierte Funktion der Schwingungszahl ν, der absoluten Temperatur T des Körpers und der speziellen Körpereigenschaften. Nur der schwarze Körper nimmt in dieser Hinsicht eine ausgezeichnete Stellung ein. Denn seine Strahlung, und folglich sein $\mathfrak{K}_\nu$, ist, wie zuerst *Gustav Kirchhoff*[5]) bewiesen hat, nur von der Schwingungszahl ν und der absoluten Temperatur T abhängig, in Zeichen:

$$\mathfrak{K}_\nu = f(\nu, T)\,. \tag{2}$$

Diese Beziehung, die die Strahlungsintensität des schwarzen Körpers in ihrer Abhängigkeit von der Temperatur und der „Farbe" darstellt, nennt man die Strahlungsformel oder das Strahlungsgesetz des schwarzen Körpers.

Diese Abhängigkeit einerseits zu berechnen, andererseits zu messen, war ein derzeit noch ungelöstes Problem. Einwandfreie Messungen aber waren natürlich erst möglich, wenn es gelang, einen schwarzen Körper zu konstruieren, der seinem theoretischen Ideal hinreichend nahe kam. Diesen wichtigen Schritt, die Realisierung des schwarzen Körpers, taten *O. Lummer* und *W. Wien*[6]), gestützt auf den fundamentalen ;„Hohlraumsatz" von *G. Kirchhoff*[7]), der folgendes aussagt: in einem allseitig von spiegelnden Wänden umschlossenen, gegen Wärmeaustausch mit der Umgebung geschützten, evakuierten Hohlraum stellt sich automatisch der „schwarze" Strahlungszustand her, wenn sich im Innern oder an den Wänden beliebige emittierende und absorbierende Gebilde von gleicher Temperatur befinden. In einem Raum, der von Körpern gleicher Temperatur T allseitig und undurchlässig umschlossen ist, ist also jedes Strahlenbündel seiner Qualität und Intensität nach gerade so beschaffen, als käme es von einem schwarzen Körper von der Temperatur T her. *Lummer* und *Wien* hatten also nur nötig, einen gleichmäßig geheizten, innen geschwärzten Hohlraum mit einer kleinen Öffnung herzustellen; die durch diese Öffnung nach außen dringende Strahlung war dann mit um so größerer Annäherung ‚schwarz", je kleiner die Öffnung war, je weniger sie also die vollständige Geschlossenheit des Hohlraums störte. Für die so realisierte schwarze Strahlung sollte nun die Abhängigkeit der Intensität $\mathfrak{K}_\nu$ von der Schwingungszahl ν und der Temperatur T gemessen werden. Dieser Untersuchung waren die oben genannten Arbeiten von *Lummer* und *Pringsheim* gewidmet.

§ 2. Stefan-Boltzmannsches Strahlungsgesetz und Wiensches Verschiebungsgesetz.

Während so die Experimentalforschung ihren Weg ging, war die Theorie nicht müßig geblieben, sondern hatte durch Aufstellung von zwei grundlegenden Gesetzen wertvolle Vorarbeit geleistet. An erster Stelle hatte *L. Boltzmann*[8]) mit Hilfe der Elektrodynamik und der Thermodynamik das von *J. Stefan*[9]) schon vorher ausgesprochene Gesetz bewiesen, daß beim schwarzen Körper die Gesamtstrahlung aller Schwingungszahlen zusammen, also die Größe $K = 2\int\limits_0^\infty \mathfrak{K}\,d\nu$, proportional der vierten Potenz seiner absoluten Temperatur wächst[10]).

$$K = \gamma \cdot T^4 \quad (\gamma \text{ eine Konstante}). \tag{3}$$

In weitere Feinheiten drangen die von *W. Wien*[11]) aufgestellten Sätze. *Wien* denkt sich die schwarze Strahlung in einen Hohlraum mit einem beweglichen, nach innen spiegelnden Stempel eingeschlossen und durch Verschiebung des Stempels, gleichsam wie ein Gas, adiabatisch (d. h. ohne Wärmezufuhr) und unendlich langsam komprimiert. Drückt man nun die Änderung, die dieser Prozeß an der Energie eines bestimmten Farbenintervalls $d\nu$ hervorruft, auf zweierlei Weise aus, und berücksichtigt, daß die am Stempel reflektierten Wellen nach dem *Doppler*schen Prinzip eine Farbenänderung erfahren, so gelingt es, die unbekannte funktionale Abhängigkeit der Größe $\mathfrak{K}_\nu$ von ν und T weitgehend einzuschränken. Man erhält so[12]) eine Beziehung von der Form:

$$\mathfrak{K}_\nu = \frac{\nu^3}{c^2} \cdot F\left(\frac{\nu}{T}\right), \tag{4}$$

wo c die Lichtgeschwindigkeit im Vakuum ist, und wo die Bestimmung der Funktion F noch offen bleibt. Aus diesem *Wien*schen „Verschiebungsgesetz" ergibt sich die Folgerung[13]), daß diejenige Schwingungszahl $\nu_{\max}$, für die $\mathfrak{K}_\nu$ (als Funktion von ν aufgetragen) sein Maximum besitzt, sich mit wachsender Temperatur proportional T nach höheren Werten verschiebt:

$$\nu_{\max} = \text{const} \cdot T . \tag{4a}$$

Benutzt man, was in der messenden Physik die Regel ist, die Wellenlänge $\lambda = \frac{c}{\nu}$ an Stelle der Schwingungszahl als Veränderliche, so formulieren sich die *Wien*schen Verschiebungssätze etwas anders. Betrachtet man nämlich die Strahlungsenergie eines schmalen Wellenlängenbezirkes $d\lambda$, der dem Schwingungszahlenintervall $d\nu$ entspricht und setzt sie in der Form $E_\lambda d\lambda$ an, so ist $E_\lambda d\lambda = \mathfrak{K}_\nu d\nu$, also $E_\lambda = \mathfrak{K}_\nu \cdot \frac{c}{\lambda^2}$. An die Stelle von (4) und (4a) treten dann die Beziehungen:

$$E_\lambda = \frac{c^2}{\lambda^5} F\left(\frac{c}{\lambda T}\right), \tag{5}$$

$$\lambda_{\max} \cdot T = \text{const} = \delta . \tag{5a}$$

§ 3. Das Wiensche Strahlungsgesetz.

Die endgültige Aufstellung des Strahlungsgesetzes erforderte also jetzt nur noch die Ermittelung der unbekannten Funktion F in (4) oder (5). Aber dies war eben auch der Kernpunkt der ganzen Frage und der schwierigste Teil des Problems.

Auch hier hat *W. Wien* den ersten erfolgreichen Vorstoß unternommen. Auf Grund nicht ganz einwandfreier

Berechnungen, die sich an das *Maxwell*sche Gesetz für die Geschwindigkeitsverteilung der Gasmoleküle anlehnten, gelangte er[14]) zu folgender Spezialisierung der Funktion F:

$$F = \alpha \cdot e^{-\beta \frac{\nu}{T}} \qquad (\alpha \text{ und } \beta \text{ sind zwei Konstanten}).$$

Damit nimmt das Strahlungsgesetz (4) die Form an:

$$\mathfrak{K}_\nu = \alpha \frac{\nu^3}{c^2} \cdot e^{-\beta \frac{\nu}{T}}, \qquad (6)$$

die man das *Wien*sche Strahlungsgesetz nennt.

Wie stellte sich nun die Erfahrung zu diesen theoretischen Ergebnissen? Während das *Stefan-Boltzmann*sche Gesetz und das *Wien*sche Verschiebungsgesetz durch die Beobachtungen von *Lummer* und *Pringsheim* weitgehend bestätigt wurden[15]), fanden die beiden Forscher das *Wien*sche Strahlungsgesetz (6) nur für hohe Schwingungszahlen, d. h. kleine Wellenlängen $\left(\text{genauer: für große Werte war } \beta \frac{\nu}{T}\right)$ erfüllt, konstatierten dagegen systematische Abweichungen für kleine Schwingungszahlen, d. h. lange Wellen[16]). An der „Realität" dieser Abweichungen hielten sie mit hartnäckiger Konsequenz fest, trotzdem von gewichtiger Seite Einspruch erhoben wurde. Während nämlich *F. Paschen*[17]) durch seine Arbeiten die Allgemeingültigkeit des *Wien*schen Strahlungsgesetzes bewiesen zu haben glaubte, war auch *Max Planck* in seiner ausführlichen Theorie der irreversiblen Strahlungsvorgänge[18]) auf strengerem Wege, als ursprünglich *Wien*, wieder zur *Wien*schen Strahlungsformel gelangt. Ausgehend von dem *Kirchhoff*schen Hohlraumsatz, wonach im gleichmäßig geheizten Hohlraum die Anwesenheit einer beliebigen emittierenden und absorbierenden Substanz Herstellung und

Erhaltung des schwarzen Strahlungszustandes garantiert, wählte *Planck* als einfachstes schematisches Modell einer solchen Substanz ein System linearer elektromagnetischer Oszillatoren und untersuchte das Strahlungsgleichgewicht, das sich zwischen ihnen und der Hohlraumstrahlung einstellt. Dies ist folgendermaßen zu verstehen: jeder der *Planck*schen Oszillatoren — als solche kann man sich z. B. gebundene, schwingungsfähige Elektronen denken — besitzt eine bestimmte Eigenschwingungszahl ν und spricht, infolge seiner schwachen Dämpfung nur auf diejenigen Wellen der Hohlraumstrahlung an, deren Schwingungszahlen in unmittelbarer Nachbarschaft von ν liegen, während alle übrigen Wellen über ihn hinwegstreichen, ohne ihn zu beeinflussen. Der Oszillator wirkt also auswählend, als Resonator, genau so, wie eine scharf abgestimmte Stimmgabel nur dann zu tönen anfängt, wenn in der Tonmasse, die sie trifft, gerade ihr „Eigenton" (oder ein sehr benachbarter) enthalten ist. Bei diesem Resonanzprozeß aber tauscht der Oszillator Energie mit der Strahlung aus, indem er einerseits, als Resonator, der äußeren Strahlung Energie entzieht, andererseits, als Oszillator, durch seine Schwingungen selbst wieder Energie ausstrahlt. So wird sich schließlich ein dynamisches Gleichgewicht herstellen zwischen dem Oszillator und der Hohlraumstrahlung, und zwar gerade denjenigen Wellen der Strahlung, die die Schwingungszahl ν besitzen. Bei diesem Gleichgewichtszustand nimmt erstens die Strahlung von der Schwingungszahl ν eine Intensität $\mathfrak{K}_\nu$ an, die nach *Kirchhoffs* Theorem gleich der Intensität der schwarzen Strahlung für diese Schwingungszahl ist; zweitens durchläuft die Energie U des Oszillators im Laufe der Zeit alle möglichen Werte, deren zeitlicher Mittelwert[19]) $\overline{U}$ sich der

Intensität $\mathfrak{K}_\nu$ proportional ergibt, ein Resultat, das wohl ohne weiteres plausibel erscheint, da die Erregung des Oszillators um so stärker ausfällt, je größer die auf ihn wirkende Intensität der Strahlung ist. Die genaue Ermittelung dieser Beziehung zwischen $\mathfrak{K}_\nu$ und $\overline{U}$ auf Grund der klassischen Elektrodynamik — der erste Teil der *Planck*schen Rechnung — führt zu der fundamentalen Formel:

$$\mathfrak{K}_\nu = \frac{\nu^2}{c^2} \cdot \overline{U}. \tag{7}$$

In dem zweiten Teil bestimmte *Planck*[20]), in allerdings nicht eindeutiger Weise, auf Grund des zweiten Hauptsatzes der Thermodynamik $\overline{U}$ als Funktion von ν und T, und fand:

$$\overline{U} = \alpha \nu e^{-\beta \frac{\nu}{T}}. \tag{8}$$

Die Kombination von (7) und (8) liefert das *Wien*sche Strahlungsgesetz (6).

§ 4. Die Quantenhypothese. Das Plancksche Strahlungsgesetz.

Aber *Lummer* und *Pringsheim* gaben nicht nach! In einer erneuten Untersuchung[21]) im Jahre 1900 zeigten sie, daß im Gebiete der langen Wellen die *Wien*sche Strahlungsformel unzweifelhaft die Beobachtungen nicht darstellte. Da entschloß sich *Planck*, in einer bedeutsamen Arbeit[22]), die man als die Schöpfung der Quantenhypothese ansehen muß, seine Ableitung des Strahlungsgesetzes zu modifizieren, und zwar den nicht eindeutigen Ausdruck (8) für die mittlere Energie des Oszillators abzuändern. Er ging dabei in folgender Weise vor[23]): Um die gesamte, zur Verfügung stehende Energie auf die Oszillatoren zu verteilen, dachte er sich diese Energie in eine diskrete Anzahl endlicher „Energieelemente" (Energiequanten) von der

Größe ε zerlegt, und diese Energiequanten nach dem Zufall auf die einzelnen Oszillatoren verteilt, ganz ebenso, wie man eine gewisse Anzahl von Kugeln — etwa 5 — auf eine bestimmte Zahl von Behältern — z. B. 3 — verteilt. Jede solche „Verteilung" (5 Kugeln auf 3 Behälter) läßt sich bekanntlich auf mehrere verschiedene Arten realisieren, wobei es aber nicht darauf ankommt, welche individuellen Kugeln in den einzelnen Behältern liegen, sondern nur, wieviel[24]). Da nun jeder solchen „Verteilung" ein bestimmter Zustand des Systems entspricht, so folgt aus dem eben Gesagten, daß sich jeder Zustand auf mehrere Arten verwirklichen läßt, daß er also eine gewisse Anzahl von Realisierungsmöglichkeiten besitzt. Diese Anzahl nennt *Planck* die (thermodynamische) Wahrscheinlichkeit W des betreffenden Zustandes. Denn es ist ja ohne weiteres klar, daß die Wahrscheinlichkeit eines Zustandes um so größer ist, daß er also um so häufiger auftreten wird, je größer die Zahl seiner Realisierungsmöglichkeiten ist. Mittels geläufiger kombinatorischer Formeln konnte daher die Wahrscheinlichkeit W einer bestimmten Verteilung der Energieelemente auf die Oszillatoren, also die Wahrscheinlichkeit eines bestimmten energetischen Zustandes des Oszillatorensystems, als Funktion der mittleren Energie $\overline{U}$ eines Oszillators und des Energiequantums ε berechnet werden. Nun hat aber *L. Boltzmann*[25]) einen äußerst fruchtbaren Satz aufgestellt, der die Zustandswahrscheinlichkeit W eines Systems mit seiner „Entropie" S verknüpft, einer Größe, die bekanntlich im zweiten Hauptsatz der Thermodynamik eine ähnliche Rolle spielt, wie die Energie im ersten. So wurde also S als Funktion von $\overline{U}$ und ε gewonnen. Wandte man nun andererseits den zweiten Hauptsatz selbst an, der die Entropie S als

Funktion der mittleren Energie $\overline{U}$ und der absoluten Temperatur T ausdrückt, so war durch diesen Umweg folgendes erreicht: die Entropie, als Hilfsgröße, war eliminiert, und eine Beziehung gewonnen zwischen $\overline{U}$, T und ε. Diese grundlegende, von *Planck* zuerst abgeleitete Beziehung lautet:

$$\overline{U} = \frac{\varepsilon}{e^{\frac{\varepsilon}{kT}} - 1} \quad (k \text{ eine Konstante}). \tag{9}$$

Nun folgt aber aus (7) und dem *Wien*schen Verschiebungsgesetz (4), daß für die mittlere Energie $\overline{U}$ des Oszillators eine Beziehung von folgender Form besteht:

$$\overline{U} = \nu \cdot F\left(\frac{\nu}{T}\right). \tag{10}$$

Ein Vergleich von (9) und (10) zeigt, daß $\overline{U}$ nur dann die in (10) geforderte Form annimmt, wenn man ε der Schwingungszahl ν proportional setzt. Dies ist ein ganz wesentlicher Punkt der *Planck*schen Theorie: wollte man mit dem *Wien*schen Verschiebungsgesetz in Einklang bleiben, so mußte das Energieelement

$$\varepsilon = h\nu \tag{11}$$

gesetzt werden. Die Konstante h, die wegen ihrer Dimension (Energie · Zeit) das *Planck*sche Wirkungsquantum genannt wird, hat, wie wir sehen werden, bei der weiteren Entwickelung der Quantentheorie eine Rolle von ungeahnter Bedeutung gespielt.

Durch Kombination der Formeln (7), (9) und (11) folgt sofort die berühmte *Planck*sche Strahlungsformel

$$\mathfrak{K}_\nu = \frac{h\nu^3}{c^2} \cdot \frac{1}{e^{\frac{h\nu}{kT}} - 1}, \tag{12}$$

die *Planck* zuerst im Jahre 1900 auf dem geschilderten Wege, also mit der Hypothese der Energiequanten, theoretisch abgeleitet hat. Noch in demselben und dem darauffolgenden Jahr ist dieses Strahlungsgesetz teils durch Messungen von *H. Rubens* und *F. Kurlbaum*[26]) im Gebiete langer Wellen, teils durch *F. Paschen*[27]) im Gebiete kurzer Wellen aufs beste bestätigt worden. Auch die späteren Strahlungsmessungen am schwarzen Körper[28]), besonders die exakten Arbeiten, die von *E. Warburg* und seinen Mitarbeitern in der physikalisch-technischen Reichsanstalt ausgeführt worden sind, haben die Gültigkeit der *Planck*schen Formel dargetan. Im Gegensatz hierzu haben kürzlich *W. Nernst* und *Th. Wulf*[29]) in einer eingehenden kritischen Durchmusterung des gesamten bis jetzt vorliegenden Experimentalmaterials Abweichungen (bis zu 7%) der gemessenen von den nach der *Planck*schen Formel berechneten Werten konstatiert und glauben daraus auf die nicht exakte Gültigkeit der *Planck*schen Formel schließen zu müssen. Mag man sich zu dieser Kritik stellen wie man will, jedenfalls ist sie ein starker Anstoß, um die Strahlungsmessungen am schwarzen Körper mit allen Finessen und Kautelen heutiger Experimentierkunst von neuem in Angriff zu nehmen und damit die wichtige Frage nach der Gültigkeit des *Planck*schen Gesetzes endgültig zu entscheiden.

Die *Planck*sche Formel nimmt für kurze Wellen, d. h. große Schwingungszahlen $\left(\text{genauer: für große Werte von } \frac{h\nu}{kT}\right)$ die Form an:

$$\mathfrak{K}_\nu = \frac{h\nu^3}{c^2} \cdot e^{-\frac{h\nu}{kT}} \tag{13}$$

geht also, wie auch die Versuche bestätigt haben, in das *Wien*sche Strahlungsgesetz über (vgl. Formel (6)). In dem anderen Grenzfall, d. h. bei langen Wellen, kleinen Schwingungszahlen $\left(\text{genauer: bei kleinen Werten von } \frac{h\nu}{kT}\right)$ nimmt die *Planck*sche Formel die Gestalt

$$\mathfrak{K}_\nu = \frac{\nu^2}{c^2} k T \tag{14}$$

an, wie man leicht durch Reihenentwickelung der Exponentialfunktion $e^{\frac{h\nu}{kT}}$ findet. Dieses durch die Messungen im langwelligen Gebiet bestätigte Grenzgesetz ist schon vorher durch *Lord Rayleigh*[30]) aufgestellt worden. Die *Planck*sche Formel enthält also das *Wien*sche und das *Rayleigh*sche Strahlungsgesetz als Grenzfälle.

Benutzt man die Wellenlänge λ statt der Schwingungszahl ν, so nimmt das *Planck*sche Gesetz die Form an:

$$E_\lambda = \frac{h c^2}{\lambda^5} \cdot \frac{1}{e^{\frac{hc}{k\lambda T}} - 1} \tag{15}$$

Zur Veranschaulichung ist in Fig. 1 die Strahlungsintensität E_λ als Funktion von λ für verschiedene T aufgetragen. Ganz ähnlich sehen die Kurven aus, die $\mathfrak{K}_\nu$ als Funktion von ν darstellen. Das Maximum der E_λ-Kurven liegt an der Stelle, wo $\frac{hc}{k\lambda T}$ den Wert 4,9651 annimmt. Daraus folgt:

$$\lambda_{\max} \cdot T = \frac{c h}{4{,}9651 \cdot k} = 6{,}042 \cdot 10^9 \cdot \frac{h}{k} = \delta \tag{16}$$

eine Beziehung, die mit der Form (5a) des *Wien*schen Verschiebungsgesetzes identisch ist.

Für die Gesamtstrahlung ergibt sich aus (12) oder (15)

$$K = 2\int_0^\infty \mathfrak{K}_\nu \, d\nu = 2\int_0^\infty E_\lambda \, d\lambda = \frac{2\pi^4 k^4}{15 c^2 h^3} \cdot T^4 = \gamma \cdot T^4 \tag{17}$$

eine Gleichung, die das *Stefan-Boltzmann*sche Gesetz (3) ausspricht[31]).

Aus (16) und (17) erkennt man, daß die Messung erstens der Gesamtstrahlung (K), zweitens der Wellenlänge des Maximums (λ_{max}) bei bestimmter, bekannter Temperatur (T) es erlaubt, die beiden Konstanten h und k der Strahlungsformel zu berechnen[32]). Aus den damals vorliegenden *Kurlbaum*schen Messungen der „*Stefan-Boltzmann*schen Konstante" γ und der von *Lummer* und *Pringsheim* gemessenen Konstanten δ des *Wien*schen Verschiebungsgesetzes fand *Planck*[33]) folgende Werte:

$$h = 6{,}548 \cdot 10^{-27}\,[\text{erg} \cdot \text{sec}]\,;$$

$$k = 1{,}346 \cdot 10^{-16}\left[\frac{\text{erg}}{\text{grad}}\right] \qquad (18)$$

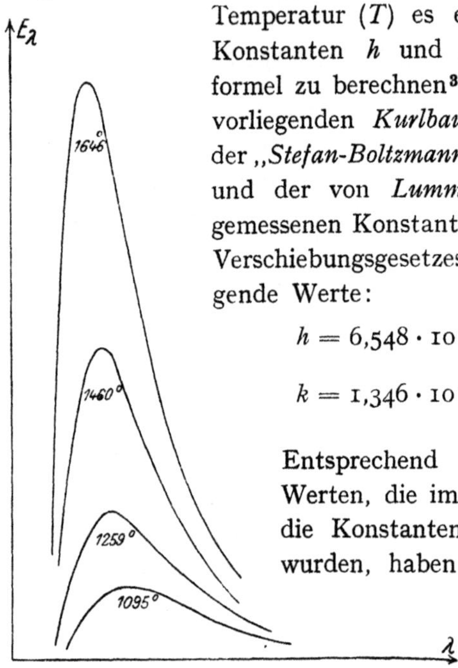

Fig. 1.

Entsprechend den wechselnden Werten, die im Laufe der Zeit für die Konstanten γ und δ gefunden wurden, haben auch die Werte von h und k Wandlungen durchgemacht, die hier festzuhalten nicht verlohnt. Denn besonders die Messung der Gesamtstrahlung hat — wie man aus den stark schwankenden Werten in Anmerkung 15 ersieht — noch nicht den genügenden Grad der Sicherheit erreicht, um auf die *Stefan-Boltzmann*sche Konstante eine hinreichend exakte Berechnung der beiden Strahlungskonstanten h und k gründen zu können.

Methoden, um jedenfalls h mit weitaus größerer Genauigkeit zu bestimmen, werden wir später kennenlernen.

§ 5. Konsequenzen der Planckschen Theorie.

Mit der Aufstellung der Strahlungsformel und der Bestimmung ihrer Konstanten waren indessen die Erfolge der neuen *Planck*schen Theorie nicht erschöpft, vielmehr offenbarten sich sogleich bedeutsame Beziehungen dieser Theorie zu anderen Gebieten. Es zeigte sich nämlich[34]), daß die Konstante k der Strahlungsformel nichts anderes ist, als der Quotient aus der absoluten Gaskonstanten R (die in der Zustandsgleichung idealer Gase auftritt) und der sog. *Avogadro*schen Zahl N, d. h. der Zahl der Moleküle in einem Grammolekül:

$$k = \frac{R}{N} . \tag{19}$$

Da der Wert von R aus der Thermodynamik hinreichend genau bekannt war $\left(R = 8{,}31 \cdot 10^7 \left[\frac{\text{erg}}{\text{grad}}\right] = 1{,}98 \left[\frac{\text{cal}}{\text{grad}}\right]\right)$, so konnte *Planck*[35]) mit Hilfe der Strahlungsmessungen die *Avogadro*sche Zahl N berechnen und fand unter Benutzung von (18):

$$N = 6{,}175 \cdot 10^{23} . \tag{20}$$

Die Übereinstimmung dieses Wertes mit den nach ganz anderen Methoden ermittelten Werten ist sehr bemerkenswert[36]). Die *Avogadro*sche Zahl aber bildet die Brücke zur Elektronentheorie. Denn es ist bekannt, daß die elektrische Ladung, die bei der Elektrolyse mit einem einwertigen Gramm-Ion, d. h. mit N-Ionen wandert, eine allgemeine Naturkonstante ist, die man die *Coulomb*sche Zahl nennt. Ihr Wert war, nach dem damaligen Stande der Messungen $9658 \cdot 3 \cdot 10^{10}$ elektrostatische Einheiten. (Der heute als gültig angenommene Wert ist[37]) $9649{,}4 \cdot 2{,}999 \cdot 10^{10}$.) Trägt nun jedes einwertige Ion die Ladung e des Elektrons, so muß die Gleichung bestehen:

$$N e = 9658 \cdot 3 \cdot 10^{10}\,, \tag{21}$$

woraus, unter Benutzung von (20)

$$e = 4{,}69 \cdot 10^{-10} \quad \text{elektrostatische Einheiten} \tag{22}$$

folgt. Selbst von den neuesten und exaktesten Messungsergebnissen *R. A. Millikans*[38]), der für die Elektronenladung den Wert

$$e = 4{,}774 \cdot 10^{-10} \quad \text{elektrostatische Einheiten} \tag{23}$$

fand, weicht der von *Planck* aus der Strahlungstheorie berechnete Wert nur um etwa 2% ab: ein wahrhaft erstaunliches Resultat!

II. Das Versagen der klassischen Statistik.

§ 1. Der Gleichverteilungssatz und das Rayleighsche Strahlungsgesetz.

Hatten diese großen Erfolge das Vertrauen zur *Planck*schen Theorie gerechtfertigt, so erkannte man auch bald — worauf *Planck* schon in seinen ersten Arbeiten mit Nachdruck hinwies —, daß der Kernpunkt der Theorie eben in der Quantenhypothese bestand, d. h. in der neuartigen und befremdlichen Vorstellung, daß die Energie der Oszillatoren von der Eigenschwingungszahl ν keine stetig veränderliche Größe, sondern stets ein ganzzahliges Vielfaches des Energieelementes $\varepsilon = h\nu$ ist. Die Erkenntnis von der Notwendigkeit dieser Hypothese hat sich im Laufe der Jahre immer mehr durchgerungen und befestigt, und zwar wesentlich auf dem Wege des indirekten Beweises; d. h. dadurch, daß alle Versuche, mit der klassischen Theorie durchzukommen, folgerichtig zu einem falschen Strahlungsgesetz führten. Indem nämlich *Planck* das Strahlungsproblem zu einem Wahrscheinlichkeitsproblem umgeformt hatte — es sollte ja eine bestimmte Energie auf die Oszillatoren nach dem Zufall verteilt, und der Mittelwert $\overline{U}$ der Energie eines Oszillators berechnet werden —, war es möglich geworden, die Methoden der von *J. Cl. Maxwell*, *L. Boltzmann* und *W. J. Gibbs* begründeten „statistischen Mechanik" in Anwendung zu bringen. Und die Übertragung dieser Methoden auf den vorliegenden Fall schien von vornherein geboten, wenn man sich auf den in der klassischen Physik selbstverständlichen Standpunkt stellte, daß die Energie des Oszillators in stetiger Folge alle Werte zwischen 0 und ∞ annehmen kann. Was aber forderte denn die statistische Mechanik? Einer ihrer Hauptsätze ist der Satz von der gleichmäßigen Verteilung der kinetischen Energie[39]), nach dem im statistischen Gleichgewicht bei der absoluten Temperatur T jeder Freiheitsgrad eines noch so komplizierten mechanischen Systems im Mittel die kinetische Energie $\frac{1}{2} k T$ besitzt. Dabei ist die Konstante k durch (19) definiert, ist also dieselbe Konstante, die auch im Strahlungsgesetz auftritt. Ein System von f Freiheitsgraden besitzt also bei der Temperatur T eine mittlere kinetische Energie vom Betrage $f \cdot \frac{1}{2} k T$. Z. B. ist das Atom eines einatomigen Gases ein Gebilde von 3 Freiheitsgraden, wenn man es im Sinne der Mechanik als „Massenpunkt" betrachtet. Seine kinetische Energie bei der Temperatur T ist daher im Mittel[40]) gleich $\frac{3}{2} k T$, unabhängig von seiner Masse, ein Resultat, das in der kinetischen Gastheorie seit *Maxwell* bekannt ist und als Folgerung aus seinem Verteilungsgesetz der Geschwindigkeiten abgeleitet wird.

Der lineare *Planck*sche Oszillator, der im wesentlichen mit einem gradlinig schwingenden Elektron identisch ist, besitzt e i n e n Freiheitsgrad; seine kinetische Energie bei der Temperatur T ist daher nach dem Gleichverteilungssatz im Mittel gleich $\frac{1}{2} k T$. Nun ist aber die mittlere potentielle Energie des Oszillators gleich seiner mittleren kinetischen Energie[41]). Daher ergibt sich für seine mittlere Gesamtenergie (kinetische + potentielle) der Wert:

$$U = k T , \tag{24}$$

Dieses Resultat der klassischen Statistik liefert, mit der aus der klassischen Elektrodynamik abgeleiteten Beziehung (7) kombiniert, das *Rayleigh*sche Strahlungsgesetz:

$$\mathfrak{K}_\nu = \frac{\nu^2}{c^2} k T , \tag{25}$$

das, wie wir sahen (vgl. (14)), als Grenzfall für kleine Werte von $\frac{h\nu}{kT}$, d. h. für lange Wellen oder hohe Temperaturen, im *Planck*schen Strahlungsgesetz mitenthalten ist.

Dieses *Rayleigh*sche Strahlungsgesetz, das, aus den Grundprinzipien der klassischen Statistik und Elektrodynamik abgeleitet, allgemeine Gültigkeit für alle Schwingungszahlen und alle Temperaturen beanspruchen müßte, steht jedoch in grellstem Widerspruch zur Erfahrung. Während nämlich alle beobachteten Energieverteilungskurven des schwarzen Körpers (d. h. $\mathfrak{K}_\nu$ bei festem T als Funktion von ν aufgetragen) s t e t s e i n M a x i m u m a u f w e i s e n, steigt die durch (25) dargestellte Kurve mit wachsendem ν unbegrenzt an und liefert daher auch für die Gesamtstrahlung $K = 2\int\limits_0^\infty \mathfrak{K}_\nu \, d\nu$ einen unendlich großen Wert!

§ 2. Vergebliche Verbesserungsversuche.

Von verschiedenster Seite und in verschiedenster Weise ist im Laufe der Jahre versucht worden, unter Beibehaltung der klassischen Statistik, dem *Rayleigh*schen Gesetze zu entgehen. Alles vergeblich! So hat *J. H. Jeans*[42]), ohne Heranziehung der „materiellen" Oszillatoren, nur die Strahlung als solche in einem Hohlraum betrachtet und die gesamte Strahlungsenergie nach dem Gleichverteilungssatz auf die einzelnen „Freiheitsgrade der Strahlung" (das sind hier die einzelnen im Hohlraum möglichen Eigenschwingungen) verteilt. So hat ferner *H. A. Lorentz*[43]) in einer tiefgehenden Untersuchung die Wärmestrahlung der Metalle abgeleitet, indem er von der Vorstellung ausging, daß die freien „Leitungselektronen", die ja den Strom transportieren, bei ihren Stößen gegen die Metallatome die Strahlung erzeugen, und unter Anwendung des Gleichverteilungssatzes auf die Bewegung der Elektronen. In etwas anderer Weise gingen *A. Einstein* und *L. Hopf*[44]) vor; sie dachten sich den *Planck*schen Oszillator fest mit einem Molekül verbunden, und dieses Gebilde der Strahlung und den Stößen der anderen Moleküle ausgesetzt. Dann ließ sich das Strahlungsgesetz aus der Forderung ableiten, daß der Impuls, den die Molekülstöße dem Gebilde erteilen, im Durchschnitt nicht verändert werden darf durch die Impulse, die die Strahlung dem Oszillator erteilt. Auch eine von *A. D. Fokker*[45]) herrührende und von *M. Planck*[46]) ergänzte Arbeit ist hier zu erwähnen, in der mit Hilfe eines von *Einstein* herrührenden allgemeinen Satzes das statistische Gleichgewicht zwischen der Strahlung und einer großen Zahl von Oszillatoren, auf Grund der klassischen Theorien, untersucht wird. Alle diese verschiedenen Wege jedoch mündeten immer wieder am selben Punkt: sie alle führten zur *Rayleigh*schen Strahlungsformel. Und endlich hat auf dem Solvay-Kongreß in Brüssel (1911) *H. A. Lorentz* in denkbar allgemeinster Weise gezeigt[47]), daß man mit Notwendigkeit zu diesem falschen Gesetz gelangt, wenn man für die gesamten Erscheinungen (mechanischer und elektromagnetischer Natur), die sich in einem mit Strahlung, Materie und Elektronen erfüllten Hohlraum abspielen, die Gültigkeit des *Hamilton*schen Prinzips und des Gleichverteilungssatzes voraussetzt. Nur in dem Grenzfall hoher Temperaturen oder kleiner Schwingungszahlen sind also die Resultate der klassischen Theorien mit der Erfahrung im Einklang[48]).

III. Die Entwicklung und Verzweigung der Quantentheorie.

§ 1. Quantenabsorption und -emission.

So mußte sich, wie gesagt, die Überzeugung befestigen, daß jeder Versuch, das Strahlungsgesetz auf Grund der klassischen Elektrodynamik und Statistik abzuleiten, von vornherein zum Scheitern verurteilt war, und daß man gezwungen sei, eine bisher unbekannte Unstetigkeit in die Theorie einzuführen. Daß man bei dieser „Atomisierung der Energie" mit bestehenden und bis dahin gut fundierten Theorien in schärfsten Konflikt geriet, war ohne weiteres klar. Sollte nämlich die Energie des *Planck*schen

Oszillators nur ganze Vielfache von $\varepsilon = h\nu$ betragen, also nur die Werte $0, \varepsilon, 2\varepsilon, 3\varepsilon \ldots$ annehmen können, so mußte, da ja der Oszillator seine Energie nur durch Absorption und Emission ändert, mit Notwendigkeit daraus geschlossen werden, daß der Oszillator nicht beliebige Energiemengen, sondern eben nur ganze Vielfache von ε absorbieren und emittieren kann (Quantenemission und Quantenabsorption). Diese Folgerung schlägt der klassischen Elektrodynamik ins Gesicht! Denn nach der Elektronentheorie emittiert und absorbiert ein elektromagnetischer Oszillator, etwa ein schwingendes Elektron, im Strahlungsfelde durchaus stetig, d. h. in hinreichend kleinen Zeiten beliebig kleine Energiebeträge.

§ 2. Einsteins Lichtquanten; Schwankungserscheinungen im Strahlungsfeld.

Hier klaffte bereits am Eingangstor zu dem neuen Land ein Spalt, der entweder, im Hinblick auf die bisherigen Erfolge der klassischen Theorien, durch einen Kompromiß überbrückt werden mußte, oder, unter Verzicht auf die Tradition, rücksichtslos erweitert werden konnte. Zu dem letzteren radikalen Schritte fühlte sich *A. Einstein* gedrängt. Auf Grund sehr origineller Überlegungen[49]) stellte er die Hypothese auf, daß die Energiequanten nicht nur, wie *Planck* meinte, bei der Wechselwirkung zwischen Strahlung und Materie (Oszillatoren) eine Rolle spielen, sondern daß die Strahlung auch bei ihrer Ausbreitung im Vakuum oder in irgendeinem Medium quantenhafte Struktur besitze (Lichtquantenhypothese). Danach sollte also alle Strahlung sich aus unteilbaren „Strahlungsquanten" zusammensetzen; bei der Ausbreitung vom erregenden Zentrum sollte sich die Energie nicht gleichmäßig in Form von Kugelwellen auf immer größere Räume verteilen, sondern in einer endlichen Zahl von Energiekomplexen konzentriert bleiben, die sich wie materielle Gebilde bewegen und nur als Ganzes emittiert und absorbiert werden können. Zu dieser merkwürdigen und mit allen Erfahrungen der Undulationstheorie brechenden Vorstellung glaubte sich *Einstein* durch mehrere zum gleichen Ziele führende Untersuchungen genötigt. Und zwar durch das Ergebnis der Berechnung gewisser Schwankungserscheinungen im Strahlungsfeld, Erscheinungen, wie sie uns aus der Statistik, besonders der kinetischen Gastheorie, geläufig sind. Es ist ja bekannt, daß in einem Gase, das n Moleküle im Volumen v_0 enthält, die räumliche Verteilungsdichte dieser Moleküle keineswegs konstant ist, sondern, infolge der Bewegung der Moleküle, Schwankungen unterliegt. Ja, es können prinzipiell sogar so extreme Fälle eintreten, daß z. B. alle n Moleküle in einem bestimmten Augenblick in einem Teilvolumen v $(< v_0)$ versammelt sind. Die Wahrscheinlichkeit für diese seltsame Konstellation ist bekanntlich:

$$w = \left(\frac{v}{v_0}\right)^n, \qquad (26)$$

also eine außerordentlich kleine Zahl, wenn n groß ist; d. h. eben, daß das genannte Ereignis äußerst selten eintritt.

Ganz analogen Schwankungen unterliegt nun auch die räumliche Energiedichte der Strahlung, die in einem Volumen v_0 eingeschlossen ist. Ist E die Gesamtenergie der monochromatisch gedachten Strahlung, und ist ihre Schwingungszahl ν so groß (oder ihre Temperatur so niedrig), daß sie dem *Wien*schen Strahlungsgesetz folgt, so wird die

Wahrscheinlichkeit dafür, daß die gesamte Strahlung sich in dem Teilvolumen v ($< v_0$) befindet, nach *Einstein*[50]):

$$w = \left(\frac{v}{v_0}\right)^{\frac{E}{h\nu}}. \tag{27}$$

Der Vergleich mit (26) zeigt, daß sich die Strahlung im Gültigkeitsbereich des *Wien*schen Gesetzes statistisch so verhält, als bestände sie aus $n = \frac{E}{h\nu}$ von einander unabhängigen Energiekomplexen von der Größe $h\nu$.

Zu demselben Schluß führen auch zwei andere, von *Einstein* herrührende Untersuchungen[51]). Bei der ersten wird ein mit schwarzer Strahlung erfülltes sehr großes Volumen betrachtet, das mit einem kleinen Volumen v kommuniziert. Ist E die momentane Energie der Strahlung von der Schwingungszahl ν im Volumen v, so schwankt bekanntlich diese Energie E im Laufe der Zeit unregelmäßig um einen Mittelwert $\overline{E}$; die Größe $\varepsilon = E - \overline{E}$ nennt man die Energieschwankung. Für ihren quadratischen Mittelwert, d. h. für $\overline{\varepsilon^2}$ liefert die allgemeine Statistik den Ausdruck[52]):

$$\overline{\varepsilon^2} = k\,T^2 \cdot \frac{d\overline{E}}{dT}. \tag{28}$$

Setzt man hier für $\overline{E}$ den aus dem *Planck*schen Strahlungsgesetz folgenden Wert ein, so ergibt sich für das mittlere Schwankungsquadrat ein zweigliedriger Ausdruck[53]), in welchem nur das eine Glied sich vom Standpunkt der klassischen Undulationstheorie aus berechnen läßt; das zweite Glied aber, das bei geringer Strahlungsdichte (d. h. bei hohen Schwingungszahlen oder tiefen Temperaturen, kurz, wenn das *Wien*sche Gesetz gilt) das erste an Größe weit übertrifft, wird verständlich, wenn man sich wieder die Strahlung aus unteilbaren Energiequanten zusammengesetzt denkt.

Die zweite der zitierten *Einstein*schen Betrachtungen faßt die Impulsschwankungen ins Auge, die eine frei bewegliche, reflektierende Platte im Felde der schwarzen Strahlung infolge der regellosen Schwankungen des Strahlungsdrucks erleidet. Ist die Platte außerdem noch den unregelmäßigen Stößen von Gasmolekülen ausgesetzt, unter deren Einfluß sie eine *Brown*sche Bewegung vollführt, so muß zwischen den Impulsen, die die Moleküle einerseits, die Strahlung andererseits auf die Platte übertragen, Gleichgewicht bestehen. Legt man nun für die Strahlung das *Planck*sche Gesetz zugrunde, so folgt für das mittlere Quadrat der von der Strahlung herrührenden Impulsschwankungen auch hier wieder ein zweigliedriger Ausdruck, in welchem nur das eine Glied durch die Undulationstheorie des Lichtes erklärt wird. Das andere Glied aber weist auf eine quantenhafte Struktur der Strahlung hin, legt also die Einführung der Lichtquantenhypothese nahe.

§ 3. Verwandlung von Lichtquanten in andere Lichtquanten oder Elektronenenergie.

So seltsam diese Hypothese auch anmutete, so war doch nicht zu verkennen, daß sie imstande war, eine große Reihe von Erscheinungen einfach und zwanglos zu erklären, denen die Undulationstheorie ziemlich ratlos gegenüberstand. Ein sehr drastisches Beispiel dafür sind die von *Ph. Lenard* und seinen Schülern erforschten Gesetze der Phosphoreszenz, speziell die *Stokes*sche Regel. Ist nämlich ν_p die Schwingungszahl des emittierten Phosphoreszenzlichtes, ν_e die Schwingungszahl des phosphoreszenzerregenden Lichtes, so verwandelt sich nach *Einsteins* Vorstellung[54]) je ein Quantum $h\nu_e$ des erregenden Lichtes, bei der Absorption durch die Atome des phosphoreszenzfähigen Körpers, in je ein Quantum $h\nu_p$ des Phosphoreszenzlichtes. Daher muß nach dem Energieprinzip $h\nu_e \geqq h\nu_p$ oder $\nu_e \geqq \nu_p$ sein. Das aber ist die *Stokes*sche Regel.

Auch eine andere Tatsache auf dem Gebiete der Phosphoreszenzerscheinungen spricht gegen die Undulationstheorie und für die Lichtquantenhypothese. Nach der klassischen Undulationstheorie müßten alle Moleküle eines Phosphors, wenn sie von einer Lichtwelle getroffen werden, Energie aus dieser Welle absorbieren und dadurch fähig werden, alle zu gleicher Zeit Phosphoreszenzlicht zu emittieren. In Wirklichkeit aber werden zu derselben Zeit nur relativ sehr wenige Moleküle zur Phosphoreszenz erregt, und erst allmählich, im Laufe der Zeit, nimmt die Zahl der erregten Moleküle zu. Es hat also den Anschein, als ob die auf den Phosphor fallende Lichtwelle nicht auf ihrer ganzen Front gleiche Intensität besitzt — wie es die klassische Theorie annimmt —, sondern als ob sie aus einzelnen von der Lichtquelle ausgeschleuderten Energiekomplexen bestünde, so daß die Wellenfront eine gleichsam „fleckige" Struktur besitzt, in der wirksame Stellen (die Lichtquanten) mit unwirksamen Lücken abwechseln.

Diese Vorstellung von der „fleckigen" Wellenfront hat schon vor *Einsteins* Lichtquantenhypothese eine Rolle gespielt. Mit ihr hat *J. J. Thomson*[55]) die Tatsache zu erklären versucht, daß bei der Ionisierung eines Gases durch ultraviolettes Licht oder Röntgenstrahlen nur eine relativ äußerst geringe Zahl von Gasmolekülen ionisiert wird. Es ist dies eine Erscheinung, die dem obengenannten Phosphoreszenzphänomen durchaus analog ist; denn auch dort besteht, nach *Lenards* Auffassung, der „Erregungsprozeß" darin, daß durch die Einwirkung der Bestrahlung Elektronen aus den Phosphormolekülen abgetrennt werden und sich an „aufspeichernde" Atome anlagern; bei der Rückkehr dieser Elektronen zu den Muttermolekülen wird die aufgespeicherte Energie wieder frei und als Phosphoreszenzlicht ausgesandt. Auch die Gasionisierung durch ultraviolettes Licht oder Röntgenstrahlen findet also durch die Lichtquantenhypothese eine zwanglose Erklärung[56]). Nimmt man mit *Einstein* an, daß je ein Lichtquant $h\nu$ zur Ionisation je eines Moleküls verwandt wird, so muß $h\nu \geqq J$ sein, wo J die Arbeit ist, die nötig ist, um ein Molekül zu ionisieren, d. h. ihm ein Elektron zu entreißen. Wir haben es hier mit einem Phänomen zu tun, das zu dem großen Komplex der photoelektrischen Erscheinungen[57]) gehört, d. h. der Loslösung von Elektronen aus Gasen, Metallen und anderen Substanzen durch die Einwirkung des Lichtes. Nach der Lichtquantenhypothese werden bei allen diesen Prozessen Lichtquanten in kinetische Energie abgeschleuderter Elektronen verwandelt. Stellt man sich auch hier wieder auf *Einsteins* Standpunkt, wonach je ein Lichtquant $h\nu$ sich in kinetische Energie eines abgesprengten Elektrons verwandelt, so muß für die Austrittsgeschwindigkeit v der emittierten Elektronen (Masse m) die Beziehung gelten[58]):

$$\tfrac{1}{2} m v^2 = h\nu - P\,, \tag{29}$$

die man das *Einstein*sche Gesetz des Photoeffekts nennt. Dabei ist P die Arbeit, die zu leisten ist, um das Elektron aus dem Atom loszureißen und von der Stelle seiner Loslösung bis zum Verlassen der Körperoberfläche hinauszuschleudern. Für die Energien der emittierten Elektronen ergibt sich also ein linearer Anstieg mit der Schwingungszahl des auslösenden Lichtes. Dieses Gesetz, um dessen experimentelle Bestätigung sich viele Forscher mit wechselndem Erfolge bemüht haben, ist in jüngster Zeit durch Versuche von *R. A. Millikan*[59]) für den normalen Photoeffekt[60]) der Metalle (Li und Na) mit so großer Genauigkeit verifiziert worden, daß man diese Methode geradezu zu einer Exaktbestimmung von h benutzen kann. Der von *Millikan* gefundene Wert $h = 6{,}57 \cdot 10^{-27}$ ist mit dem von *Planck* aus den Strahlungsmessungen berechneten Wert $h = 6{,}548 \cdot 10^{-27}$ in guter Übereinstimmung.

Ganz ähnlich wie die Phosphoreszenzerscheinungen lassen sich auch die Fluoreszenzerscheinungen im Gebiete der Röntgenstrahlen und im Sichtbaren mit Hilfe der Lichtquantenhypothese deuten. Die Untersuchungen von *Ch. Barkla, Sadler, M. de Broglie* und *E. Wagner*[61]) haben folgendes gezeigt: Bestrahlt man einen Körper mit Röntgenstrahlen, mißt ihre Absorption in dem Körper, und variiert nun die „Härte" (d. h. die Schwingungszahl ν_e) dieser Strahlen, so steigt, wenn man von kleinen zu größeren ν_e übergeht, die Absorption bei einem bestimmten ν_e plötzlich auf einen hohen Wert an. Zu gleicher Zeit beginnt der Körper, auf Kosten der absorbierten Energie, eine für ihn charakteristische, sekundäre Röntgenstrahlung zu emittieren, und zwar in Form eines Linienspektrums. Dabei stellte es sich heraus, daß stets alle emittierten Linien ein kleineres ν besaßen als die erregende Strahlung. In der Tat verlangt ja die Lichtquantenhypothese, daß für alle sekundär emittierten Strahlen das Strahlungsquantum $h\nu$ kleiner ist als das Quantum $h\nu_e$ der primären erregenden Strahlen. So erstreckt sich z. B. dasjenige Gebiet von Schwingungszahlen, das zur Erregung der

Linien der „K-Serie“ dient, von einer scharf definierten Grenze ν_k (der sog. „Absorptionsbandkante“) an nach höheren Schwingungszahlen hin; dabei ist ν_k etwas größer als die härteste bekannte Linie (γ) der K-Serie. Mit anderen Worten: Auch bei der Erregung der sekundären charakteristischen Röntgenstrahlung durch primäre Röntgenstrahlen ist die *Stokes*sche Regel erfüllt.

§ 4. Verwandlung von Elektronenenergie in Lichtquanten.

Es ist sehr bemerkenswert, daß die Verwandlung der Lichtquanten in kinetische Elektronenenergie, wie z. B. beim Photoeffekt, gleichsam „reversibel“ ist: es tritt nämlich in der Natur auch der umgekehrte Vorgang auf, bei dem aus kinetischer Energie geladener Teilchen Lichtquanten entstehen. Ein gutes Beispiel für Prozesse dieser Art bietet die Entstehung der Röntgenstrahlen beim Aufprall schnell bewegter Elektronen (Kathodenstrahlen) auf Materie. Soll etwa die charakteristische K-Serie eines bestimmten Elementes durch den Stoß von Kathodenstrahlen auf die (aus diesem Element verfertigte) Antikathode erzeugt werden, so muß die kinetische Energie E eines aufprallenden Elektrons einen kritischen Wert E_K übersteigen. Denkt man sich nämlich E in ein Lichtquantum $h\,\nu_e$ verwandelt, so muß ν_e dem „Erregungsgebiet der K-Serie“ angehören, muß also $\geqq \nu_K$ sein (wo ν_K die Schwingungszahl der Absorptionsbandkante ist). Daraus folgt $E \geqq h\,\nu_K \; (= E_K)$. Hier ergibt sich also eine wichtige Beziehung zwischen der Schwingungszahl ν_K der Absorptionsbandkante und dem kritischen Wert E_K der Elektronenenergie, d. h. dem kleinsten Energiewerte, bei dem die Elektronen noch gerade imstande sind, die verlangte Sekundärstrahlung zu erzeugen. Diese Quanten-Beziehung:

$E_K = h\nu_K$ hat sich nach Messungen von *D. L. Webster*[62]) und *E. Wagner*[63]) aufs beste bestätigt und stellt umgekehrt, wenn E_K und ν_K hinreichend genau bekannt sind, eine Methode zur Bestimmung von h dar[64]).

Nun ist aber bekannt, daß die Kathodenstrahlen bei ihrem Aufprall auf die Antikathode nicht nur die charakteristische Röntgenstrahlung, also ein Linienspektrum, erzeugen, sondern daneben auch ein kontinuierliches Spektrum, die sog. „Brems- oder -Impulsstrahlung". Greift man daher eine beliebige Schwingungszahl ν dieses kontinuierlichen Bremsspektrums heraus, so legen die Vorstellungen der Lichtquantenhypothese sofort den Schluß nahe, daß auch zur Erzeugung dieser Schwingungszahl ν eine ganz bestimmte Mindestenergie E_m der aufprallenden Elektronen nötig ist, und zwar muß $E_m = h\nu$ sein. Die Untersuchungen von *D. L. Webster*[62]), *W. Duane* und *F. L. Hunt*[65]), *A. W. Hull* und *M. Rice*[66]), *E. Wagner*[67]), *F. Dessauer* und *E. Back*[68]) haben diese Formel aufs genaueste bestätigt und bilden so das Fundament zu einer der zuverlässigsten Methoden für die Präzisionsmessung der Größe h. Dabei ergaben sich folgende Werte: $h = 6{,}50 \cdot 10^{-27}$ (*Duane-Hunt*); $h = 6{,}53 \cdot 10^{-27}$ (*Webster*); $h = 6{,}49 \cdot 10^{-27}$ (*Wagner*).

Auch im Sichtbaren und den angrenzenden Spektralgebieten stoßen wir auf ähnliche Erscheinungen. So zeigten *J. Franck* und *G. Hertz*[69]), daß man durch den Stoß von Elektronen gegen Quecksilberdampfmoleküle eine bestimmte charakteristische Fluoreszenzlinie des Quecksilbers von der Wellenlänge $\lambda_0 = 2536\ A$ (d. h. $\nu_0 = 1{,}183 \cdot 10^{15}$) erzeugen kann, wenn die kinetische Energie der Elektronen einen kritischen Wert E_0 übersteigt. Dabei fanden sie wieder die Beziehung $E_0 = h\nu_0$ mit großer Genauigkeit erfüllt[70]). Auf diese und anschließende Versuche kommen wir noch später zurück, da sie als Bestätigung der modernen Atommodelle eine bedeutsame Rolle spielen.

§ 5. Andere Anwendungsgebiete der Lichtquantenhypothese.

Noch in einer größeren Reihe anderer Fälle, die hier nur kurz gestreift seien, hat sich die Lichtquantenhypothese, besonders in den Händen von *J. Stark*[71]) und *A. Einstein* als Erklärungsmöglichkeit bewährt. So hat z. B. *Stark* diese Hypothese herangezogen[72]), um die Tatsache zu deuten, daß die Kanalstrahlteilchen erst oberhalb einer bestimmten Geschwindigkeit „bewegte Intensität" emittieren; so hat er ferner auf Grund der Lichtquantenhypothese allgemeine Sätze über die Lage der Bandenspektren chemischer Verbindungen aufgestellt[73]). Endlich haben *Einstein*[74]) und *Stark*[75]) auch die photochemischen Reaktionen vom Standpunkt der Lichtquantenhypothese aus betrachtet und ein Grundgesetz aufgestellt, das die eingehenden Untersuchungen von *E. Warburg*[76]), jedenfalls zum Teil, bestätigt haben.

§ 6. Plancks zweite Theorie.

Bei allen diesen Erfolgen, die die Lichtquantenhypothese aufweisen kann, darf man indessen nicht außer acht lassen, daß diese radikale Auffassung, in ihrer bestehenden Form zum mindesten, mit der klassischen Undulationstheorie nur schwer in Einklang zu bringen ist. Da aber andererseits die Interferenz- und -Beugungserscheinungen in allen ihren beobachtbaren Feinheiten durch die Wellentheorie aufs beste wiedergegeben werden, der Lichtquantentheorie aber kaum überwindliche Schwierigkeiten bereiten, so war es verständlich, daß nur wenige Forscher sich zu dem Opfer entschließen konnten, eine so durchgreifende

Abänderung oder gar eine vollständige Preisgabe der altbewährten Vorstellung von der Lichtausbreitung gutzuheißen. Diesen vorsichtigeren und zurückhaltenderen Standpunkt vertrat *M. Planck,* und vertritt ihn noch heute, indem er das Quantenhafte in die Materie (die Oszillatoren) — oder zum mindesten in ihre Wechselwirkung mit der Strahlung — verlegt wissen wollte, dagegen für die Ausbreitung der Strahlung im Raum die Lehren der klassischen Wellentheorie zu erhalten strebte. Jedoch stellten sich der weiteren Durchführung schon seiner ersten Quantenhypothese (quantenhafte Emission und quantenhafte Absorption) ernste Hindernisse in den Weg. *H. A. Lorentz*[77]) wies nämlich mit Recht darauf hin, daß besonders die Vorstellung der quantenhaften Absorption zu merkwürdigen Schwierigkeiten führt. Er zeigte, daß die Zeit, die ein Oszillator zur Absorption eines Energiequantums benötigt, unwahrscheinlich groß ausfällt, wenn das äußere Strahlungsfeld hinreichend schwach ist. Auch könne man ja dann die Strahlung willkürlich abbrechen, bevor der Oszillator ein volles Quantum verschluckt habe. Durch diese Einwände veranlaßt, entschloß sich *Planck,* die Quantenhypothese in folgender Weise zu modifizieren[78]): Die Absorption verläuft stetig, nach den Gesetzen der klassischen Elektrodynamik; die Energie der Oszillatoren ist daher stetig veränderlich, kann also alle Werte zwischen 0 und ∞ annehmen. Quantenhaft dagegen ist die Emission, und zwar kann der Oszillator nur dann emittieren, wenn seine Energie gerade ein ganzes Vielfaches von $\varepsilon = h\nu$ ist. Ob er dann emittiert oder nicht, wird durch ein Wahrscheinlichkeitsgesetz geregelt. Wenn er aber emittiert, so verliert er dabei stets seine ganze momentane Energie, emittiert also Quanten. Zwischen zwei Emissionen füllt sich sein Energieinhalt durch Absorption stetig und proportional der Zeit auf.

Nach dieser zweiten Theorie *Plancks*, die man die Theorie der „Quantenemission" nennt, ist die mittlere Energie $\overline{U}$ des linearen Oszillators um $\frac{h\nu}{2}$ größer als in der ersten Theorie[79]). Während also dort die mittlere Energie des Oszillators beim absoluten Nullpunkt gleich Null war (siehe Gl. (9), aus der für $T = 0$ folgt: $\overline{U} = 0$), ist sie hier in der zweiten Theorie $= \frac{h\nu}{2}$. Die Oszillatoren behalten also beim Nullpunkt im Mittel eine „Nullpunktsenergie" von der Größe $\frac{h\nu}{2}$, indem sie nämlich für $T = 0$ alle möglichen Energien zwischen 0 und $h\nu$ annehmen. Trotzdem führt auch diese Theorie, durch eine entsprechende Abänderung der Beziehung (7), zum *Planck*schen Strahlungsgesetz.

Im Laufe der Jahre hat *Planck* noch mehrfach versucht[80]) auch diese zweite Theorie zu erweitern und umzugestalten. Z. B. hat er vorübergehend auch die Emission als stetig angenommen, und das quantenhafte Element in die Anregung der Oszillatoren durch Molekül- oder Elektronenstöße verlegt. Er ist aber im wesentlichen immer wieder zu der zweiten Form seiner Theorie (stetige Absorption, Quantenemission) zurückgekehrt.

§ 7. Nullpunktsenergie.

In mehr als einer Richtung hat diese Theorie weitere Kreise gezogen. Das Auftreten der mittleren Nullpunktsenergie, das dieser zweiten *Planck*schen Theorie eigentüm-

lich ist, wurde zur Anregung für eine Reihe von Arbeiten, in denen man, über *Planck* hinausgehend, die Existenz einer wahren (nicht mittleren), für alle Oszillatoren gleichen Nullpunktsenergie forderte. Auf dieser Basis haben *A. Einstein* und *O. Stern*[81]) eine Ableitung des *Planck*schen Gesetzes gegeben, die alle Unstetigkeiten vermeidet, bis auf die Existenz eben dieser wahren Nullpunktsenergie.

Noch radikaler ging im Jahre 1916 *W. Nernst*[82]) vor, indem er die Existenz einer auch beim Nullpunkt vorhandenen, von der Wärmestrahlung unabhängigen „Nullpunktsstrahlung" postulierte, die den ganzen Raum erfüllt, und mit der sich die Oszillatoren, ebenso wie alle molekularen Gebilde, durch Aufnahme der Nullpunktsenergie ins Gleichgewicht setzen. Mag man diesen Anschauungen auch mehr oder weniger skeptisch gegenüberstehen, so ist doch eins nicht zu verkennen: viele Erscheinungen sprechen zweifellos für die Vorstellung, daß beim absoluten Nullpunkt keineswegs alle Bewegung erloschen ist. Man denke nur an die Tatsache, daß nach der Auffassung von *F. Richarz*[83]), *P. Langevin*[84]) und nach den Versuchen von *A. Einstein, W. J. de Haas*[85]) und *E. Beck*[86]) der Para- und Ferromagnetismus von kreisenden Elektronen erzeugt wird, und daß dieser Magnetismus bis zu den tiefsten Temperaturen bestehen bleibt.

§ 8. Theorie des Wirkungsquantums.

Aber noch in einer anderen Hinsicht hat die *Planck*sche Theorie anregend gewirkt, durch eine besondere Formulierung, die ihr *Planck* auf dem Solvay-Kongreß in Brüssel (1911) gab[87]). Hier hat nämlich *Planck* zum ersten Male den Gedanken ausgesprochen, daß das Auftreten der Energiequanten nur etwas Sekundäres sei, nur

die Konsequenz eines tieferliegenden und allgemeineren Gesetzes. Dieses Gesetz, das man als den Vorläufer der jüngsten Entwicklungen der Quantenlehre anzusehen hat, läßt sich folgendermaßen formulieren: Man denke sich den Momentanzustand des *Planck*schen Oszillators, etwa eines linear schwingenden Elektrons, nach dem Vorgange von *Gibbs* durch seine Elongation q aus der Ruhelage und seinen Impuls p definiert und in einer q-p-Ebene (der Zustands- oder Phasenebene) dargestellt. Jeder Punkt der q-p-Ebene, d. h. jeder „Phasenpunkt", entspricht einem bestimmten Momentanzustand des Oszillators. Dann wird gefordert, daß nicht alle Punkte dieser Zustandsebene einander gleichwertig sind. Vielmehr gibt es gewisse Zustände des Oszillators, die durch eine Besonderheit ausgezeichnet sind. Die Gesamtheit der Phasenpunkte, die diesen ausgezeichneten Zuständen entsprechen, bilden eine Schar diskreter, einander umschließender Kurven. Im Falle des *Planck*schen Oszillators sind diese Kurven konzentrische Ellipsen (siehe Fig. 2), die die Phasenebene in lauter Ringgebiete teilen. Das Postulat der Quantenhypothese besteht nun darin daß diese Ringgebiete alle die Flächengröße h besitzen. Berechnet man auf dieser Grundlage die Energie, die ein Oszillator von der Schwingungszahl ν in einem solchen ausgezeichneten Zustand besitzt, so findet man[80]) ein ganzes Vielfaches von $h\nu$. Diese ausgezeichneten Zustände (in der Phasenebene dargestellt durch die Punkte der diskreten Ellipsen) sind also nach *Plancks* erster Theorie die dynamisch allein möglichen und stabilen Zustände des Oszillators. Emittiert oder absorbiert der Oszillator, so springt sein Phasenpunkt von einer Ellipse auf eine andere. Anders liegt die Sache nach *Plancks* zweiter Theorie: hier

sind alle Zustände des Oszillators, also alle Punkte der Phasenebene, dynamisch möglich. Dagegen erfolgt nur in den ausgezeichneten Zuständen eine Emission.

Von diesem neuen Standpunkt aus gesehen sind also die Energiequanten nur eine Folge von der Einteilung der Phasenebene. Mathematisch läßt sich diese „Struktur der Phasenebene" so aussprechen: Die *n*te ausgezeichnete

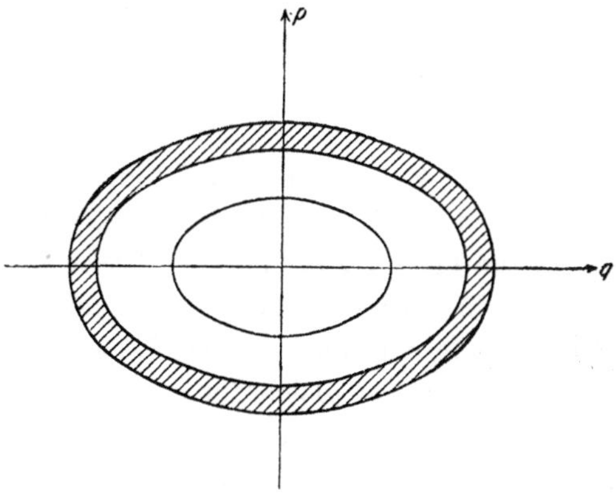

Fig. 2.

Kurve umschließt eine Fläche von der Größe $n\,h$, in Zeichen:

$$\iint dq\,dp = \int p\,dq = n\,h\,. \tag{30}$$

Das Doppelintegral ist über die Fläche, das einfache Integral über die Randkurve der *n*ten Ellipse erstreckt.

An diese für Systeme von einem Freiheitsgrad aufgestellte Fassung, die man die *Planck*sche „Theorie des Wirkungsquantums" nennt — h hat ja die Dimension einer Wirkung —, hat sich, wie wir sehen werden, die moderne Erweiterung der Quantentheorie für mehrere Freiheitsgrade angeschlossen.

Auch ein von *A. Sommerfeld* beschrittener und weiter ausgebauter Weg nimmt hier seinen Ursprung. Ausgehend von der eben angeführten Tatsache, daß die *Planck*sche Konstante h die Dimension einer Wirkung (Energie · Zeit) besitzt, stellte *Sommerfeld* die Hypothese auf[89]), daß für jeden reinen Molekularprozeß — etwa die Ablösung eines Elektrons beim Photoeffekt, oder die Bremsung eines Elektrons in der Antikathode bei der Erzeugung von Röntgenstrahlen — die aus dem *Hamilton*schen Prinzip her bekannte Wirkungsgröße $\int_0^\tau (L - V)\,dt$ den Wert $\frac{h}{2\pi}$ besitzt. Dabei sind L und V kinetische und potentielle Energie des Elektrons, τ ist die Dauer des Molekularprozesses, also etwa die Zeit, die bis zur Ablösung des Elektrons aus dem Atomverband beim Photoeffekt verstreicht, oder die Bremszeit des Elektrons in der Antikathode. Diese Formulierung der Quantenhypothese ist gleichsam ein Ausdruck der bekannten Erfahrung, daß große Energiemengen in kurzer, kleine Energiemengen erst in langer Zeit von den Molekülen aufgenommen oder abgegeben werden, so daß im wesentlichen das Produkt aus der umgesetzten Energie und der Dauer des Energieaustauschs konstant ist. In der Tat werden z. B. schnelle Kathodenstrahlen beim Auftreffen auf Materie in kürzerer Zeit gebremst — und erzeugen daher härtere Röntgenstrahlen — als langsame Kathodenstrahlen. *Sommerfeld* hat seine Theorie mit Erfolg auf den Mechanismus der Erzeugung von Röntgen- und γ-Strahlen angewandt[90]), *Sommerfeld* und *P. Debye*[91]) haben auf derselben Grundlage eine Theorie des Photoeffekts ausgearbeitet, die, wie die Lichtquantenhypothese, ebenfalls zum *Einstein*schen Gesetz (29) führte.

IV. Das Übergreifen der Quantenlehre auf die Molekulartheorie fester Körper[92]).

§ 1. Das Dulong-Petitsche Gesetz.

Es ist für die Konsolidierung der Lehre von den Quanten ein besonders glücklicher Umstand gewesen, daß das Versagen der klassischen Statistik nicht auf die Strahlungstheorie beschränkt blieb, sondern, wie sich zeigen sollte, auch auf die Molekulartheorie der festen Körper übergriff. So erwuchs von einem ganz fremden Gebiet her der Quantenhypothese eine starke Stütze: nämlich vom Gebiete der Atomwärmen. Die Atomwärme (bei mehratomigen Körpern „Molekularwärme") eines Stoffes ist bekanntlich das Produkt aus seiner spezifischen Wärme und seinem Atomgewicht (bzw. Molekulargewicht), oder anders ausgedrückt: Es ist diejenige Wärme, die man einem „Grammatom"[93]) (bzw. einem „Grammolekül") des Stoffes zuführen muß, um seine Temperatur um einen Grad zu steigern. Nach unseren heutigen Vorstellungen ist der Wärmeinhalt eines einatomigen festen Körpers, etwa eines Kristalls, nichts anderes als die Energie der elastischen Schwingungen seiner gitterartig angeordneten Atome um ihre Gleichgewichtslagen. Je „wärmer" der Körper ist, desto stärker schwingen seine Atome, desto größer ist also die Energie der Atombewegungen. Wendet man auf diese Schwingungen die klassische Statistik an, und zwar den Satz von der gleichmäßigen Verteilung der kinetischen Energie, so gelangt man zu folgendem Schluß: Die mittlere kinetische Energie eines räumlich, d. h. mit 3 Freiheitsgraden schwingenden Atoms ist $3 \cdot \frac{kT}{2}$, ebenso groß ist seine mittlere potentielle Energie[94]), seine mittlere Gesamtenergie ist also $3\,k\,T$.

Betrachten wir 1 Grammatom des Körpers, also ein System von N Atomen, wo N die *Avogadro*sche Zahl ist (etwa $6 \cdot 10^{23}$), so folgt für die mittlere Energie des Körpers, unter Beachtung von (19):

$$\bar{E} = 3\, k\, T\, N = 3\, R\, T\,, \tag{31}$$

wo R die absolute Gaskonstante bedeutet. Daher wird die Atomwärme des Körpers (bei konstantem Volumen):

$$C_v = \frac{d\bar{E}}{dT} = 3\, R = 5{,}94 \left[\frac{\text{calor}}{\text{grad}}\right]. \tag{32}$$

Dies ist das Gesetz von *Dulong* und *Petit*[95]), nach dem also die Atomwärme der einatomigen festen Körper (bei konstantem Volumen) den von der Temperatur unabhängigen Wert $5{,}94 \left[\frac{\text{calor}}{\text{grad}}\right]$ besitzt[96]). Diesem Gesetz gehorchen nun in der Tat viele Elemente mehr oder weniger genau[97]). Dagegen waren schon lange Elemente bekannt, die sich der Regel durchaus nicht fügten und besonders bei tiefen Temperaturen systematische Abweichungen aufwiesen. So hatte schon im Jahr 1875 *F. H. Weber*[98]) gefunden, daß die Atomwärme des Diamanten bei $-50°$ Celsius ungefähr $0{,}76 \left[\frac{\text{calor}}{\text{grad}}\right]$ beträgt. Auch die Atomwärmen anderer Elemente (Bor, Beryllium, Silizium) erwiesen sich schon bei gewöhnlichen Temperaturen als viel zu klein. Und überhaupt schien es, daß die Unterschreitungen des *Dulong-Petit*schen Normalwertes bei tiefen Temperaturen allgemein auftraten und um so ausgesprochener waren, zu je tieferen Temperaturen man herabstieg. Diesen niedrigen Werten der Atomwärme stand die klassische Theorie ratlos gegenüber[99]).

§ 2. Einsteins Theorie der Atomwärmen.

A. Einstein war es, der zuerst erkannte[100]), daß auch hier die Quantentheorie berufen war, den Knoten zu lösen. Genau ebenso, wie in der Strahlungstheorie, mußte auch im Gebiete der Atomwärmen der Weg der klassischen Statistik bei einem falschen Gesetze münden. Daher mußte der Satz von der gleichmäßigen Energieverteilung auch hier fallen. In der Tat brauchte man ja nur den Atomen elektrische Ladungen erteilt zu denken[101]), dann müssen sie sich, wie die *Planck*schen Oszillatoren, mit der stets im Körper vorhandenen Wärmestrahlung ins Gleichgewicht setzen. Das heißt aber: Es muß sich zwischen der mittleren Energie $\overline{U}$ eines mit der Schwingungszahl ν linear schwingenden Atoms und der Strahlungsintensität $\mathfrak{K}_\nu$ die Beziehung (7) herstellen, nach der $\overline{U} = \frac{c^2}{\nu^2} \mathfrak{K}_\nu$ ist. Nimmt man jetzt die *Planck*sche Strahlungsformel (12) als empirisch gegeben an, so folgt sofort, daß die mittlere Energie $\overline{U}$ des linear schwingenden Atoms nicht den von der klassischen Statistik vorgeschriebenen Wert $k\,T$, sondern den quantentheoretischen Wert $\overline{U} = \frac{h\nu}{e^{\frac{h\nu}{kT}} - 1}$ besitzen muß. Für das räumlich schwingende Atom tritt also — in naheliegender Verallgemeinerung — an die Stelle des klassischen Wertes $3\,k\,T$ der Quantenwert: $\frac{3\,h\nu}{e^{\frac{h\nu}{kT}} - 1}$

Somit wird der Wärmeinhalt des Grammatoms:

$$\overline{E} = \frac{3\,N\,h\,\nu}{e^{\frac{h\nu}{kT}} - 1} \tag{34}$$

und daraus folgt für die Atomwärme bei konstantem Volumen die *Einstein*sche Formel:

$$C_v = \frac{d\bar{E}}{dT} = 3\,R \cdot \frac{x^2 e^x}{(e^x - 1)^2}, \quad \text{wo} \quad x = \frac{h\nu}{kT}. \qquad (34)$$

Hiernach ist also die Atomwärme der einatomig festen Körper keine von der Temperatur unabhängige Konstante, wie es das *Dulong-Petit*sche

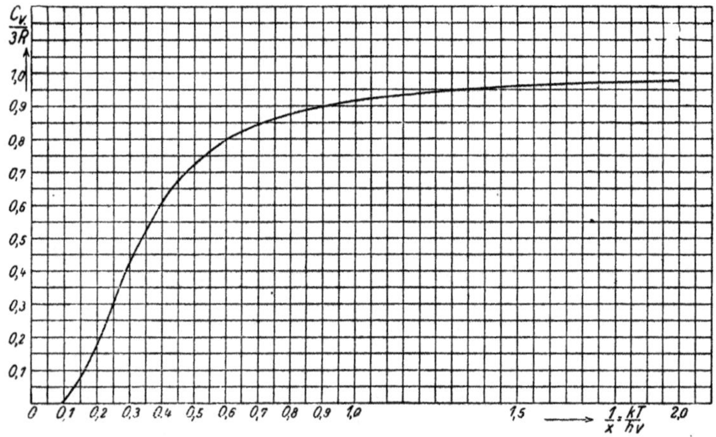

Fig. 3.

Gesetz verlangt, sondern eine Funktion von $\frac{\nu}{T}$, also bei einem bestimmten Körper (d. h. bei festem ν) eine Funktion der Temperatur. Ihr Verlauf (siehe Fig. 3) ist derart, daß für $T = 0$ (d. h. $x = \infty$) die Atomwärme selbst $= 0$ ist, und dann mit wachsender Temperatur allmählich ansteigt, um sich für hohe Temperaturen (d. h. kleine x) dem klassischen Wert $3\,R$ asymptotisch zu nähern. Das *Dulong-Petit*sche Gesetz ist also ein „Grenzgesetz“, das nur für kleine Werte vom $\frac{h\nu}{kT}$, d. h.

langsame Atomschwingungen oder hohe Temperaturen, erfüllt ist, genau wie das *Rayleigh*sche Strahlungsgesetz. Die Abweichungen vom *Dulong-Petit*schen Gesetz machen sich daher beim Übergang von hohen nach tieferen Temperaturen schon um so früher (d. h. bei um so höherer Temperatur) geltend, je größer die Schwingungszahl der Atome ist.

§ 3. Methoden zur Bestimmung der Schwingungszahl.

Diese Schwingungszahl ν — die einzige unbekannte Größe in der *Einstein*schen Formel (34) — läßt sich auf mehreren voneinander unabhängigen und sehr bemerkenswerten Wegen berechnen. Ein stets gangbarer Weg ist natürlich der folgende: Für eine bestimmte vorliegende Substanz wählt man einen experimentell gut bekannten Wert der Atomwärme C_v^*, der zu einer bestimmten Temperatur T^* gehört. Aus (34) folgt dann: $\frac{x^2 e^x}{(e^x - 1)^2} = \frac{C_v^*}{3R}$, eine Gleichung, aus der sich $x = \frac{h\nu}{kT^*}$, und damit ν, bestimmen läßt. Mit dem so gefundenen ν läßt sich dann der Verlauf der ganzen C_v = Kurve für alle Temperaturen berechnen und mit der Erfahrung vergleichen.

Dieser „empirischen“ Methode der ν-Berechnung stehen eine Reihe anderer, mehr „theoretischer“ Methoden gegenüber, die die Benutzung der Atomwärme-Werte nicht benötigen. Einen bedeutsamen Zusammenhang der Schwingungszahl ν mit den elastischen Eigenschaften des Körpers konstatierte schon *A. Einstein*[102]) im Jahre 1911. Daß ein solcher Zusammenhang bestehen muß, erkennt man leicht durch folgende Betrachtung: Denkt man sich die Atome des Körpers raumgitterartig angeordnet, wie beim Kristall, und zieht ein bestimmtes ins Auge gefaßtes Atom willkürlich aus seiner Ruhelage heraus, so wird dieses Atom wenn man es „losläßt", Schwingungen um seine Gleichgewichtslage ausführen. Nimmt man diese Schwingungen als einfach periodisch an („monochromatisch") — wir werden allerdings diese Annahme bald als unzulässige Näherung erkennen — so sieht man, daß die Schwingungszahl ν um so größer ist, je kleiner die Atommasse und daher auch das Atomgewicht des Körpers ist, und je größer andererseits die Kraft ist, die das Atom in seiner Gleichgewichtslage zurücktreibt. Diese zurücktreibende Kraft ist aber ihrerseits um so stärker, je weniger dehnbar und daher auch zusammendrückbar der Körper ist. Daher muß ν um so größer ausfallen, je kleiner das Atomgewicht und die Kompressibilität der Substanz ist. Die genauere Durchführung dieses Gedankens führte *Einstein* zu der Formel [103]:

$$\nu = \frac{2{,}8 \cdot 10^7}{A^{\frac{1}{3}}\, \varrho^{\frac{1}{6}}\, \varkappa^{\frac{1}{2}}} \,. \tag{35}$$

Dabei ist A das Atomgewicht, ϱ die Dichte, $\varkappa$ die Kompressibilität des Körpers.

Eine weitere interessante Beziehung, die ν mit thermischen Daten, nämlich der Schmelztemperatur, verknüpft, fand *F. A. Lindemann* [104]), indem er die Vorstellung ausarbeitete, daß die Schwingungsamplitude der Atome beim Schmelzpunkt von der Größenordnung der Atomabstände wird. Bezeichnet T_S die absolute Schmelztemperatur, so folgt:

$$\nu = 2{,}8 \cdot 10^{12} \cdot \frac{T_S^{\frac{1}{2}}\, \varrho^{\frac{1}{3}}}{A^{\frac{5}{6}}} \,. \tag{36}$$

Auch eine von *E. Grüneisen* [105]) abgeleitete Formel sei hier angeführt:

$$\nu = 2{,}91 \cdot 10^{11} \cdot A^{-\frac{5}{6}} \cdot \left[C_v^{\frac{1}{2}} \cdot \alpha^{-\frac{1}{2}} \cdot \varrho^{\frac{1}{3}}\right]_0 \,. \tag{37}$$

Hierin ist C_v die Atomwärme bei konstantem Volumen, α der thermische Ausdehnungskoeffizient; der Index o bedeutet, daß der Wert von $C_v^{\frac{1}{2}} \alpha^{-\frac{1}{2}} \varrho^{\frac{1}{3}}$ für den absoluten Nullpunkt einzusetzen ist.

Aus den Formeln (35) und (36) erkennt man sofort das abnorme Verhalten z. B. des Diamanten hinsichtlich seiner Atomwärme. Denn es ist bekannt, daß der Diamant bei relativ kleinem Atomgewicht einen hohen Schmelzpunkt und sehr geringe Kompressibilität besitzt. Sein ν ist daher verhältnismäßig groß, und daraus folgt, nach den obigen Betrachtungen, daß seine Atomwärme schon bei relativ hohen Temperaturen merklich unter den *Dulong-Petit*schen Wert $3\,R = 5{,}94 \left[\frac{\text{cal}}{\text{grad}}\right]$ gesunken ist. In der Tat ist die Atomwärme des Diamanten bei 284° (abs.) nur 1,35 $\left[\frac{\text{cal}}{\text{grad}}\right]$, bei 413° (abs.) ist sie 2,64 $\left[\frac{\text{cal}}{\text{grad}}\right]$, und selbst bei 1169° (abs.) hat sie erst den Wert 5,24 $\left[\frac{\text{cal}}{\text{grad}}\right]$ erreicht.

Von besonderer Bedeutung ist endlich eine zuerst von *E. Madelung*[106]) und *W. Sutherland*[107]) aufgedeckte Beziehung der Schwingungszahl ν der Atome zu den optischen Eigenschaften des Körpers. Die beiden Forscher gingen dabei von folgender Vorstellung aus: Die Kristalle zweiatomiger Verbindungen (binäre Salze), wie Steinsalz (NaCl), Sylvin (KCl), Kaliumbromid (KBr) und andere, sind bekanntlich kubische Raumgitter, in denen die einzelnen Atome elektrische Ladungen tragen, also als Ionen auftreten. Und zwar sind die Gitterpunkte abwechselnd mit den positiv geladenen Na^+ - (bzw. K^+ - usw.)Atomen und den negativ geladenen Cl^- - (bzw. Br^- - usw.) Atomen besetzt.

Fällt auf diesen Kristall eine elektromagnetische Lichtwelle von der Schwingungszahl ν, so geraten die beiden Ionen in erzwungene Schwingungen gegeneinander, und zwar, infolge der „Resonanz", um so stärker, je genauer die Schwingungszahl ν der auftreffenden Welle mit der im Ultraroten liegenden Eigenschwingungszahl ν_r der Ionen übereinstimmt. Da die Ionenschwingung auf Kosten der Energie der einfallenden Lichtwelle vor sich geht, so wird diese Energie beim Durchgang durch den Körper um so stärker geschwächt (absorbiert), je näher ν an ν_r liegt. Andererseits aber strahlen die schwingenden Ionen bei ihren erzwungenen Schwingungen Wellen von der Schwingungszahl ν zurück, und dies um so stärker, je ausgeprägter die Resonanz ist, also wieder, je näher ν an ν_r liegt. Daher wird in der Nachbarschaft von $\nu = \nu_r$ eine Stelle maximaler Absorption und stärkster (metallischer) Reflexion liegen[108]). Diese Stellen metallischer Reflexion einer gegebenen Substanz lassen sich nach der von *H. Rubens* und *E. F. Nichols*[109]) ausgearbeiteten Methode der „Reststrahlen" ermitteln. Man braucht dazu nur die Strahlung eines größeren Schwingungszahlenbereiches in der Nachbarschaft von ν_r zu wiederholten Malen an der Substanz reflektieren zu lassen. Dann werden allmählich alle Wellen absorbiert bis auf die am stärksten reflektierten. Das sind aber gerade die von der Schwingungszahl ν_r. Diese bleiben als „Rest" allein übrig. Die ultrarote Schwingungszahl ν_r der Ionen stimmt also mit der Schwingungszahl der Reststrahlen überein[110]). Andererseits aber ist diese Schwingung der geladenen Atome von den elastischen Eigenschaften der Substanz abhängig, wie wir bei Erläuterung der Formel (35) erkannten. So gelangt man zu dem Schluß, daß die „elastische" Schwingungszahl der Atome binärer Salze mit großer Annäherung mit der „optischen" Schwingungszahl ihrer Reststrahlen übereinstimmt. Da nun die „elastische" Schwingungszahl der Atome den Verlauf der Atomwärme festlegt, so ist damit der Ring geschlossen, und *W. Nernst*[111]) konnte den fundamentalen Satz aussprechen, daß man bei der Berechnung der Atomwärmen binärer Salze für die Atomschwingungszahlen ν einfach die Schwingungszahlen der Reststrahlen einsetzen dürfe.

So war eine ganze Reihe voneinander unabhängiger Wege erschlossen, um die zur Berechnung der Atomwärmen nötigen Schwingungszahlen zu ermitteln. Ein Vergleich der nach diesen verschiedenen Methoden gewonnenen ν-Werte zeigte im allgemeinen befriedigende Übereinstimmung, jedenfalls der Größenordnung nach[112]). Mehr aber konnte man, wie wir bald sehen werden, bei der weitgehenden Idealisierung der Theorie auch kaum verlangen.

§ 4. Nernsts Wärmetheorem.

Um das allgemeine Gesetz für den Abfall der Atomwärmen nach tiefen Temperaturen hin experimentell aufzudecken, begann *W. Nernst*[113]) in Gemeinschaft mit seinen Schülern im Jahre 1910 eine Reihe großzügiger und weitangelegter Untersuchungen. Denn auf ganz anderem Wege als *Einstein* — nämlich von der Thermodynamik her — war auch er zu der Überzeugung gelangt, daß die Atomwärmen der festen Stoffe bei Annäherung an den absoluten Nullpunkt verschwindend klein werden müßten. Für ihn war dieses Ergebnis nur eine von den vielen Folgerungen eines allgemeineren Prinzips, nämlich seines „neuen Wärmesatzes"[114]). Dieses *Nernst*sche Wärmetheorem — manchmal auch als der dritte Hauptsatz der Thermodynamik bezeichnet — spricht in seiner ursprünglichen Fassung folgende Tatsache aus: Betrachtet man ein System kondensierter (d. h. fester oder flüssiger) Stoffe, das bei der Temperatur T durch eine isotherme Reaktion aus einem Zustand in einen anderen übergeht, und ist A die bei dieser Reaktion maximal zu gewinnende Arbeit, so ist:

$$\frac{dA}{dT} = 0 \text{ für limes } T = 0\,, \tag{38}$$

d. h. in der unmittelbaren Nachbarschaft des absoluten Nullpunktes ist die maximal zu gewinnende Arbeit von der Temperatur unabhängig. Hieraus folgt aber sofort, unter Anwendung der beiden Hauptsätze der Thermodynamik[115]), daß für eine beliebige Reaktion, die das System aus dem Anfangszustand mit der Energie U_1 in den Endzustand mit der Energie U_2 überführt, die Beziehung gilt:

$$\frac{dU_1}{dT} = \frac{dU_2}{dT} \text{ für limes } T = 0\,. \tag{39}$$

Da nun $\frac{dU}{dT}$, wenn man ein Grammatom der Substanz betrachtet, die Atomwärme darstellt, so ist hierdurch folgender Satz ausgesprochen: In der unmittelbaren Nachbarschaft des absoluten Nullpunktes bleibt die Atomwärme des kondensierten Systems bei jeder Umwandlung ungeändert.

Planck[116]) hat dem *Nernst*schen Wärmesatz eine noch weitere Fassung gegeben: Nicht nur die Differenz der Atomwärmen (vor und nach der Reaktion) soll danach am Nullpunkt den Wert 0 annehmen, sondern auch jede der Atomwärmen für sich. So folgt aus dem erweiterten *Nernst*schen Theorem, in Übereinstimmung mit der Forderung der Quantentheorie, das Verschwinden der Atomwärmen kondensierter Körper beim absoluten Nullpunkt.

§ 5. Die Verbesserung der Einsteinschen Theorie der Atomwärmen.

In der Tat bewiesen die Versuche von *Nernst* und seinen Mitarbeitern mit voller Überzeugungskraft, daß die Atomwärmen aller festen Substanzen mit sinkender Temperatur dem Werte Null zustreben. Im großen und ganzen zeigte der Verlauf dieses Abfalls eine bemerkenswerte Übereinstimmung mit der *Einstein*schen Formel (34). Bei tiefen Temperaturen jedoch traten durchgängig systematische Abweichungen auf, in dem Sinne, daß die beobachteten Atomwärmen viel langsamer abfielen, als es *Einsteins* Kurve verlangte[117]). Diesen Abweichungen suchten *W. Nernst* und *F. A. Lindemann*[118]) durch Aufstellung einer empirischen Formel Rechnung zu tragen, die in der Tat das Beobachtungsmaterial weitaus befriedigender darstellte, als der *Einstein*sche Ausdruck. Diese *Nernst-Lindemann*sche Formel, die jetzt nur noch historisches Interesse besitzt, lautet:

$$C_v = \frac{3R}{2}\left\{\frac{x^2 e^x}{(e^x - 1)^2} + \frac{\left(\frac{x}{2}\right)^2 e^{\frac{x}{2}}}{\left(e^{\frac{x}{2}} - 1\right)^2}\right\}, \quad \text{wo} \quad x = \frac{h\nu}{kT}. \tag{40}$$

Sie wird verständlich, wenn man annimmt, daß die eine Hälfte aller Atome mit der Schwingungszahl ν, die andere Hälfte mit der Schwingungszahl $\frac{\nu}{2}$ schwingt. Ist auch diese Annahme in ihrer naiven Form unhaltbar, so steckt doch in ihr ein richtiger Kern: nämlich die Erkenntnis, daß die

„monochromatische" Theorie der Atomwärme, die nur mit e i n e r bestimmten Schwingungszahl ν aller Atome arbeitete, eine zu weitgehende Idealisierung der Wirklichkeit darstellte. *Einstein*, der zuerst, der Einfachheit halber, nur mit einer einzigen Schwingungszahl rechnete, hatte diesen Sachverhalt selbst schon erkannt und auf die Verbesserungsbedürftigkeit seiner Theorie hingewiesen[119]). In der Tat denkt man sich heute den festen Körper, etwa einen Kristall, nach *Bravais'* Vorstellung, aus einem Raumgitter regelmäßig angeordneter Atome aufgebaut; und diese Hypothese ist durch die *Laue*sche Entdeckung der Röntgenstrahleninterferenz zur Gewißheit geworden. In einem solchen komplizierten mechanischen System aber schwingen die einzelnen Atome nicht von einander unabhängig mit einer einzigen Schwingungszahl ν. Vielmehr wird die Gleichgewichtslage jedes Atoms, und damit auch die Form seiner Schwingungen um diese Lage, durch die Kräfte bestimmt, die alle übrigen Atome des Körpers auf das betrachtete Atom ausüben. Wir haben hier ein Gebilde vor uns, das im Eindimensionalen etwa einer schwingenden Saite vergleichbar ist, und daher, entsprechend dem Grundton und den Obertönen der Saite, e i n g a n z e s S p e k t r u m v o n E i g e n s c h w i n g u n g e n besitzt. Besteht der Körper aus N Atomen, so besitzt er allgemein $3\,N$ Eigenschwingungen[120]), von denen die langsamsten Schallschwingungen sind, während die schnellsten ins ultrarote Gebiet fallen. Die allgemeinste mögliche Bewegung jedes Atoms besteht dann in einer Übereinanderlagerung aller dieser Eigenschwingungen. Da nun jede Eigenschwingung eine lineare, einfach periodische Bewegung darstellt, genau ebenso, wie die Bewegung des linearen *Planck*schen Oszillators, so lag der Gedanke nahe, bei der Berechnung des Energieinhalts des Körpers jeder Eigenschwingung von der Schwingungszahl ν den quantentheoretischen Energiebetrag $\frac{h\nu}{e^{\frac{h\nu}{kT}} - 1}$ zu erteilen, gleichsam, als wäre die Eigenschwingung identisch mit einem linearen Oszillator. Die gesamte mittlere Energie des Körpers wird dann:

$$\overline{E} = \sum_{i=1}^{3N} \frac{h\nu_i}{e^{\frac{h\nu_i}{kT}} - 1} \tag{41}$$

wobei die Summation über alle 3 N Eigenschwingungszahlen $\nu_1\ \nu_2 \ldots \nu_{3N}$, d. h. über das ganze „elastische Spektrum“ der Substanz erstreckt ist. Durch Differentiation nach T folgt daraus die Atomwärme:

$$C_v = \frac{d\overline{E}}{dT} = k \sum_{i=t}^{3N} \frac{x_i^2\, e^{x_i}}{(e^{x_i} - 1)^2} \qquad \text{wo} \qquad x_i = \frac{h\nu_i}{kT} \tag{42}$$

§ 6. Debyes Theorie der Atomwärmen.

Der Kernpunkt des Problems besteht also darin, das „elastische Spektrum“ des vorliegenden Körpers zu berechnen, d. h. für jeden gegebenen Körper die Lage seiner Eigenschwingungen zu bestimmen. In diesem Sinne ist die Theorie von zwei verschiedenen Seiten bearbeitet worden, einerseits von *P. Debye*[121]), der den in Wirklichkeit atomistisch aufgebauten Körper durch ein elastisches Kontinuum approximierte, andererseits von *M. Born* und *Th. v. Kármán*[122]), die den Kristall von endlicher Ausdehnung durch einen unendlich großen ersetzten. Die Verschiedenheit dieser beiden Näherungsmethoden bringt es mit sich, daß die Hauptaufgabe, nämlich die Ermittelung des elastischen Spektrums, in beiden Theorien ganz verschieden gelöst wird. Die *Debye*sche Theorie, die von vornherein die kristallinische, ja überhaupt jede atomistische Struktur des Körpers außer Betracht läßt, stützt sich auf die klassische Elastizitätstheorie, die ja bekanntlich die Körper als strukturlose Kontinua behandelt. Aus ihr ergibt sich für jeden isotropen elastischen Körper der wichtige Satz: Die Anzahl $Z(\nu)\,d\nu$ aller derjenigen Eigenschwingungen, deren Schwingungszahlen in das Intervall $\nu \ldots \nu + d\nu$ fallen, beträgt[123]):

$$Z(\nu)\,d\nu = 4\pi V \left(\frac{1}{c_l^3} + \frac{2}{c_t^3}\right) \nu^2 d\nu\,. \tag{43}$$

Dabei ist V das Volumen des Körpers, c_l und c_t sind die Geschwindigkeiten, mit denen sich longitudinale und transversale elastische Schwingungen in dem Körper ausbreiten. Hier stellt sich nun aber folgende Schwierigkeit ein: dadurch, daß der in Wirklichkeit aus N Atomen bestehende Körper durch ein Kontinuum ersetzt wird, dehnt sich das elastische Spektrum ins Unendliche aus, die Anzahl der Eigenschwingungen wird unendlich groß. Z. B. sind die Eigenschwingungen (Grundton und Obertöne) einer linearen Saite von der Länge L:

$$\nu_i = c_t \cdot \frac{i}{2L} \quad \text{bzw.} \quad \nu_i = c_l \cdot \frac{i}{2L} \cdot \quad (i = 1, 2, \ldots \infty,)$$

je nachdem es sich um transversale oder longitudinale Schwingungen handelt. Die Reihe der Obertöne erstreckt sich also unbegrenzt bis ins Unendliche. In Wirklichkeit aber darf der aus N Atomen (Massenpunkten) bestehende Körper nicht mehr als $3N$ Eigenschwingungen besitzen. Um dies zu erreichen, hilft sich *Debye* durch folgende kühne Annahme: Anstatt das elastische Spektrum des wirklichen, aus N Atomen bestehenden Körpers streng zu berechnen, ersetzt er es näherungsweise durch dasjenige des Kontinuums, bricht dieses aber willkürlich bei der $3N$-ten Eigenschwingung ab. So erhält Debye die größte überhaupt auftretende Schwingungszahl ν_m, d. h. die obere Grenze des elastischen Spektrums, durch die Forderung:

$$\left.\begin{aligned} \int_0^{\nu_m} Z(\nu)\,d\nu &= \frac{4\pi V}{3}\left(\frac{1}{c_l^3}+\frac{2}{c_t^3}\right)\nu_m^3 = 3N \\ \text{also} \qquad \nu_m &= \left[\frac{9N}{4\pi V\left(\frac{1}{c_l^3}+\frac{2}{c_t^3}\right)}\right]^{\frac{1}{3}} \end{aligned}\right\} \tag{44}$$

Für die Atomwärme des Körpers folgt nach (42):

$$C_v = k \cdot \int_0^{\nu_m} \frac{\left(\frac{h\nu}{kT}\right)^2 \cdot e^{\frac{h\nu}{kT}}}{\left(e^{\frac{h\nu}{kT}} - 1\right)^2} \cdot Z(\nu)\,d\nu\,,$$

ein Resultat, das man leicht auf folgende einfachere Form bringt[124]:

$$C_v = \frac{9R}{x_m{}^3}\cdot\int_0^{x_m} \frac{x^4 e^x\,dx}{(e^x-1)^2} = f(x_m)\,, \quad \text{wo} \quad x_m = \frac{h\nu_m}{kT} = \frac{\Theta}{T}\,. \tag{45}$$

Die Atomwärme ist also nur Funktion der Größe x_m, d. h. sie hängt nur von dem Verhältnis $\frac{\Theta}{T}$ ab; dabei ist $\Theta = \frac{h\nu_m}{k}$.
Dieses Resultat läßt sich, in *Debyes* Formulierung so aussprechen: Rechnet man die Temperatur T als Vielfaches einer für die betreffende Substanz charakteristischen Temperatur Θ, so ist die Atomwärme für alle einatomigen Körper durch dieselbe Kurve dargestellt. Danach muß man also die C_v-Kurven aller

einatomigen Stoffe zur Deckung bringen können, wenn man nur den Temperaturmaßstab für jede Substanz geeignet wählt[125]).

Für hohe Temperaturen geht, wie es sein muß, die *Debye*sche Formel in den klassischen *Dulong-Petit*schen Wert $C_v = 3\,R$ über[126]), ebenso wie die *Einstein*sche und die *Nernst-Lindemann*sche Formel. Dagegen unterscheidet sie sich von diesen beiden wesentlich durch den sehr viel langsameren Abfall bei tiefen Temperaturen. Während nämlich die Atomwärmen sowohl nach *Einstein* wie nach *Nernst-Lindemann*, für tiefe Temperaturen exponentiell $\left(\text{wie } \frac{1}{T^2} \cdot e^{-\frac{\text{const}}{T}}\right)$ abfallen, ergibt sich aus *Debyes* Formel der fundamentale Satz[127]), daß die Atomwärme aller Körper bei tiefen Temperaturen der dritten Potenz der absoluten Temperatur proportional ist.

Bemerkenswert ist noch, daß man die Formel (44) für die maximale Schwingungszahl ν_m so schreiben kann, daß nur meßbare Größen darin auftreten. Drückt man nämlich die beiden Schallgeschwindigkeiten c_t und c_l durch die elastischen Konstanten des Körpers aus, und ersetzt das Volumen V des Grammatoms durch den Quotienten: $\frac{\text{Atomgewicht } (A)}{\text{Dichte } (\varrho)}$, so folgt[128]):

$$\left.\begin{aligned} \nu_m &= \frac{5{,}28 \cdot 10^7 \cdot \psi(\sigma)}{A^{\frac{1}{3}}\,\varrho^{\frac{1}{6}}\,\varkappa^{\frac{1}{2}}} \\ \text{wo} \quad \psi(\sigma) &= \left\{\frac{2}{3}\left[\frac{2(1+\sigma)}{3(1-2\sigma)}\right]^{\frac{3}{2}} + \frac{1}{3}\left[\frac{1+\sigma}{3(1-\sigma)}\right]^{\frac{3}{2}}\right\}^{-\frac{1}{3}} \end{aligned}\right\} \quad (46)$$

Dabei ist $\varkappa$ wieder die Kompressibilität der Substanz, σ die sog. *Poisson*sche Zahl, d. h. das Verhältnis der Querkontraktion zur Längsdehnung. Die Ähnlichkeit dieser Formel mit der *Einstein*schen Beziehung (35) springt in die Augen. Nur geht hier noch die zweite elastische Konstante des isotropen Körpers, σ, mit ein. Im ganzen spielt eben die obere Grenze ν_m des elastischen Spektrums, an der sich, wie man zeigen kann[129], die Eigenschwingungszahlen stets sehr stark anhäufen, hier in der strengeren Theorie eine analoge Rolle wie die einzige Schwingungszahl ν der Atome in der „monochromatischen“ Theorie.

Der Vergleich mit der Erfahrung zeigt[130], daß die *Debye*sche Formel, jedenfalls für die einatomigen Elemente, wie Aluminium, Kupfer, Silber, Blei, Quecksilber, Zink, Diamant, den Verlauf der gemessenen Atomwärme sehr befriedigend darstellt. Insbesondere bestätigt sich bei tiefen Temperaturen die Proportionalität der Atomwärme mit der dritten Potenz der absoluten Temperatur[131]. Im Hinblick auf die immerhin noch weitgehende Idealisierung (Ersetzung des tatsächlich atomistischen Körpers durch ein Kontinuum) darf man die Übereinstimmung zwischen Theorie und Experiment keineswegs als Selbstverständlichkeit ansehen. Bei tiefen Temperaturen allerdings wird *Debyes* Idealisierung in gewissem Sinne ihr Recht behaupten. Hier ist nämlich $\frac{h\nu}{kT}$ groß, und daher der Energiebeitrag $\frac{h\nu}{e^{\frac{h\nu}{kT}}-1}$ klein, außer wenn ν selbst kleine Werte annimmt. Bei tiefen Temperaturen werden also nur lange Wellen einen wesentlichen Beitrag zur Energie des Körpers, und damit zur Atomwärme, liefern. Für lange Wellen aber, d. h. für Wellen, deren Länge groß ist gegen den Atomabstand, spielt in der Tat der spezielle atomistische Aufbau des Körpers keine Rolle, für sie ist die Substanz nahezu ein Kontinuum. Ganz anders aber bei höheren Temperaturen, bei denen auch die größeren Schwingungszahlen bis zur maximalen ν_m (d. h. die kürzeren Wellen bis zur kleinsten) Energiebeiträge liefern. Denn die Wellen, die den höchsten Schwingungszahlen entsprechen, besitzen, wie man leicht beweist[132]), Längen, die mit dem Atomabstand vergleichbar sind; und für diese kurzen Wellen kann das Medium zweifellos seine atomistische Struktur nicht mehr verleugnen. Hier muß also die Ersetzung durch ein Kontinuum als eine zu weitgehende Näherung Bedenken erregen.

§ 7. Die Gittertheorie der Atomwärmen nach Born und Kármán. Das elastische Spektrum des allgemeinsten Kristalls.

An dieser Stelle greifen die obengenannten Untersuchungen von *Born* und *Kármán* ein, die, über *Debye* hinausgehend, die wirkliche Kristallstruktur der festen Körper, d. h. die Raumgitteranordnung der Atome berücksichtigen. Um dabei der großen mathematischen Schwierigkeiten Herr zu werden, dachten sie sich, wie schon erwähnt, den in Wahrheit endlich ausgedehnten Kristall durch einen nach allen Seiten unendlich ausgedehnten ersetzt. Dadurch wurde der störende Einfluß der Oberfläche auf das Innere ausgeschaltet, so daß nun alle Atome denselben Bedingungen unterlagen. Auch hier ist das Hauptproblem wieder die Bestimmung des elastischen Spektrums, oder — falls man auf die genaue Berechnung der einzelnen Eigenschwingungszahlen verzichtet — zum mindesten die Ermittelung des Gesetzes, nach denen die Eigenschwingungen sich auf die einzelnen Schwingungszahlenbereiche verteilen. Diese Aufgabe ist von *Born* und *Kármán* zuerst für reguläre Kristalle gelöst worden. Die erhaltenen Sätze wurden dann auf den Fall einfacher Punktgitter von beliebiger Symmetrie ausgedehnt, und schließlich hat sie *Born* in seiner „Dynamik der Kristallgitter“ für die allgemeinste Form der Raumgitter abgeleitet[133]).

Diese allgemeinsten Raumgitter entstehen durch räumlich periodische Wiederholung einer bestimmten, im ganzen

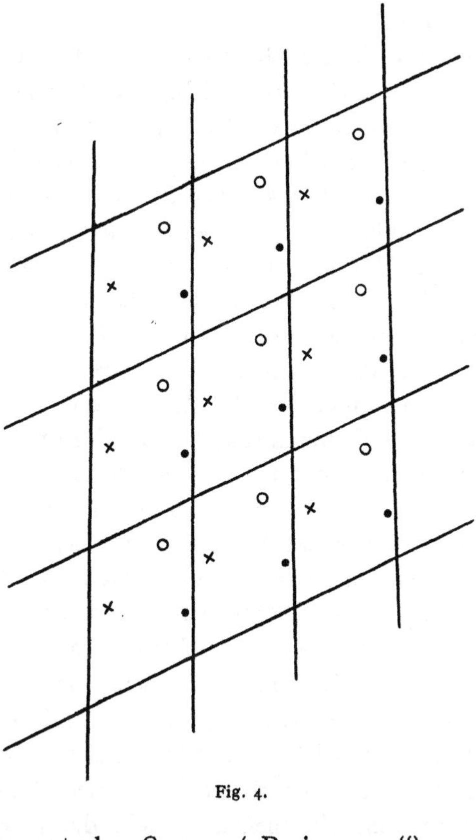

Fig. 4.

elektrisch neutralen Gruppe („Basisgruppe“) von Teilchen (Atomen und Elektronen), die in einem parallelepipedischen Raum, dem „Elementarparallelepiped“, eingeschlossen ist. In Fig. 4 ist ein solches, allerdings ebenes Gitter abgebildet, bei dem die Basisgruppe aus 3 Teilchen (• o ×) besteht. Alle Teilchen • bilden dabei zusammen ein „einfaches" Gitter, ebenso die Teilchen o und die Teilchen ×. Man hat also hier 3 ineinandergestellte einfache Gitter.

So bilden z. B. die Alkali-Halogenverbindungen (NaCl, LiCl, KCl, KBr, KI, RbCl, RbBr, RbI, usw.) kubische Raumgitter, in welchen die Gitterpunkte abwechselnd mit dem positiven Alkali-Ion und dem negativen Halogen-Ion besetzt sind (siehe Fig. 5). Würde man hier den ganzen gezeichneten Würfel als „Elementarwürfel" betrachten, so enthielte die Basisgruppe 8 Teilchen, nämlich 4 Ionen von jeder Sorte (numeriert). Hier hätte man dann also 8 ineinandergestellte einfache Gitter. Je 4 von ihnen bestünden jedoch aus derselben Teilchenart. Daher empfiehlt es sich, hier an Stelle des Würfels das doppelt umrandete Rhomboëder als Elementarparallelepiped zu wählen. Dann besteht die Basisgruppe nur aus den beiden verschiedenen Teilchen 1 und 8, von denen das eine in einer Ecke, das andere in der Mitte des Parallelepipeds liegt. In der Tat erhält man das ganze Gitter, wenn man die Basisgruppe in Richtung der 3 Rhomboëderkanten um ganzzahlige Vielfache der Kantenlänge verschiebt. Das Gitter besteht also bei dieser Auffassung aus 2 ineinandergestellten einfachen kubischen Atomgittern, und zwar „flächenzentrierten" Gittern, d. h. solchen, bei denen nicht nur die Würfelecken, sondern auch die Mitten der Würfelflächen besetzt sind. Enthält im allgemeinsten Falle die Basisgruppe s verschiedene Teilchen, so besteht das Gitter aus s ineinandergesetzten einfachen Gittern.

Um nun die Gesetze, die das elastische Spektrum eines solchen allgemeinsten Kristalls beherrschen, übersichtlich zu machen, verfährt man nach *Born* und *Kármán* so: Man denke sich eine elastische Welle von bestimmter Wellenlänge und bestimmter Richtung (der Wellennormale) den Kristall durchziehen. Zu jeder so definierten Welle gehören

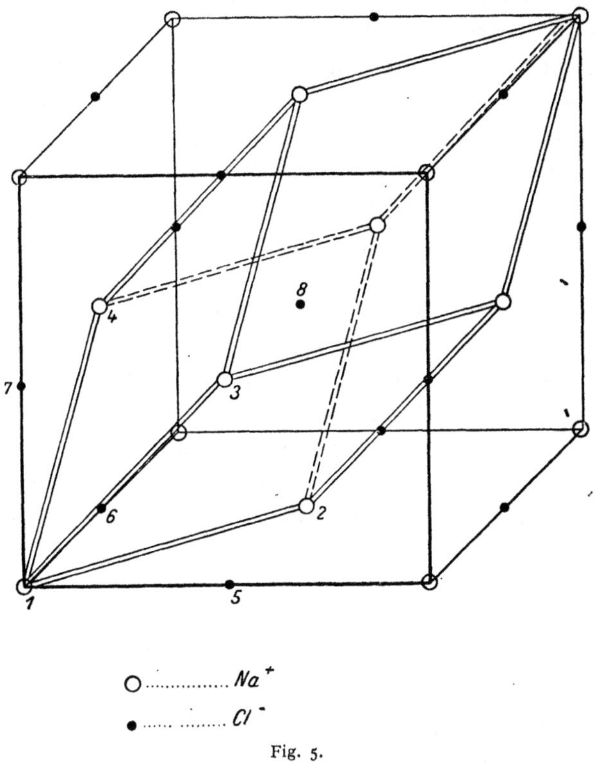

Fig. 5.

dann $3s$ Eigenschwingungen mit den Schwingungszahlen $\nu_1\ \nu_2\ \nu_3\ \ldots\ldots\ \nu_{3s}$. Die ersten 3 Schwingungszahlen ν_1, ν_2 und ν_3 entsprechen denjenigen Eigenschwingungen des Kristalls, bei denen die einzelnen ineinandergestellten einfachen Gitter in erster Näherung gleichartig verzerrt werden, ohne sich gegeneinander zu verschieben. Dies sind die 3 gewöhnlichen akustischen Eigenschwingungen (eine longitudinale, zwei transversale). Die übrigen $3(s-1)$ Schwingungszahlen dagegen entsprechen einem anderen Bewegungstypus des Kristalls: nämlich denjenigen Eigenschwingungen, bei denen in erster Näherung die einzelnen einfachen Gitter ohne Verzerrung gegeneinander schwingen. Enthält die Basisgruppe nur 1 Teilchen ($s = 1$), besteht also der Kristall überhaupt nur aus einem einfachen Gitter, so kommt dieser zweite Bewegungstypus ganz in Fortfall und man hat nur die 3 akustischen Eigenschwingungen ν_1, ν_2, ν_3. Hat man dagegen etwa einen Kristall der Alkali-Halogenverbindungen vor sich, z. B. Steinsalz (NaCl), so ist, wie wir sahen, $s = 2$. Außer den 3 akustischen Eigenschwingungen existieren dann noch 3 Eigenschwingungen vom zweiten Bewegungstypus. Infolge des regulären Kristallcharakters der Alkali-Halogene fallen jedoch diese 3 Eigenschwingungen streng zusammen, jedenfalls für lange Wellen, und bilden diejenige Bewegung, bei der das Natriumgitter angenähert als starres Gebilde gegen das gleichfalls starre Chlorgitter schwingt. Man sieht sofort ein, daß gerade diese zuletzt betrachtete Eigenschwingung für die Optik dieser Kristalle die Hauptrolle spielen wird. Denn wenn eine elektromagnetische Welle den Kristall trifft, so werden die Natrium-Ionen durch die elektrische Kraft der Welle nach der einen Seite, die entgegengesetzt geladenen Chlor-Ionen nach der anderen Seite gezogen; es wird also gerade der oben besprochene Schwingungstypus angeregt. Kommt dabei die Schwingungszahl der äußeren Welle der Eigenschwingungszahl sehr nahe, so tritt Resonanz ein. Diese ultraroten Eigenschwingungen sind es also, die den Verlauf des Brechungsquotienten, vor allem im Ultrarot, bestimmen, es sind die sog. „ultraroten Dispersionsschwingungszahlen". In ihrer Nähe liegen auch die Stellen metallischer Reflexion, die mit der Reststrahlenmethode aufgefunden werden.

Was soeben für den Spezialfall $s = 2$ (Alkali-Halogene) ausgesprochen wurde, läßt sich natürlich sofort verallgemeinern. Besteht nämlich die Basisgruppe aus s verschiedenen Teilchen, so sind es gerade die $3(s - 1)$ Eigenschwingungszahlen $\nu_4, \nu_5 \ldots \nu_{3s}$, die für die Dispersion des Kristalls maßgebend sind. Unter ihnen befinden sich diejenigen, in deren Nähe die Stellen metallischer Reflexion (Reststrahlen) liegen. Enthält die Basisgruppe p positive Atomreste und $s - p$ Elektronen, so zerfallen die Schwingungszahlen $\nu_4 \ldots \nu_{3s}$ entsprechend in 2 Klassen: die erste Klasse besteht aus $3(p - 1)$ ultraroten Schwingungszahlen, die von den Atomresten herrühren, die zweite aus $3(s - p)$ ultravioletten, die dem Einfluß der Elektronen zuzuschreiben sind. Die ultraroten Eigenschwingungen sind für den Verlauf des Brechungsquotienten im Ultrarot, für die Lage der Reststrahlen und, wie wir sehen werden, für die Atomwärmen ausschlaggebend; die ultravioletten Eigenschwingungen dagegen bestimmen wesentlich den Brechungsquotienten im Sichtbaren und Ultravioletten. Dabei bestätigt auch die allgemeine Gittertheorie von *Born*[134]) das schon vorher von *F. Haber*[135]) ausgesprochene Gesetz, daß sich die Schwingungszahlen der ersten (ultraroten) Klasse zu denen der zweiten (ultravioletten) Klasse, der Größenordnung nach, verhalten wie die Wurzel aus der Elektronenmasse zur Wurzel aus der Atommasse.

Kehren wir nach dieser Abschweifung zu unserem Ausgangspunkt zurück! Bis jetzt haben wir stets eine Welle von bestimmter Länge λ und bestimmter Wellennormalenrichtung n betrachtet und gesehen, daß ihr im allgemeinsten Falle $3s$ Eigenschwingungszahlen $\nu_1 \ldots \nu_{3s}$ entsprechen. Lassen wir nun die Wellenlänge λ, bei fester Wellenrichtung, stetig variieren, indem wir von unendlich langen Wellen zu den kleinsten übergehen, so wird auch jede der $3s$ Schwingungszahlen stetig variieren und einen zusammenhängenden Wertbereich überstreichen. M. a. W.: die $3s$ Eigenschwingungszahlen sind gewisse Funktionen der Wellenlänge λ:

$$\nu_i = f_i(\lambda) .$$

Dabei zeigt sich nun aber die fundamentale Tatsache, daß alle diese Wertbereiche der einzelnen Schwingungszahlen nur endliche Ausdehnung besitzen, daß also jedes der $3s$ Kontinua von Schwingungszahlen automatisch bei einer höchsten Grenzschwingungszahl abbricht. „Automatisch", d. h. ohne unser willkürliches Zutun (wie bei *Debye*!), rein auf Grund der analytischen Form der Funktionen f_i. Es erklärt sich dies dadurch, daß die Wellenlänge λ der im Kristall möglichen Wellen nach unten hin beschränkt ist: es sind Wellen mit Längen unterhalb einer kürzesten nicht existenzfähig. Man erkennt das am einfachsten an dem folgenden instruktiven Beispiel. Betrachtet man ein einfaches kubisches Gitter mit dem Atomabstand a und untersucht z. B. Longitudinalwellen, die sich längs einer Würfelkante ausbreiten — wobei also alle Atome einer zu dieser Kante senkrechten Ebene in gleicher Phase längs der Kante schwingen — so sieht man sofort, daß die kleinste hier mögliche Welle die Länge $\lambda_{\min} = 2a$ besitzt. Bei dieser Welle nämlich schwingen benachbarte Ebenen in entgegengesetzter Phase,

d. h. „gegeneinander". Die funktionale Beziehung zwischen ν und λ nimmt hier die spezielle Form an[136]):

$$\nu = \nu_m \sin\left(\frac{\pi a}{\lambda}\right). \tag{47}$$

Für unendlich lange Wellen ($\lambda = \infty$) ist $\nu = 0$; geht man zu kürzeren Wellen über, so wächst ν stetig, bis es für $\lambda = 2a$ seinen maximalen Wert ν_m erreicht. Bei dieser Grenzschwingungszahl ν_m bricht der Wertbereich der möglichen ν automatisch ab.

Bisher hatten wir der Wellenrichtung einen bestimmten festen Wert erteilt und die Wellenlänge λ variieren lassen. Jetzt erteilen wir der Wellenrichtung nach und nach andere Werte und lassen jedesmal wieder die Wellenlänge vom Wert ∞ bis zum jeweils kleinstmöglichen Wert variieren. Dann ändert sich auch die Art der funktionalen Abhängigkeit der Größen ν_i von λ, und ebenso die Lage der Grenzschwingungszahlen, stetig mit der Wellenrichtung, so daß man sagen kann: es sind die $3s$ Eigenschwingungszahlen allgemein stetige Funktionen der Wellenlänge λ und der Wellenrichtung n:

$$\nu_i = f_i(\lambda, n), \qquad (i = 1, 2, \ldots 3s). \tag{48}$$

Dabei bricht jede der Funktionen f_i für einen kleinsten Wert der Wellenlänge automatisch an einer oberen Grenze $(\nu_i)_{max}$ ab, die selbst noch von der Wellenrichtung abhängt. Diese Gleichungen stellen das Dispersionsgesetz der Wellen im Kristall dar; denn sie bestimmen für jede Welle die dazugehörigen $3s$ Schwingungszahlen ν_i und daher auch die Ausbreitungsgeschwindigkeiten $q_i = \nu_i \cdot \lambda$ in Abhängigkeit von Wellenlänge und Wellenrichtung. Besonders einfach wird das Dispersionsgesetz im Gebiete langer

Wellen: für die 3 akustischen Schwingungen gelten da die Beziehungen[137])

$$\nu_1 = \frac{q_1(n)}{\lambda}, \quad \nu_2 = \frac{q_2(n)}{\lambda}, \quad \nu_3 = \frac{q_2(n)}{\lambda} \tag{49}$$

wo die 3 Größen $q_1(n)$, $q_2(n)$, und $q_3(n)$ drei im allgemeinen verschiedene Funktionen der Wellenrichtung sind. Und zwar sind es die 3 Ausbreitungsgeschwindigkeiten der 3 akustischen Schwingungen. Im Gebiete langer Wellen sind also die Ausbreitungsgeschwindigkeiten der 3 langsamen akustischen Schwingungen in erster Näherung von der Wellenlänge unabhängig.

Ganz anders sieht das Dispersionsgesetz (für lange Wellen) bei den schnellen $3(s-1)$ Schwingungen $\nu_4, \nu_5 \ldots \nu_{3s}$ aus, nämlich so:

$$\nu_i = \nu_i^0 + \frac{p_i(n)}{\lambda} \qquad (i = 4, 5, \ldots 3s). \tag{50}$$

Dabei sind die ν_i^0 Konstanten, die $p_i(n)$ sind wieder gewisse Funktionen der Wellenrichtung. Die Ausbreitungsgeschwindigkeiten q_i würden hier die Werte

$$q_i = \nu_i \lambda = \nu_i^0 \lambda + p_i(n) \tag{51}$$

annehmen, also lineare Funktionen der Wellenlänge sein.

Zusammenfassend kann man sagen: Das elastische Spektrum des allgemeinsten Kristalls, dessen Basisgruppe s Teilchen enthält, besteht aus $3s$ getrennten Teilen („Zweigen"). Jeder Teil stellt ein endlich ausgedehntes Kontinuum von Schwingungszahlen dar. Die 3 ersten Teile enthalten die Gesamtheit aller langsamen, akustischen Eigenschwingungen. Die übrigen $3(s-1)$ Teile umfassen die schnellen (ultraroten und ultravioletten) Eigenschwingungen, die für die optische Dispersion und die Stellen metallischer Reflexion ausschlaggebend sind.

§ 8. Fortsetzung. Das Verteilungsgesetz der Eigenschwingungen.

Ist auch diese Kenntnis von dem allgemeinen Charakter des elastischen Spektrums, wie wir bald sehen werden, von großem Wert, so ist sie dennoch für die Frage nach dem Energieinhalt und der Molekularwärme des Kristalls nicht ausreichend. Denn selbst bei den einfachsten Kristallen ist eine strenge Berechnung des elastischen Spektrums zurzeit noch nicht möglich. Wir wissen aber andererseits auch schon, daß wir das elastische Spektrum bei der Berechnung des Energieinhalts und der Molekularwärme gar nicht bis in seine letzten Feinheiten zu kennen brauchen, sondern daß es genügt zu wissen, nach welchem Gesetz die Eigenschwingungszahlen über das elastische Spektrum (oder seine einzelnen „Zweige") verteilt sind. Dies gilt natürlich um so eher, je dichter die Eigenschwingungszahlen aneinander liegen. Nun besitzt in Wirklichkeit der endliche Kristall, wenn er aus einer N-maligen Wiederholung der Basisgruppe (s Teilchen) besteht, $3\,Ns$ Eigenschwingungen, die sich zu je N auf die $3\,s$ Zweige des elastischen Spektrums verteilen. Wächst N ins Unendliche, so verschmelzen die N einzelnen Schwingungszahlen jedes Zweiges zu einem Kontinuum, und man erhält genau dasjenige elastische Spektrum, das wir soeben ausführlich betrachtet haben. Man erkennt hieraus, daß man bei der Berechnung des Energieinhalts um so besser allein mit dem Verteilungsgesetz der Schwingungszahlen (ohne genauere Kenntnis ihre Lage) auskommt, mit je größerem

Recht man den endlichen Kristall durch einen unendlich ausgedehnten ersetzen darf.

Das Verteilungsgesetz der Eigenschwingungszahlen, das von *Born* und *Kármán* entdeckt und von *Born* in seiner „Dynamik der Kristallgitter" auf den allgemeinsten Kristalltypus ausgedehnt wurde, läßt sich so formulieren: Aus der Gesamtheit aller elastischen Wellen greife man die enge Gruppe derjenigen heraus, deren Länge zwischen λ und $\lambda + d\lambda$ enthalten ist, und deren Normalenrichtung zugleich im Raumwinkelelement[138]) $d\Omega$ liegt. Auf diese Gruppe entfallen in jedem der $3s$ Zweige des Spektrums $\frac{V}{\lambda^4} d\lambda d\Omega$ Eigenschwingungszahlen. Dabei ist V das Volumen des endlichen Kristalls.

§ 9. Fortsetzung. Die Atomwärmen bei tiefen, tiefsten und hohen Temperaturen.

Die Kenntnis dieses Verteilungsgesetzes erlaubt nun sofort, die Wärmekapazität[139]) des aus Ns Teilchen bestehenden Kristalls hinzuschreiben. Nach (42) wird sie:

$$\left.\begin{aligned} \Gamma_v &= k \sum_{i=1}^{3Ns} \frac{\left(\frac{h\nu_i}{kT}\right)^2 e^{\frac{h\nu_i}{kT}}}{\left(e^{\frac{h\nu_i}{kT}} - 1\right)^2} \\ &= kV \sum_{i=1}^{3s} \int_0^{4\pi} d\Omega \int_{\lambda=\lambda_m(n)}^{\lambda=\infty} \frac{d\lambda}{\lambda^4} \frac{\left(\frac{h\nu_i}{kT}\right)^2 e^{\frac{h\nu_i}{kT}}}{\left(e^{\frac{h\nu_i}{kT}} - 1\right)^2} \end{aligned}\right\} \quad (52)$$

Diese Formel ist so zu verstehen: Die Eigenschwingungs zahlen ν_i sind nach (48) als Funktionen der Wellenlänge λ und der Wellenrichtung n auszudrücken; dann ist nach λ

zu integrieren, und zwar von der kleinstmöglichen Wellenlänge $\lambda_m(n)$, die selbst noch von der Wellenrichtung n abhängt, bis zur größtmöglichen $\lambda = \infty$. Das Resultat dieser Integration hängt dann noch von der Wellenrichtung und dem Stellenzeiger i ab. Schließlich ist über alle Richtungen (d. h. alle Raumwinkelelemente zwischen 0 und 4π) zu integrieren und über alle $3s$ Zweige des Spektrums zu summieren. Nun haben wir aber gesehen, daß die $3s$ Zweige des Spektrums in 2 Gruppen zerfallen: Die ersten 3 Zweige ($i = 1, 2, 3$) umfassen die Gesamtheit aller langsamen akustischen Eigenschwingungen mit dem für lange Wellen gültigen Dispersionsgesetz (49). Die übrigen $3(s-1)$ Zweige enthalten die Gesamtheit der schnellen (ultraroten und ultravioletten) Eigenschwingungen mit dem ganz anders gearteten, für lange Wellen gültigen, Dispersionsgesetz (50). Daher liegt es nahe, die Summe $\sum_{i=1}^{3s}$ in (52), entsprechend den 2 verschiedenen Gruppen von Schwingungszahlen, ebenfalls in 2 Teile zu zerspalten und zu schreiben:

$$\left.\begin{aligned} &\Gamma_v = \Gamma_v^{(1)} + \Gamma_v^{(2)} \\ \text{wo} \quad & \\ &\Gamma_v^{(1)} = k V \sum_{i=1}^{3} \ldots; \qquad \Gamma_v^{(2)} = k V \sum_{i=4}^{3s} \ldots \end{aligned}\right\} \tag{53}$$

Diese noch immer reichlich komplizierten Formeln lassen sich nach *Born* bei Beschränkung auf tiefe Temperaturen durch gewisse Näherungen in eine sehr einfache und übersichtliche Gestalt bringen. Wie wir nämlich schon früher erkannten, liefern bei tiefen Temperaturen nur die langen Wellen einen Beitrag zum Energieinhalt. Daher werden wir in den Formeln (53) überall von denjenigen Näherungen Gebrauch machen, die die Beschränkung auf lange Wellen mit sich bringt. Betrachten wir zuerst $\Gamma_v^{(2)}$. Hier setzen wir für die ν_i nach (50) in erster Näherung die konstanten Werte ν_i^0 ein, die von der Wellenlänge λ und der Wellenrichtung n unabhängig sind. Tut man dies, so kann man die konstanten Faktoren $\dfrac{\left(\dfrac{h\nu_i^0}{kT}\right)^2 \cdot e^{\frac{h\nu_i^0}{kT}}}{\left(e^{\frac{h\nu_i^0}{kT}} - 1\right)^2}$ vor beide Integralzeichen setzen und schreiben:

$$\Gamma_v^{(2)} = k \sum_{i=4}^{3s} \frac{x_i^2 e^{x_i}}{(e^{x_i} - 1)^2} \cdot \left[V \int_0^{4\pi} d\Omega \int_{\lambda_m(n)}^{\infty} \frac{d\lambda}{\lambda^4} \right], \quad \text{wo} \quad x_i = \frac{h\nu_i^0}{kT}.$$

Der in eckige Klammern gesetzte Faktor hat aber eine einfache Bedeutung. Aus dem Verteilungsgesetz der Eigenschwingungen ersieht man nämlich, daß er die Gesamtzahl aller Eigenschwingungen in einem der $3s$ Zweige des Spektrums darstellt, also den Wert N besitzt. N ist dabei, wie schon gesagt, die Anzahl der Basisgruppen, aus denen der Kristall besteht. Wählen wir das betrachtete Kristallstück gerade so groß, daß N gleich der *Avogadro*schen Zahl wird, so folgt, unter Beachtung von $Nk = R$, für $\Gamma_v^{(2)}$ der Ausdruck:

$$\Gamma_v^{(2)} = R \cdot \sum_{i=4}^{3} \frac{x_i^2 e^{x_i}}{(e^{x_i} - 1)^2}, \qquad \text{wo} \qquad x_i = \frac{h\nu_i^0}{kT}. \tag{54}$$

Vergleicht man dies Resultat mit (34), so sieht man, daß $\Gamma_v^{(2)}$ — bis auf den fehlenden Zahlenfaktor 3 — aus $3(s-1)$ *Einstein*schen Funktionen besteht. Wir schreiben in leicht verständlicher Form:

$$\Gamma_v^{(2)} = \frac{1}{3} \sum_{i=4}^{3s} E(x_i), \qquad \text{wo} \qquad x_i = \frac{h\nu_i^0}{kT}. \tag{55}$$

Daß man, bei der hier benutzten Näherung, auf *Einstein*sche Glieder, d. h. auf die „monochromatische“ Theorie stößt, ist von vornherein klar: denn da man die ν_i hier als Konstanten behandelt, die von Wellenlänge und Wellen richtung ganz unabhängig sind, so stellen diese Schwingungen Vorgänge dar, die mit der Ausbreitung elastischer Wellen- im Kristall als Ganzem gar nichts zu tun haben; d. h. aber, daß die einzelnen Teilchen, gleichsam ungekoppelt, $3(s - 1)$ monochromatische Schwingungen ausführen.

Ganz anders gestaltet sich die Näherungsrechnung für den ersten Teil $\Gamma_v^{(1)}$. Denn hier muß man für die 3 Schwingungszahlen ν_1, ν_2, ν_3 die Beziehungen (49) benutzen, die die 3 akustischen Eigenschwingungen mit Wellenlänge und Wellenrichtung verknüpfen. Hier haben wir es also mit 3 wirklichen elastischen Schwingungen zu tun, die sich mit den 3 verschiedenen, von der Richtung n abhängigen Schallgeschwindigkeiten $q_1(n)$, $q_2(n)$, $q_3(n)$ im Kristall ausbreiten. Der Kristall als Ganzes tritt hier als dynamisches System in Aktion, genau ebenso wie in *Debyes* Betrachtung. Daher werden wir vermuten, daß sich $\Gamma_v^{(1)}$ auf die Form dreier *Debye*scher Funktionen (45) bringen läßt. Die genauere Rechnung bestätigt diese Vermutung und liefert[140]):

$$\Gamma_v^{(1)} = 3R \sum_{i=1}^{3} \frac{1}{\overline{x}_i^3} \int_0^{\overline{x}_i} \frac{x^4 e^x \, dx}{(e^x - 1)^2}, \tag{56}$$

was sich mit Rücksicht auf *Debyes* Formel (45) in folgender, ohne weiteres verständlicher, Fassung schreiben läßt:

$$\Gamma_v^{(1)} = \frac{1}{3} \sum_{i=1}^{3} D(\overline{x}_i) \,. \tag{57}$$

Die 3 Größen $\overline{x}_i$ spielen dabei die Rolle dreier oberer Grenzschwingungszahlen. Ihre Werte sind:

$$\overline{x}_i = \frac{h\,\overline{q}_i}{k\,T} \cdot \sqrt[3]{\frac{3\,N}{4\pi\,V}} \tag{58}$$

wo die 3 Größen $\overline{q}_i$ gewisse Richtungsmittelwerte der Schallgeschwindigkeiten darstellen, die also nicht mehr von der Wellenrichtung abhängen. Aus (55) und (57) ergibt sich für die Wärmekapazität des betrachteten Kristallstücks:

$$\Gamma_v = \frac{1}{3}\left\{\sum_{i=1}^{3} D(\overline{x}_i) + \sum_{i=4}^{3s} E(x_i)\right\} \tag{59}$$

Da nun von jeder der s Teilchensorten N Teilchen vorhanden sind, also von jeder Teilchenart gerade 1 Grammatom — N ist ja die *Avogadro*sche Zahl! —, so enthält das Kristallstück s Grammatome verschiedener Teilchenart. Schneidet man daher den Kristall in s gleiche Stücke derart, daß jedes Stück nur $\frac{N}{s}$ Basisgruppen umfaßt, so enthält jedes dieser Stücke, wie man sagt, ein „mittleres" Grammatom. Betrachten wir daher jetzt nur ein einziges dieser Stücke, so ist seine Wärmekapazität $= \frac{\Gamma_v}{s}$; man nennt sie die „mittlere Atomwärme" $\overline{C}_v$ und kann schreiben:

$$\overline{C}_v = \frac{1}{3\,s}\left\{\sum_{i=1}^{3} D(\overline{x}_i) + \sum_{i=4}^{3s} E(x_i)\right\}. \tag{60}$$

Dabei behalten die $\overline{x}_i$ die Bedeutung (58) bei; das jetzt ins Auge gefaßte Kristallstück besteht nämlich aus $\frac{N}{s}$ Basisgruppen und besitzt daher das Volumen $\frac{V}{s}$. Formel (58) aber bleibt ersichtlich unverändert, wenn man in ihr N und V durch $\frac{N}{s}$ und $\frac{V}{s}$ ersetzt. Die Größe $\frac{V}{s}$, das Volumen eines mittleren Grammatoms, nennt man auch das mittlere Atomvolumen.

Bei chemischen Verbindungen, bei denen in der Basisgruppe mehrere Atomarten vorkommen, aber auch bei mehratomigen Elementen, bei denen die Basisgruppe mehrere Teilchen gleicher Art enthält, spricht man häufig von der Molekularwärme. Man folgt dabei der üblichen chemischen Vorstellung, indem man sich die s-Teilchen der Basisgruppe in eine oder mehrere Untergruppen geteilt denkt, und jede Untergruppe, für sich zusammengefaßt, als ein „Molekül" ansieht. Besteht dann das Molekül aus q Atomen, so ist $q \cdot \overline{C}_v$ die mittlere Molekularwärme. Z. B. enthält beim Steinsalz (NaCl), wie wir sahen, die Basisgruppe 1 Natriumion und 1 Chlorion. Das ganze Kristallstück, das, wie vorgeschrieben, aus $\frac{N}{s} = \frac{N}{2}$ Basisgruppen besteht, umfaßt also $\frac{N}{2}$ Natriumionen und ebensoviel Chlorionen, d. h. $\frac{N}{2}$ „NaCl-Moleküle". q ist hier speziell $= 2$. Daher stellt $2\,\overline{C}_v$ die Wärmekapazität von N „NaCl-Molekülen" dar, d. h. die mittlere Molekularwärme des Steinsalzes.

Sind unter den s-Teilchen der Basisgruppe p Atomreste und $s - p$ Elektronen, so schrumpft die Anzahl der *Einstein*schen Glieder in (59) auf $3(p - 1)$ zusammen, da die von den $s - p$ Elektronen herrührenden $3(s - p)$ ultravioletten Schwingungszahlen gegenüber den ultraroten nur verschwindend kleine Beiträge zur Atomwärme liefern. So gewinnt man den Satz: Die mittlere Molekularwärme eines Kristalls, dessen Basisgruppe p (gleiche oder verschiedene) Atomreste umfaßt, besteht bei hinreichend tiefer Temperatur aus 3 *Debye*schen Gliedern (mit 3 im allgemeinen verschiedenen oberen Grenzschwingungszahlen) und $3(p-1)$ *Einstein*schen Gliedern (in denen als Schwingungszahlen die $3(p-1)$ ultraroten Eigenschwingungszahlen für lange Wellen auftreten).

Geht man zu tiefsten Temperaturen über, so verschwinden die *Einstein*schen Glieder exponentiell, und es bleiben nur die 3 *Debye*schen Glieder übrig, die ja bekanntlich viel langsamer abfallen. In ihnen kann man dann noch die oberen Grenzen der 3 Integrale [siehe (56)] alle durch ∞ ersetzen, so daß die Integrale dadurch zu Zahlenkonstanten werden. Unter Berücksichtigung von (58) ergibt sich dann das fundamentale Gesetz, daß die Molekularwärme jedes Kristalls bei tiefster Temperatur der dritten Potenz der absoluten Temperatur proportional ist. So bestätigt die allgemeine Gittertheorie das *Debye*sche Resultat. Die Formel, die sich dabei ergibt, hat die einfache Gestalt[141]):

$$\overline{C}_v = \frac{16\,\pi^5 k^4 \overline{V}_A}{5\,h^3} \cdot \left(\frac{T}{\overline{q}}\right)^3, \tag{61}$$

wo $\overline{V}_A$ das „mittlere Atomvolumen" $\left(= \frac{\text{mittl. Atomgewicht}}{\text{mittl. Dichte}}\right)$ bedeutet, und $\overline{q}$ eine an Stelle der 3 verschiedenen Schallgeschwindigkeiten $\overline{q}_1$, $\overline{q}_2$, $\overline{q}_3$ eingeführte, geeignet definierte, mittlere Schallgeschwindigkeit darstellt.

Auch in dem anderen Extremfall, d. h. für hohe Temperaturen, läßt sich, wie *H. Thirring*[142]) zeigte, im Anschluß an (52) eine sehr brauchbare Formel durch Reihenentwickelung der Exponentialfunktionen gewinnen. Für die mittlere Atomwärme folgt so:

$$\bar{C}_v = 3R\left\{1 - \frac{J_1}{12}\left(\frac{h}{kT}\right)^2 + \frac{J_2}{240}\left(\frac{h}{kT}\right)^4 - \frac{J_3}{6050}\left(\frac{h}{kT}\right)^6 + \ldots\right\} \qquad (62)$$

wo die Koeffizienten $J_1, J_2, J_3, \ldots$ von den elastischen Konstanten des Kristalls, den Atommassen und Atomabständen in komplizierter Weise abhängen.

§ 10. Prüfung der Born-Kármánschen Theorie.

Wie steht es nun mit der Prüfung der *Born-Kármán*schen Formeln? Daß die Sache hier ungleich schwieriger liegt, als in der *Debye*schen Theorie, sieht man sofort; denn selbst in einfachen Fällen ist die Berechnung der mittleren Atomwärme eines Kristalls recht kompliziert und erfordert vor allem eine so genaue Kenntnis seines elastischen Verhaltens, wie sie uns zur Zeit noch nicht vorliegt. Nur bei Beschränkung auf tiefe und tiefste Temperaturen einerseits, wo also die Formeln (60) und (61) Anwendung finden, andererseits im Gebiete hoher Temperaturen, im Gültigkeitsbereich der *Thirring*schen Formel (62), lassen sich vorläufig bei einer Reihe einfacher Substanzen die Rechnungen bis zu einem Vergleich mit den experimentellen Werten durchführen. So haben *Born* und *Kármán* selbst schon in einer ihrer ersten Arbeiten[143]) die für tiefste Temperaturen gültige Formel (61), d. h. *Debyes* T^3-Gesetz, einer Prüfung an der Erfahrung unterzogen. Sie beschränkten sich dabei auf Metalle (Al, Cu, Ag, Pb), die allerdings — jedenfalls in der üblichen Form — keine Kristalle, sondern regellose kristallinische Aggregate sind. Aus diesem Grunde verfuhren sie so, als sei das Metall ein isotroper Körper, und gewannen die mittlere Schallgeschwindigkeit $\bar{q}$

— die einzige Größe in (61), die im allgemeinen längere Rechnung erfordert — aus der für isotrope Körper gültigen Beziehung[144]):

$$\frac{3}{\bar{q}^3} = \frac{1}{q_l^3} + \frac{2}{q_t^3} \,. \tag{63}$$

Dabei sind q_l und q_t die Ausbreitungsgeschwindigkeiten der longitudinalen und transversalen elastischen Wellen, Größen also, die sich aus den beiden elastischen Konstanten des isotropen Körpers und seiner Dichte einfach berechnen lassen[145]). Die Übereinstimmung der so gefundenen Werte von $\bar{C}_v$ mit den experimentellen Daten ist, besonders bei Al und Cu (auch noch bei Pb) recht gut. Mit Recht hat jedoch *A. Eucken*[146]) darauf hingewiesen, daß man dieser Übereinstimmung kein Gewicht beilegen dürfe. Die Werte der elastischen Konstanten nämlich, die *Born* und *Kármán* zur Berechnung von q_l und q_t benutzt hatten, sind die für Zimmertemperatur gültigen. Berücksichtigt man jedoch ihre Temperaturabhängigkeit, so geht die gute Übereinstimmung zwischen Theorie und Beobachtung verloren. Metalle sind eben keine isotropen Körper, und daher ist es nicht erlaubt, die beobachtbaren, temperaturabhängigen Elastizitätskonstanten bei der Berechnung von $\bar{q}$ zu verwenden.

Sehr viel günstiger liegt die Sache bei wirklichen Kristallen, bei denen, wie Versuche von *E. Madelung*[147]) zeigen, die Elastizitätskonstanten nur sehr wenig mit der Temperatur zu variieren scheinen. Hier aber macht nun wieder die Berechnung der mittleren Schallgeschwindigkeit $\bar{q}$ im allgemeinen bedeutende Schwierigkeiten[148]), die allerdings in einfachen Fällen durch eine sehr handliche Methode von *L. Hopf* und *G. Lechner*[149]) aus dem Wege geräumt wurden. Dadurch gelang es *Hopf* und *Lechner*, für Sylvin (KCl), Steinsalz (NaCl), Flußspat (CaF_2) und Pyrit (FeS_2) die Rechnungen durchzuführen. Sie verfuhren dabei in der Weise, daß sie aus dem beobachteten Werte von $\overline{C}_v$, unter Voraussetzung der Richtigkeit von Formel (61), die Größe $\bar{q}$ erschlossen und mit dem aus elastischen Daten berechneten $\bar{q}$ verglichen. Dabei ergab sich eine recht befriedigende Übereinstimmung[150]).

Von besonderem Interesse ist eine Prüfung der übersichtlichen Formel (60), die die mittlere Atomwärme als eine Summe von 3 *Debye*schen Funktionen und $3(s - 1)$ *Einstein*schen Funktionen darstellt. Äußerst einfach wird diese Formel für die Alkalihalogensalze, wo $s = 2$ ist. Hier fallen die 3 ultraroten Eigenschwingungen ν_4^0, ν_5^0, ν_6^0 zusammen, und die 3 *Einstein*schen Glieder werden daher einander gleich. Führt man noch die weitere Näherung ein, daß man die 3 verschiedenen Größen $\bar{x}_i$ in den *Debye*schen Gliedern durch einen Mittelwert $\bar{x}$ ersetzt, so folgt:

$$\overline{C}_v = \tfrac{1}{2}\{D(\bar{x}) + E(x)\}\,. \tag{64}$$

Dabei gilt für $\bar{x}$ die Formel (58), wenn man nur dort q_i durch einen Mittelwert $\bar{q}$ ersetzt, den man etwa nach der eben zitierten Methode von *Hopf* und *Lechner* berechnen kann. x dagegen ist nach (54) $= \frac{h\nu^0}{kT}$, wo ν^0 die ultrarote Eigenschwingung des Kristalls (für lange Wellen) ist, die sich aus der Dispersion im Ultrarot oder aus der Reststrahlenwellenlänge bestimmt.

Die Formel (64) ist schon vor *Born* von *W. Nernst*[151]) aufgestellt worden, allerdings auf Grund einer heute nicht mehr haltbaren Annahme. *Nernst* ging nämlich von der

Vorstellung aus, daß z. B. beim Steinsalz die NaCl-Moleküle in den Gitterpunkten sitzen, und daß der allgemeinste Schwingungszustand des Gitters durch Übereinanderlagerung zweier Bewegungsarten entsteht: erstens der Schwingungen des ganzen Moleküls im Gitterverbande, die ein *Debye*sches Glied liefern, zweitens der intramolekularen Schwingungen der beiden Atome, die, nahezu monochromatisch, zu einem *Einstein*schen Gliede führen. Die Übereinstimmung der *Born-Nernst*schen Formel (64) mit den experimentellen Daten ist bei NaCl und KCl nicht sehr befriedigend, beim AgCl, das demselben Kristalltypus angehört, weit besser[152]). Den Grund hierfür sieht *E. Schrödinger*[153]) in dem zu weitgehenden Näherungscharakter der Formel (64).

Schließlich ist auch die *Thirring*sche Formel (62) durch *Thirring* selbst[154]) für NaCl, KCl und, unter gewissen Vernachlässigungen, auch für CaF_2 und FeS_2 einer Prüfung unterzogen worden. Unter Berücksichtigung der Temperaturabhängigkeit der Elastizitätskonstanten (die allerdings infolge ihres interpolatorischen Charakters als unsicher und provisorisch anzusehen ist) erhielt er gute Übereinstimmung zwischen Theorie und Beobachtung. Im Anschluß an die *Thirring*sche Formel hat endlich auch *Born*[155]) für den Diamanten die Atomwärme berechnet und mit der Erfahrung verglichen. Da hier jedoch die Elastizitätskonstanten unbekannt waren, so verfuhr *Born* in der Weise, daß er für mehrere Möglichkeiten die Kurven der Atomwärme auswertete, und unter ihnen diejenige als die günstigste auswählte, die sich den Beobachtungen am besten anschmiegte. Aus dieser günstigsten Kurve konnten dann die Elastizitätskonstanten des Diamants abgelesen werden. So ergab sich z. B. für die Kompressibilität der Wert

$0{,}63 \cdot 10^{-12} \left[\frac{\text{cm}^2}{\text{Dyn}}\right]$ in befriedigender Übereinstimmung mit dem von *W. Richards* gemessenen (wahrscheinlich zu kleinen) Wert $0{,}5 \cdot 10^{-12} \left[\frac{\text{cm}^2}{\text{Dyn}}\right]$.

Aus alledem sieht man, daß die Prüfungsmöglichkeiten der *Born-Kármán*schen Theorie der Atomwärme, teils infolge der großen rechnerischen Schwierigkeiten, teils infolge der mangelhaften Kenntnis des elastischen Verhaltens der Kristalle, noch recht dürftig sind, so daß einstweilen die viel handlichere *Debye*sche Formel (eventuell mit Zusatz *Einstein*scher Glieder) leistungsfähiger erscheint. Wenn trotzdem der *Born-Kármán*schen Gittertheorie hier ein so breiter Raum gewidmet wurde, so war dafür die Überzeugung maßgebend, daß diese Theorie weit tiefer als die *Debye*sche in den Kern der Sache eingedrungen ist. Denn ohne ein genaueres Eingehen auf die Gitterstruktur und ihre Dynamik muß zweifellos die Erkenntnis vom Wesen des festen Zustandes lückenhaft bleiben.

§ 11. Die Zustandsgleichung des festen Körpers.

Im Anschluß an die neue Entwickelung der Lehre von den Atomwärmen ist von mehreren Forschern, hauptsächlich von *E. Grüneisen*[156]), *S. Ratnowski*[157]) und *P. Debye*[158]) eine Theorie des festen Zustandes ausgearbeitet worden, mit dem Ziel, der kinetischen Theorie der Gase eine kinetische Theorie der Festkörper an die Seite zu stellen. Eins der Hauptprobleme ist dabei die Aufstellung der „Zustandsgleichung", d. h. einer Beziehung zwischen Druck (p), Volumen (V) und Temperatur (T), eine Aufgabe, die nach den Lehren der Thermodynamik als gelöst anzusehen ist, sobald etwa die „freie Energie" F des Körpers als Funktion von Temperatur und Volumen bekannt ist[159]). Dann folgt z. B. der Druck aus der einfachen Gleichung:

$$p = -\left(\frac{\partial F}{\partial V}\right)_T, \tag{65}$$

die, als eine Beziehung zwischen p, V und T unmittelbar die Zustandsgleichung liefert. Ist diese bekannt, so beherrscht man quantitativ das Verhalten des Körpers für alle möglichen Zustandsänderungen. Z. B. ergeben sich Ausdehnungskoeffizient α und Kompressibilität $\varkappa$ aus den geläufigen Formeln:

$$\alpha = \frac{1}{V_0}\left(\frac{\partial V}{\partial T}\right)_p; \qquad \varkappa = -\frac{1}{V}\left(\frac{\partial V}{\partial p}\right)_T \tag{66}$$

(V_0 das Volumen beim Nullpunkt.)

P. Debye[160]) hat nun als erster darauf aufmerksam gemacht, daß das Modell des festen Körpers, so wie es der Atomwärmentheorie von *Einstein*, *Debye* und *Born-Kármán* zugrunde liegt, zu weitgehend idealisiert sein muß: Dieser idealisierte feste Körper besitzt nämlich, wie man leicht einsieht, den Ausdehnungskoeffizienten 0. In der Tat: wenn, wie bisher stets vorausgesetzt, die Kräfte, die die einzelnen Atome in ihre Gleichgewichtslage zurückziehen, den ersten Potenzen ihrer gegenseitigen Abstandsänderungen proportional sind (quasielastischer Ansatz, *Hooke*sches Gesetz), so führen die Atome bei ihrer Wärmebewegung symmetrische Schwingungen um diese Ruhelagen aus. Gilt diese Annahme, nämlich das *Hooke*sche Gesetz, für alle Temperaturen, so muß das mittlere Volumen des Körpers — d. h. dasjenige Volumen, das er besitzt, wenn gerade alle Atome in ihrer Ruhelage sind — bei der Wärmebewegung ebensooft überschritten wie unterschritten werden, so groß auch die Amplituden der Wärmeschwingungen werden mögen. Erwärmt man daher den Körper vom Nullpunkt aus, bei dem er das Volumen V_0 besitze, und nimmt an, daß alle Atome beim Nullpunkt ruhen, so wird sein mittleres Volumen bei beliebiger Temperatur ebenfalls gleich V_0 sein. Der Körper verändert also mit steigender Temperatur sein beobachtbares, mittleres Volumen nicht, sein Ausdehnungskoeffizient ist daher o. Will man das wirkliche Verhalten der festen Körper, nämlich die Wärmeausdehnung, so wie sie uns tausendfältige Erfahrung gezeigt hat, darstellen, so muß man nach *Debye* notwendigerweise das *Hooke*sche Kraftgesetz durch Hinzunahme höherer Potenzen der Abstandsänderungen verallgemeinern. Dann werden die Schwingungen der Atome unsymmetrisch, und es tritt eine mit wachsender Schwingungsenergie zunehmende Verlagerung ihrer Ruhelage ein. Richtet man die Verallgemeinerung des *Hooke*schen Gesetzes so ein, daß zur Annäherung der Atome aneinander ein größerer Kraftaufwand nötig ist, als zur Vergrößerung ihres Abstands, so geschieht die Verlagerung der Ruhelage in der Richtung, daß mit zunehmender Schwingungsenergie, d. h. zunehmender Temperatur, die gegenseitigen Abstände der Atome wachsen, der Körper also sein Volumen vergrößert. In diesem Sinne hat *Debye* die Theorie erweitert. Unter anderem ergibt sich dabei der schon früher von *Grüneisen*[161]) abgeleitete Satz, daß bei hinreichend tiefen Temperaturen der thermische Ausdehnungskoeffizient α der spezifischen Wärme proportional ist. Auch die sehr geringe Veränderlichkeit der Kompressibilität mit der Temperatur wird durch *Debyes* Theorie gut wiedergegeben.

§ 12. Die Wärmeleitung des festen Körpers nach Debye.

Hiermit ist jedoch die Bedeutung der *Debye*schen Erweiterung keineswegs erschöpft. Vielmehr zeigte es sich, daß noch ein anderes wichtiges Erscheinungsgebiet diese Verallgemeinerung des *Hooke*schen Gesetzes forderte, nämlich die Wärmeleitung. Im idealisierten festen Körper, wo die elastischen Kräfte dem *Hooke*schen Gesetz gehorchen, werden sich die elastischen Wellen ungestört überlagern und den ganzen Körper ohne Schwächung durcheilen. Denkt man sich den idealisierten Körper etwa als horizontale unendlich ausgedehnte Platte von endlicher Dicke und erteilt der obersten Atomschicht eine kräftige Bewegung (hohe Temperatur), während man die unterste Atomschicht in Ruhe (d. h. auf der Temperatur 0) hält, so geht dauernd ein elastischer Energiestrom (Wärmestrom) von oben nach unten. Ein Energiegefälle (Temperaturgefälle) jedoch existiert in der Platte nicht, da infolge des ungedämpften Charakters der Wellen die mittlere Energiedichte überall die gleiche ist. Da nun allgemein die Wärmeleitfähigkeit gleich dem Wärmestrom dividiert durch das Temperaturgefälle ist, so folgt, daß der idealisierte feste Körper eine unendlich hohe Wärmeleitfähigkeit besitzt. Anders jedoch, wenn man in der geschilderten Weise das *Hooke*sche Gesetz erweitert, also zum „realen" festen Körper übergeht. Dann werden (infolge der Abweichung der Bewegungsgleichungen von der Linearität) die Wellen im Körper nicht mehr ungestört übereinander fortlaufen. Vielmehr wird eine einmal vor handene Schwingung, infolge der dadurch erzeugten Dichteschwankungen, die darüber gelagerten Schwingungen stören, mit dem Erfolg, daß jetzt eine Zerstreuung und daher eine Schwächung der Wellen beim Fortschreiten im Körper entsteht, ganz ebenso, wie ein „trübes" Medium das durchgehende Licht zerstreut und schwächt. Daher bildet sich jetzt (in dem obigen Beispiel) ein Energieabfall in der Platte von oben nach unten, d. h. ein Temperaturgefälle. So gelangt man also für den realen Körper zu einer endlichen Wärmeleitfähigkeit. Die rechnerische Ausarbeitung dieser Vorstellungen führte *Debye*[162]) zu dem Satz, daß die Wärmeleitfähigkeit der Kristalle der absoluten Temperatur umgekehrt proportional ist (wenn man sich auf so hohe Temperaturen beschränkt, daß die klassische Statistik noch anwendbar ist). Dieses Resultat steht in bester Übereinstimmung mit Beobachtungsergebnissen von *A. Eucken*[163]).

§ 13. Die Elektronentheorie der Metalle und ihre Modifikation durch die Quantentheorie.

Sind schon in dem an sich übersichtlichen Fall der Kristalle die Verhältnisse reichlich kompliziert, so wird die Sachlage noch schwieriger, wenn man zu den Metallen übergeht, die ja im allgemeinen ein Konglomerat regelloser Kristallite darstellen. Besondere Tücken offenbarten auch hier die Leitungsphänomene, nämlich Wärmeleitung und Elektrizitätsleitung. Nach den klassischen Theorien von *P. Drude*[164]), *E. Riecke*[165]) und *H. A. Lorentz*[166]) werden diese Phänomene durch die freien Leitungselektronen bewerkstelligt, die, gleich Gasmolekülen, zwischen den festen Atomresten umherschwirren, bei ihren Zusammenstößen mit diesen Energie austauschen und so am Wärmegleichgewicht teilnehmen. So erklärt sich z. B. die Elektrizitätsleitung folgendermaßen: In einem gleichmäßig temperierten Metallstück fliegen durch ein beliebiges Flächenelement im Laufe einer Sekunde durchschnittlich ebensoviel Elektronen in der einen wie in der entgegengesetzten Richtung. Daher findet also durch das Flächenelement im Mittel kein Transport elektrischer Ladungen statt, d. h. es fließt kein elektrischer Strom in dem Metallstück. Legt man aber jetzt an die Enden des Metallstückes eine Potentialdifferenz an, so besteht ein elektrisches Feld im Metall, und dieses Feld erteilt den Elektronen auf ihren „freien Weglängen“ (d. h. auf den Wegen zwischen zwei Zusammenstößen mit Atomen) eine gewisse einseitige, zusätzliche Geschwindigkeit, die sich der regellosen Wärmebewegung überlagert. Jetzt werden also durch das Flächenelement im Laufe der Sekunde durchschnittlich mehr Elektronen in der einen, als in der entgegengesetzten Richtung laufen, und zwar (da die Elektronen negative Ladung tragen, also dem Feld entgegenlaufen) mehr Elektronen in der dem Feld entgegengesetzten Richtung. Wir haben also jetzt einen elektrischen Strom im Metall. Die rechnerische Durchführung dieser einfachen Vorstellung liefert für die elektrische Leitfähigkeit σ des Metalls den Ausdruck[167]):

$$\sigma = \frac{\mathfrak{N} e^2 l}{2 m q}. \tag{67}$$

Dabei ist $\mathfrak{N}$ die Zahl der Elektronen pro Volumeinheit, e und m Ladung und Masse der Elektronen, q ihre durchschnittliche Geschwindigkeit und l ihre mittlere freie Weglänge. Schreibt man den Ausdruck (67) in der Form:

$$\sigma = \frac{\mathfrak{N} e^2 l q}{4 \cdot \frac{1}{2} m q^2}, \tag{67a}$$

so darf man nach den Annahmen der klassischen Theorie die mittlere kinetische Energie $\frac{1}{2} m q^2$ der Elektronen durch $\frac{3}{2} k T$ ersetzen. Denn, da — wie vorausgesetzt — die Elektronen am Wärmegleichgewicht teilnehmen, so gilt für ihre Bewegung der Satz von der gleichmäßigen Verteilung der kinetischen Energie, der jedem der 3 Freiheitsgrade des Elektrons die Energie $\frac{1}{2} k T$ zuerteilt. So gewinnt man die Formel:

$$\sigma = \frac{\mathfrak{N} e^2 l q}{6 k T} . \tag{67b}$$

Analog folgt aus *Drudes* Theorie für den Koeffizienten der Wärmeleitung[168]):

$$\gamma = \tfrac{1}{2} \mathfrak{N} k l q , \tag{68}$$

so daß eine Kombination beider Formeln zu der fundamentalen Beziehung

$$\frac{\gamma}{\sigma} = \frac{3 k^2}{e^2} \cdot T \tag{69}$$

führt, die das Gesetz von *Wiedemann-Franz* und *Lorenz*[169]) ausspricht: Das Verhältnis der Leitfähigkeiten für Wärme und Elektrizität hat bei allen reinen Metallen denselben Wert und ist der absoluten Temperatur proportional.

So schien alles in bester Ordnung. Die klassische Theorie schien auch hier mit großem Erfolg gearbeitet zu haben, und der Gleichverteilungssatz feierte Triumphe. Doch bei näherem Zusehen wurden Lücken an dem scheinbar festen Bau offenbar, und schwerwiegende Zweifel stellten sich ein. Wenn nämlich wirklich die freien Elektronen am Wärmegleichgewicht teilnehmen und daher bei der gleichmäßigen Verteilung der kinetischen Energie auf alle Freiheitsgrade ihren vollen Anteil $\frac{3}{2} \mathfrak{N} k T$ (pro Volumeinheit) beanspruchten, so mußte dieser Energieanteil sich in der

Atomwärme des Körpers deutlich bemerkbar machen, und zwar mit dem Betrage $\frac{3}{2}\mathfrak{N}^* k$, wenn $\mathfrak{N}^*$ die Zahl der Elektronen im Grammatom bedeutet. Eine solche Erhöhung der Atomwärme bei Metallen gegenüber den Nichtmetallen (die keine oder nur verschwindend wenig freie Elektronen enthalten) ist aber nie beobachtet worden. Man hätte dieser Schwierigkeit ausweichen können durch die Annahme, daß die Zahl der freien Elektronen pro Volumeinheit klein ist gegenüber der Zahl der Atome pro Volumeinheit, so daß ihr Beitrag zur Atomwärme relativ gering ist. Dann aber hätte man nach (67b) viel geringere Leitfähigkeiten zu erwarten, als uns die Erfahrung zeigt; es sei denn, daß man für die freien Weglängen unwahrscheinlich große Werte annimmt[170]).

Ferner hatte ja *H. A. Lorentz*[171]), wie wir gesehen haben, gezeigt, daß die Metalle, unter Voraussetzung des Gleichverteilungssatzes für die Elektronenbewegung, im langwelligen Gebiet nach dem *Rayleigh*schen Gesetz strahlen, während man unbedingt, besonders bei tiefen Temperaturen, eine dem *Planck*schen Gesetze folgende Strahlung erwarten mußte.

Auch die berechnete Abhängigkeit der Leitfähigkeit von der Temperatur ließ sich bei hohen Temperaturen nur durch besondere Annahmen, bei tiefen Temperaturen überhaupt nicht mit den Beobachtungsergebnissen in Einklang bringen. Bei hohen Temperaturen nämlich wächst erfahrungsgemäß der Widerstand der Metalle proportional der Temperatur, σ also nimmt wie $\frac{1}{T}$ ab. Dies ist mit (67b) nur dann vereinbar, wenn das Produkt $\mathfrak{N}\, l\, q$ von der Temperatur unabhängig ist. Nimmt man z. B. mit *J. J. Thomson*[172]) an, daß $\mathfrak{N}$ proportional $\sqrt{T}$ wächst, so muß, da q

ebenfalls $\sqrt{T}$ proportional ist, l wie $\frac{1}{T}$ abnehmen, eine Hypothese, die, wie wir gleich sehen werden, in neuerer Zeit von verschiedenen Forschern vertreten wird.

Ließ sich so durch spezielle Annahmen bei hohen Temperaturen die Übereinstimmung zwischen Rechnung und Beobachtung noch allenfalls erzwingen, so erwies sich wiederum das Gebiet tiefer Temperaturen als die Achillesferse der Theorie. Hier hatten nämlich die im Leydener Kältelaboratorium angestellten Versuche von *H. Kamerlingh-Onnes*[173]) gezeigt, daß der Widerstand der Metalle bei sehr tiefen Temperaturen (die Versuche konnten bis 1,6° abs. ausgedehnt werden!) ganz außerordentlich stark abfällt und schon vor Erreichung des Nullpunktes praktisch verschwindet. Jedenfalls kann der Widerstand nicht, wie aus Formel (67b) nach dem eben Gesagten folgt, nur der ersten Potenz der Temperatur proportional sinken; vielmehr liegt hier zweifellos ein Abfall nach einem höheren Potenzgesetz vor. Daß in diesem Gebiete tiefer Temperaturen auch das *Wiedemann-Franz*sche Gesetz seine Gültigkeit verliert, ist durch Versuche von *C. H. Lees*[174]) und *W. Meißner*[175]) erwiesen.

Um allen diesen Schwierigkeiten zu entgehen, rief man auch hier die Quantentheorie als Retterin herbei, und suchte sie, in verschiedenster Einkleidung, mit der bestehenden Theorie zu verschmelzen. Einen ersten Vorstoß wagten *W. Nernst*[176]) und *Kamerlingh-Onnes*[177]), indem sie, in direktem Anschluß an die Form des *Planck*schen Energieausdrucks (9), empirische Formeln für den Widerstand der Metalle angaben, die den Temperaturverlauf dieser Größe befriedigend darstellten. Eingehendere Theorien schufen *F. A. Lindemann*[178]) und *W. Wien*[179]). *Linde-*

mann akzeptiert in seiner ersten Arbeit *J. J. Thomsons* Hypothese, nach der $\mathfrak{N}$ proportional zu $\sqrt{T}$ ist, und behält für die Elektronenbewegung den Gleichverteilungssatz bei, so daß auch q proportional zu $\sqrt{T}$ wird. Dann geht die Temperaturabhängigkeit des Widerstandes $\frac{1}{\sigma}$ nach (67b) ganz auf das Konto der freien Weglänge l. Diese aber ist, nach bekannten gastheoretischen Betrachtungen, um so größer, je kleiner die „Wirkungssphäre" der Metallatome ist; denn die Elektronen können um so größere Wege frei, d. h. ohne Zusammenstoß durchlaufen, je weniger ausgedehnt die Hindernisse sind, die sich ihnen entgegenstellen. Das neuartige der *Lindemann*schen Betrachtung ist nun der Umstand, daß er den Radius der Atomwirkungssphäre in Beziehung setzt zu der Schwingungsamplitude der Atome bei ihrer Wärmebewegung. Denn es ist ja ohne weiteres ersichtlich, daß die Atome bei dieser Wärmebewegung im Laufe der Zeit einen um so größeren Raum bestreichen werden, daß also ihre Wirkungssphäre um so größer sein wird, je größer ihre Schwingungsamplitude, d. h. je höher die Temperatur ist. So wird also die freie Weglänge zu einer Temperaturfunktion, indem sie zur Schwingungsenergie der Atome in Beziehung tritt. Für diese aber setzt *Lindemann* den quantentheoretischen Wert (33) ein und findet so für den Widerstand die Formel[180]):

$$W = \frac{A^2}{e^{\frac{h\nu}{kT}} - 1} + \frac{2\,A\,B}{\sqrt{e^{\frac{h\nu}{kT}} - 1}} + B^2\,, \tag{70}$$

wo ν die Schwingungszahl der Atome bedeutet (monochromatische Theorie!), A und B Konstanten sind. Für hohe Temperaturen wird dann in der Tat W der Temperatur T proportional, für tiefe Temperaturen fällt W exponentiell, wie $e^{-\frac{h\nu}{2kT}}$ auf einen konstanten Wert B^2 ab. Mit Hilfe dieser Formel vermag zwar *Lindemann* die Beobachtungen recht gut darzustellen (die Formel enthält allerdings 2 verfügbare Konstanten!); aber, da am Gleichverteilungssatz für die Elektronen festgehalten wird, so bleibt die Schwierigkeit der zu großen Atomwärmen und der *Rayleigh*schen Strahlung bestehen. Auch vermag diese Theorie die Abweichungen von *Wiedemann-Franz*schen Gesetz bei tiefen Temperaturen nicht zu erklären; denn die freie Weglänge l — die einzige von T abhängige Größe, die in σ auftritt — fällt ja aus der Formel (69) ganz heraus.

Viel radikaler als *Lindemann* ging *W. Wien* vor. Um den Beitrag der Elektronen zur Atomwärme — diesen wunden Punkt aller Theorien, die mit dem Gleichverteilungssatz arbeiten — ein für allemal aus der Welt zu schaffen, nahm er an, daß die Elektronen am Wärmegleichgewicht n i c h t teilnehmen, sondern eine von der Temperatur unabhängige Geschwindigkeit q besitzen. Auch die Zahl der Elektronen pro Volumeinheit ($\mathfrak{N}$) setzt er für alle Temperaturen gleich. Dann ist nach (67) der Temperaturverlauf von $\frac{1}{\sigma}$ wiederum nur durch die Temperaturabhängigkeit der freien Weglänge l bestimmt, die *Wien* in ähnlicher Weise, wie *Lindemann*, mit der Schwingungsenergie der Metallatome verknüpft, allerdings unter Berücksichtigung des vollständigen elastischen Spektrums nach *Debye*. So erhält er für den Widerstand die Formel:

$$W = \text{const} \int_0^{\nu_m} \frac{\nu\, d\nu}{e^{\frac{h\nu}{kT}} - 1} . \tag{71}$$

Für hohe Temperaturen liefert diese Formel die Beziehung: $W = \text{const}\, T$, also Proportionalität mit der Temperatur. Für tiefe Temperaturen folgt: $W = \text{const}\, T^2$, d. h. ein parabolischer Abfall. Die Beobachtungen werden durch *Wiens* Formel recht gut dargestellt. Aber unbefriedigend bleibt bei alledem die Tatsache, daß man ohne neue Hypothesen auf diesem Wege nicht zu einer Theorie der Wärmeleitung, und damit nicht zum *Wiedemann-Franz*schen Gesetz, gelangt. Denn durch die Forderung, daß die Bewegung der Elektronen ganz unabhängig von der Temperatur erfolgt, hatte *Wien* die Möglichkeit unterbunden, den Transport des Wärmestroms ebenfalls den Elektronen zuzuschreiben.

Dieselbe Schwierigkeit taucht auch in einer neueren Arbeit von *F. A. Lindemann*[181]) auf, in der, im Anschluß an den Vorstellungskreis von *Born* und *Kármán*, die Annahme eingeführt wird, daß — ebenso, wie die Atome in Kristall — auch die Elektronen im Metall ein Gitter bilden. Eine ähnliche Hypothese hat auch *F. Haber*[181a]) gemacht. Die Elektrizitätsleitung besteht dann darin, daß dieses Elektronengitter sich als nahezu starres Gebilde gegen das Atomgitter verschiebt und so durch das Metall wandert. Dieses Modell hat mancherlei Vorzüge: Da bei der Wärmebewegung, an der das Elektronengitter natürlich teilnimmt, die Gitterschwingungen der Elektronen, infolge ihrer kleinen Masse, außerordentlich schnell erfolgen (hohe Schwingungszahlen), so liefern, nach *Plancks* Energieformel, diese Schwingungen, d. h. die Elektronen, keinen nennenswerten Beitrag zur Atomwärme. Auch die bei tiefsten Temperaturen beobachteten abnorm hohen Leitfähigkeiten (Supra-Leitfähigkeit) lassen sich, im Anschluß an frühere Betrachtungen *J. Starks*[182]), zwanglos durch die

Vorstellung erklären, daß bei diesen tiefsten Temperaturen, wo das Atomgitter nahezu in Ruhe ist, das Elektronengitter fast ohne Widerstand durch die Lücken des Atomgitters gleitet.

Mit ähnlichen Vorstellungen wie *Lindemann* arbeitet auch *G. Borelius*[183]) in einer kürzlich erschienenen kleinen Skizze.

Endlich sei hier noch eine Arbeit von *K. Herzfeld*[184]) zitiert, die — im Gegensatz zu den vorangehenden Untersuchungen — mehr phänomenologisch vorgeht, ohne ein bestimmtes Modell zugrunde zu legen. Setzt man nämlich in dem Ausdruck von σ und γ [Formel (67) und (68)] die Energie $E = \frac{1}{2} m q^2$ der Elektronen in Evidenz, durch die formale Umschreibung[185]):

$$\left.\begin{aligned} \sigma &= \frac{\mathfrak{N} e^2 l}{2\sqrt{2 m E}} \\ \gamma &= \tfrac{1}{3} \mathfrak{N} l \sqrt{\frac{2E}{m}} \frac{dE}{dT} \end{aligned}\right\} \qquad (72)$$

so folgt:

$$\frac{\gamma}{\sigma} = \frac{4}{3 e^2} \cdot E \frac{dE}{dT} \qquad (73)$$

als Ausdruck des *Wiedemann-Franz*schen Gesetzes. *Herzfeld* zeigt nun an Hand der Beobachtungen, daß man die Formel (73) gut mit den Messungsergebnissen in Übereinstimmung bringen kann, wenn man für E den *Planck*schen Ausdruck $\frac{1}{2} \frac{h\nu}{e^{\frac{h\nu}{kT}} - 1}$ setzt. (Der Faktor $\frac{1}{2}$ ist hier eingeführt, weil die Elektronenenergie nur kinetischer Natur ist.) Die hier zu benutzenden ν-Werte stehen jedoch in keinem erkennbaren Zusammenhang mit den Atomschwingungszahlen. — In analogen Bahnen bewegt sich auch eine Abhandlung von *F. v. Hauer*[186]).

Überblickt man das ganze Gebiet der Elektrizitäts- und Wärmeleitung in Metallen, so erkennt man, daß hier noch nicht das letzte Wort gesprochen worden ist, und daß es zur endgültigen Klärung der außerordentlich komplizierten Verhältnisse noch mühevoller Arbeit bedarf. Zweifellos aber würde auch für die Theorie viel gewonnen sein, wenn in Zukunft die Beobachtungen nach Möglichkeit nicht mehr an den kristallinischen Aggregaten, sondern an reinen, einheitlichen Metallkristallen angestellt würden.

V. Das Eindringen der Quanten in die Gastheorie.

§. 1. Die Rotationswärme zweiatomiger Gase nach der Quantentheorie.

Während so die Molekulartheorie des festen Zustands aus der Quantenlehre neue Nahrung gewann, konnte auch die kinetische Gastheorie nicht mehr vor dem Eindringen der neuen Anschauungen bewahrt bleiben. Schon früh hatte *W. Nernst*[187]) darauf hingewiesen, daß bei der Rotation zwei- und mehratomiger Gasmoleküle Quanteneffekte zu erwarten seien, ebenso bei den Schwingungen der Atome im Molekül. Nehmen wir als Beispiel den zweiatomigen Wasserstoff, dessen Molekül wir uns provisorisch als starre „Hantel" (siehe Fig. 6) denken können. Die Hantelknöpfe sind dabei die Wasserstoffatome, der Hantelstiel stellt ihre chemische Bindung dar. Ein solches Molekül besitzt bekanntlich außer seiner fortschreitenden Bewegung (3 Freiheitsgrade) noch die Möglichkeit, um eine zur Verbindungslinie der Atome senkrechte Achse zu rotieren

(2 Freiheitsgrade, entsprechend den beiden in der Figur punktierten Rotationsachsen). Die Rotation um die Verbindungslinie der Atome kommt — wenn man *Boltzmanns* Vorstellung der absolut starren, glatten Atome akzeptiert — für den Energieaustausch bei den Zusammenstößen, und daher für die Verteilung der Energie auf die einzelnen Freiheitsgrade, nicht in Frage; denn diese Rotation kann durch die Zusammenstöße nicht geändert werden. Vom neueren Quantenstandpunkt aus betrachtet — der die „Starrheit" und „Glätte" als eine unberechtigte Idealisierung verwirft — liegt die Sache so: Das Trägheitsmoment des Moleküls bezüglich der Verbindungslinie der Atome ist außerordentlich klein, verglichen mit dem Trägheitsmoment bezüglich einer dazu senkrechten Achse. Nun erfolgen aber bekanntlich, bei gleicher Energiezufuhr, die Rotationen, die um die Achsen mit kleinem Trägheitsmoment vor sich gehen, sehr viel schneller als die Rotationen um die Achsen großer Trägheitsmomente. Identifizieren wir daher die Rotationsumlaufszahlen mit Schwingungszahlen, und benutzen für die Rotationsenergie den *Planck*schen Energieausdruck (was allerdings quantitativ nicht streng ist), so zeigt uns eine schon mehrfach gebrauchte Argumentation, daß die Rotation um die Verbindungslinie der Atome nur einen verschwindend geringen Energieanteil besitzt. Aus dem-

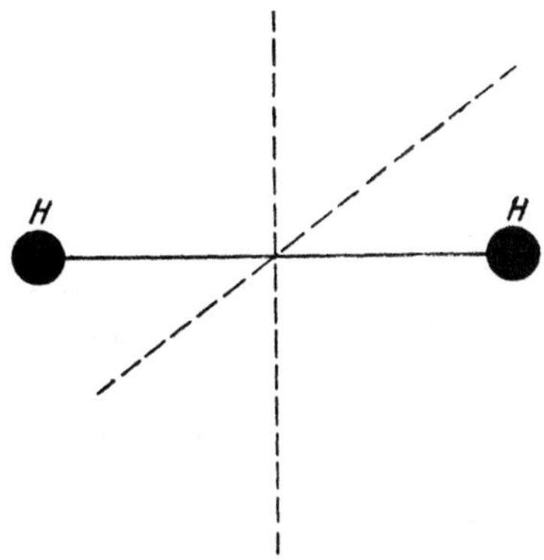

Fig. 6.

selben Grunde (hohe Schwingungszahlen) kommen auch die Freiheitsgrade, die den Schwingungen der Atome im Molekül entsprechen, erst bei hohen Temperaturen in Betracht. Nach alledem folgt aus der klassischen Statistik für die mittlere Rotationsenergie des Wasserstoffmoleküls der Wert $2 \cdot \frac{kT}{2} = kT$, also pro Grammolekül: $NkT = RT$. Daher ist der von der Rotation herrührende Anteil der Molekularwärme $= R$, also etwa 1,98 $\left[\frac{\text{calor}}{\text{grad}}\right]$, unabhängig von der Temperatur. In krassem Widerspruch hierzu fand *A. Eucken*[188]) experimentell, daß der Rotationsanteil der Molekularwärme des Wasserstoffes nur bei hohen Temperaturen den Wert R besitzt, den die klassische Theorie fordert. Dagegen nimmt er beim Übergang nach tiefen Temperaturen allmählich ab und strebt bei Annäherung an den absoluten Nullpunkt asymptotisch dem Werte Null zu. In unmittelbarer Nachbarschaft des absoluten Nullpunkts verhält sich also der Wasserstoff wie ein einatomiges Gas. *Euckens* Ergebnis wurde durch Versuche von *K. Scheel* und *W. Heuse*[189]) bestätigt, die allerdings nur die Werte der Molekularwärme für 3 Temperaturen (92° abs., 197° abs., 289° abs.) maßen. Dieser Abfall der Rotationswärme ist ohne Zweifel ein Quanteneffekt, ähnlich wie der Abfall der Atomwärme fester Körper.

Der erste Versuch, dieses Phänomen theoretisch zu berechnen, rührt von *A. Einstein* und *O. Stern*[190]) her, die folgendermaßen vorgingen: Sind J und ν Trägheitsmoment und Umlaufszahl (pro Sekunde) des Moleküls, so ist seine Rotationsenergie:

$$E_r = \frac{J}{2} \cdot (2\pi\nu)^2 \ . \qquad (74)$$

Macht man jetzt die vereinfachende Annahme, daß alle Moleküle mit derselben mittleren Umlaufszahl $\bar{\nu}$ rotieren, so kann man für die entsprechende mittlere Rotationsenergie

$$\bar{E}_r = \frac{J}{2}(2\pi\bar{\nu})^2 \tag{75}$$

den quantentheoretischen Wert einführen[191]):

$$\bar{E}_r = \frac{h\bar{\nu}}{e^{\frac{h\bar{\nu}}{kT}} - 1} \quad \text{(nach } \textit{Plancks} \text{ I. Theorie)} \tag{76}$$

oder

$$\bar{E}_r = \frac{h\bar{\nu}}{e^{\frac{h\bar{\nu}}{kT}} - 1} + \frac{h\bar{\nu}}{2} \quad \text{(nach } \textit{Plancks} \text{ II. Theorie).} \tag{77}$$

Aus (76) oder (77) folgt, in Verbindung mit (75), $\bar{\nu}$ als Funktion von T, und, durch Einsetzen dieses Wertes in (75), $\bar{E}_r$ als Funktion von T. Bildet man schließlich $\frac{d\bar{E}_r}{dT}$ und multipliziert mit der *Avogadro*schen Zahl N, so erhält man den gesuchten Rotationsanteil der Molekularwärme, in seiner Abhängigkeit von der Temperatur. Dabei zeigte sich, daß nur unter Benutzung des Ausdrucks (77) für $\bar{E}_r$ ein befriedigender Anschluß an *Euckens* Messungen zu gewinnen war, was *Einstein* und *Stern* damals als ein Argument für die Existenz einer Nullpunktsenergie erklärten. Indessen muß betont werden, daß diese Theorie nur als ein erster, orientierender Versuch angesehen werden kann, der strengeren Anforderungen nicht genügt. Denn die benutzte *Planck*sche Energieformel (76) oder (77) gilt, ihrer ganzen Ableitung nach, nur für Gebilde, deren Schwingungszahl ν eine konstante, von der Temperatur unabhängige Größe ist. Hier dagegen wurde mit einer mittleren, temperaturabhängigen Umlaufszahl $\bar{\nu}$ gerechnet.

Auf strengerer Grundlage baute *P. Ehrenfest*[192]) im Jahre 1913 eine Theorie der Rotationswärme auf. Dabei mußte er sich allerdings auf Gebilde von einem Freiheitsgrad, d. h. auf Rotationen des Moleküls um feste Achsen, beschränken, da damals eine Erweiterung der Quantenhypothese für mehrere Freiheitsgrade noch nicht vorlag. Der in dieser Weise erhaltene Ausdruck der Rotationswärme wurde dann, um den beiden Freiheitsgraden Rechnung zu tragen, einfach mit 2 multipliziert, ein zwar naheliegendes, aber nicht gerechtfertigtes Verfahren. *Ehrenfest* ging bei seiner Rechnung direkt von der ursprünglichen Formulierung der Quantenhypothese aus, nach der die Energie der linearen Oszillatoren nur ganze Vielfache von $h\nu$ betragen darf, und forderte dementsprechend, daß die Rotationsenergie des Gebildes von einem Freiheitsgrad (feste Achse) nur ganze Vielfache von $\frac{h\nu}{2}$ betrage. Der Faktor $\frac{1}{2}$ tritt hier deshalb auf, weil die Rotationsenergie — im Gegensatz zur Schwingungsenergie des Oszillators — nur kinetischer Natur ist. Die *Ehrenfest*sche Forderung lautet also nach (74):

$$E_r = \frac{J}{2}(2\pi\nu)^2 = n \cdot \frac{h\nu}{2} \qquad (n = 0, 1, 2, 3, \ldots) \qquad (78)$$

daher

$$\nu_n = \frac{nh}{4\pi^2 J} \qquad (n = 0, 1, 2, 3, \ldots) \qquad (79)$$

und durch Einsetzen in (78):

$$E_r^{(n)} = \frac{n^2 h^2}{8\pi^2 J} \qquad (n = 0, 1, 2, 3, \ldots) \qquad (80)$$

Danach können also die Moleküle nur mit ganz bestimmten, diskreten Umlaufszahlen ν_n rotieren und entsprechend auch nur eine Reihe diskreter Rotationsenergien $E_r^{(n)}$ annehmen, ganz im Sinne der ersten *Planck*schen Quantentheorie. Bemerkenswert ist dabei, daß diese diskreten Rotationsenergien sich wie die Quadrate der ganzen Zahlen verhalten, während die Energien des *Planck*schen Oszillators den ganzen Zahlen selbst proportional sind.

Mit der Auffindung der diskreten Energiewerte (80) ist der dynamische Teil des Problems erledigt. Gefragt ist aber nach der mittleren Energie $\overline{E}_r$ einer Gesamtheit von N gleichartigen Molekülen. Hier beginnt also der zweite, statistische Teil der Rechnung. Bezeichnet w_n die Wahrscheinlichkeit dafür, daß bei der Temperatur T ein Molekül die Rotationsenergie $E_r^{(n)}$ besitzt, (w_n ist also die im Sinne der Quantentheorie erweiterte „Verteilungsfunktion"), so ist die mittlere Rotationsenergie eines Moleküls bekanntlich $= \sum_{n=0}^{\infty} E_r^{(n)} \cdot w_n$. Multiplikation mit N und Differentiation nach T liefert dann sofort die Rotationswärme[193]). So erhielt *Ehrenfest* für die Rotationswärme in ihrer Abhängigkeit von der Temperatur eine Kurve, die zwar bei tiefen Temperaturen, durch geeignete Wahl der verfügbaren Konstanten J (des Trägheitsmoments), mit den Messungen gut in Einklang zu bringen war, bei höheren Temperaturen jedoch, vor Erreichen des klassischen Wertes R, ein Maximum und ein darauffolgendes Minimum aufwies, die den vorliegenden Beobachtungen nicht entsprechen.

Auf eine wichtige Folgerung aus der Gleichung (79) sei hier noch hingewiesen, da sie bei dem weiteren Ausbau der Quantentheorie eine bedeutsame Rolle gespielt hat. Bildet man nämlich den Drehimpuls [das Impulsmoment[194]] des Moleküls, also die Größe $p = J \cdot 2\pi\nu$, so folgt aus (79), daß nur die quantenmäßig ausgezeichneten Werte:

$$p_n = \frac{n h}{2\pi} \qquad (n = 0, 1, 2, 3, \ldots) \tag{81}$$

des Impulsmoments existieren. Diese Beziehung läßt sich auch direkt aus der in (30) formulierten Theorie des Wirkungsquantums ableiten. Wählt man nämlich als allgemeine Koordinate q hier den Drehungswinkel φ, so ist der dazu gehörige Impuls p bekanntlich nichts anderes als der Drehimpuls[195]). Daraus ergibt sich, da p von φ unabhängig ist:

$$\int_0^{2\pi} p_\varphi \, d\varphi = 2\pi p_\varphi = n h \tag{82}$$

in Übereinstimmung mit (81).

Ebenfalls auf Grund der I. *Planck*schen Theorie, d. h. der Vorstellung, daß die quantenmäßig ausgezeichneten Umlaufszahlen ν_n die einzig möglichen sind, und unter Benutzung des Hantelmodells, hat kürzlich der Verfasser[196]) im Anschluß an die moderne Weiterentwickelung der Quantentheorie die Rechnung für Gebilde von 2 Freiheitsgraden (freie Rotationsachsen) exakt durchgeführt. Auch diese strengere Methode lieferte für die Rotationswärme unbrauchbare Kurven mit einem Maximum und einem darauffolgenden Minimum (ähnlich wie bei *Ehrenfest*). Nur durch besondere Nebenannahmen (Ausschaltung gewisser Quantenzustände) ließen sich Kurven gewinnen, die mit wachsender Temperatur monoton anstiegen und sich den Beobachtungen, jedenfalls in gewissem Umfang, gut anpaßten[197]).

Nicht viel befriedigendere Resultate erzielten diejenigen Untersuchungen, die ebenfalls unter Benutzung des Hantelmodells, aber auf Grund der II. *Planck*schen Theorie, angestellt wurden. Nach dieser Theorie sind die diskreten Werte ν_n der Umlaufszahlen nicht die einzig möglichen, vielmehr kann das Molekül mit allen Umlaufszahlen zwischen 0 und ∞ rotieren und daher alle Werte der Rotationsenergie zwischen 0 und ∞ annehmen, genau ebenso, wie der *Planck*sche Oszillator in *Plancks* II. Theorie. Die Besonderheit der quantenmäßig ausgezeichneten Energiewerte (80) besteht hier in folgenden: Denkt man sich die Energien E_r als Abszissen aufgetragen (Fig. 7), und als Ordinaten die dazugehörigen Wahrscheinlichkeiten w, so entsteht eine Treppenkurve, deren Stufen gerade bei den Werten $E_r^{(n)}$ liegen. Die Wahrscheinlichkeit für das Auftreten eines beliebigen Wertes E_r der Rotationsenergie ist also innerhalb der Energiegebiete zwischen $E_r^{(n)}$ und $E_r^{(n+1)}$ konstant, springt aber an den Grenzen dieser Gebiete. Nach *Plancks* I. Theorie, die ja nur die Quantenwerte $E_r^{(n)}$ zuläßt, haben also nur die eingekreisten Punkte Bedeutung. Nur dort ist die Wahrscheinlichkeit überhaupt von 0 verschieden, während alle dazwischenliegenden Energiewerte die Wahrscheinlichkeit 0 besitzen, d. h. eben nicht vorkommen.

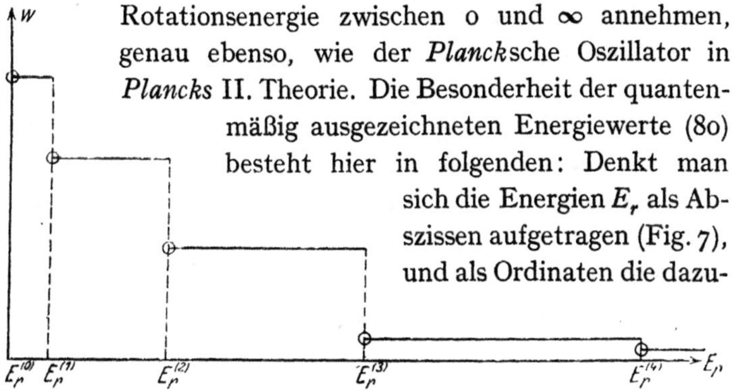

Fig. 7.

Auch hier ist, in Ermanglung der erweiterten Quantentheorie, das Problem zuerst für einen Freiheitsgrad (feste Rotationsachse) gelöst worden. Übereinstimmend fanden *E. Holm*[198]) und *J. v. Weyssenhoff*[199]) für die Rotationswärme eine monoton ansteigende Kurve, die bei tiefen Temperaturen sich den Beobachtungen gut anschmiegte, bei höheren Temperaturen aber (von etwa 140° abs. ab) unzweifelhaft zu hoch verlief.

Als aber nun die moderne Weiterbildung der Quantenhypothese für mehrere Freiheitsgrade — die wir später kennenlernen — vorlag, da konnte auch hier wieder die strengere Rechnung für freie Drehachsen, d. h. 2 Freiheitsgrade, durchgeführt werden. Diese Aufgabe wurde einerseits von *M. Planck*[200]), andererseits von Frau *S. Rotszayn*[201]) in Angriff genommen, jedoch in verschiedener Weise bearbeitet. *Planck* ging davon aus, daß dieses Problem zu der Klasse der sog. „entarteten" Probleme gehört. Damit ist folgendes gemeint: Das Molekül rotiert, wenn keine äußeren Kräfte an ihm wirken, nach den Lehren der Mechanik, mit konstanter Umlaufszahl in einer raumfesten Ebene. Die Stellung dieser Ebene im Raum muß jedoch — so argumentiert *Planck* — für den statistischen Zustand des Moleküls belanglos sein. Somit ist der Rotationszustand des Moleküls im Sinne der Quantentheorie nur durch eine einzige Größe, die Rotationsenergie, bestimmt. Trotzdem also das Problem, seiner Natur nach, ursprünglich ein Problem von 2 Freiheitsgraden darstellt — denn die Lage des Moleküls im Raum ist ja erst durch 2 Winkel festgelegt — muß man es nach *Planck* quantentheoretisch dennoch wie ein Problem von nur einer Bewegungsfreiheit behandeln. Die beiden Freiheitsgrade verschmelzen gleichsam, sie sind „kohärent".

Im Gegensatz hierzu geht Frau *Rotszayn* so vor, daß sie durch Hinzufügen eines äußeren Kraftfeldes das Problem zu einem nichtentarteten macht und, nach vollendeter Lösung, das Kraftfeld bis zum Verschwinden verringert. Diese Methode, die auch der Verfasser in der oben zitierten Arbeit angewandt hat, scheint sich besonders dann zu empfehlen, wenn man auf Grund der I. *Planck*schen Theorie rechnet, in der die „entarteten" Fälle durch eigentümliche Schwierigkeiten belastet sind. Der Erfolg entscheidet hier zugunsten der zweiten Methode. Während nämlich *Planck* eine Kurve findet [202]), die sich über den klassischen Wert bis zu einem Maximum erhebt und dann von oben her asymptotisch dem Werte R zustrebt — also nicht brauchbar ist —, liefert die Rechnung von Frau *Rotszayn* eine monoton ansteigende Kurve, die sich für tiefe und höhere Temperaturen den Messungen gut anschmiegt; nur der bei $T = 197°$ abs. beobachtete Wert liegt um etwa 10% zu niedrig [203]).

Während die vorangehenden Untersuchungen alle das „Hantelmodell" des Wasserstoffmoleküls zugrunde legen, das nur als eine provisorische, schematische Hilfskonstruktion angesehen werden kann, hat im Jahre 1916 *P. S. Epstein* [204]) die entsprechenden Rechnungen an einem anderen, zuerst von *N. Bohr* [205]) vorgeschlagenen Molekülmodell durchgeführt. Dieses Modell des Wasserstoffmoleküls, auf das wir später noch zu sprechen kommen, baut sich aus zwei einfach positiv geladenen Wasserstoffatomen auf, um deren Verbindungslinie 2 Elektronen, diametral einander gegenüber, auf einem bestimmten Kreise mit bestimmter Umlaufszahl rotieren (siehe Fig. 8). Da das Gleichgewicht in diesem rein elektrischen System durch das Spiel der *Coulomb*schen und der Zentrifugalkräfte reguliert wird, und der Radius des Elektronenkreises durch eine Quantenforderung bestimmt ist, so besitzt dieses Modell den Vorteil, daß alle seine Dimensionen vollständig festgelegt sind, so daß von einer freien Verfügbarkeit des Trägheitsmoments J hier keine Rede mehr ist. Den „Hantelknöpfen" entsprechen hier die beiden positiv geladenen Wasserstoffatome, den bisher betrachteten Drehungen des Moleküls würden also diejenigen Bewegungen entsprechen, bei denen das Molekül um eine zur Verbindungslinie der

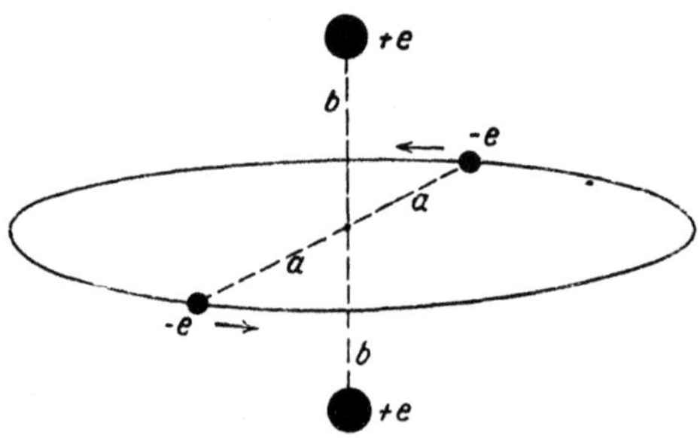

Fig. 8.

Atome senkrechte Achse mit dem Trägheitsmoment J rotiert. Hier aber tritt in aller Deutlichkeit die Drehung des Systems um die Symmetrieachse (d. h. die Verbindungslinie der Atome) hinzu, die von der außerordentlich schnellen Rotation der Elektronen herrührt. Das Trägheitsmoment, das dieser Achse entspricht, ist infolge der sehr geringen Masse der Elektronen, sehr klein gegen J. Das ganze System besitzt offenbar, wenn man es angenähert als „starr" ansieht, die Eigenschaften eines symmetrischen Kreisels. Seine Bewegung ist daher, infolge seiner Eigendrehung um die Symmetrieachse, keine Rotation, sondern die bekannte

„reguläre Präzession“[206]). Von diesem Standpunkt aus hat *Epstein* das Problem behandelt, hat jedoch mit dem aus dem Modell selbst folgenden Wert des Trägheitsmomentes[207]) $J = 2{,}82 \cdot 10^{-41}$ bei tiefen Temperaturen keine Übereinstimmung mit der Erfahrung erzielt. Vermutlich beruht dieses Versagen darauf, daß das benutzte Molekülmodell nicht der Wirklichkeit entspricht, und in der Tat werden wir später sehen, daß sich begründete Zweifel an der Richtigkeit des *Bohr*schen Modells erhoben haben. So muß man, wie leider oft in der Quantentheorie, auch hier gestehen, daß das wichtige Problem der Rotationswärme des Wasserstoffes seiner endgültigen Lösung noch harrt.

§ 2. Das Bjerrumsche ultrarote Rotationsspektrum.

In sehr interessanter Weise hat *N. Bjerrum*[208]) die Beziehung (79) auf die ultrarote Absorption mehratomiger Gasverbindungen angewandt. Diese Gase (z. B. HCl, HBr, CO, H_2O = Dampf, dagegen nicht die elementaren Gase H_2, O_2, N_2, Cl_2) zeigen nach den Untersuchungen von *S. P. Langley*[209]), *F. Paschen*[210]), *H. Rubens*[211]), *H. Rubens* und *E. Aschkinass*[212]), *H. Rubens* und *G. Hettner*[213]), *W. Burmeister*[214]), *Eva v. Bahr*[215]) im kurz- und langwelligen Ultrarot ausgedehnte Absorptionsbanden. Während man die im langwelligen Ultrarot auftretende Absorption den rotierenden Molekülen zuschreibt, die, aus positiv und negativ geladenen Atomen zusammengesetzt, wie elektrische Doppelpole wirken und daher bei ihrer Drehung Strahlung emittieren und absorbieren, wies zuerst *Bjerrum* darauf hin, daß auch im kurzwelligen Ultrarot sich die Molekülrotation bemerkbar machen müsse. Existiert nämlich eine in dieses Gebiet fallende lineare Schwingung ν_0 der Ionen im Molekül gegeneinander — und daher eine Absorption an dieser

Stelle —, und rotiert außerdem das ganze Molekül mit der Umlaufszahl ν_r, so entstehen durch die Zusammensetzung der Schwingung mit der Rotation bekanntlich[216]) zwei neue Schwingungen (und damit zwei neue Absorptionsstellen) bei den Schwingungszahlen $\nu_0 + \nu_r$ und $\nu_0 - \nu_r$, symmetrisch zu beiden Seiten der Ionenschwingungszahl ν_0. Im ganzen hat man dann also 3 Absorptionsstellen: ν_r; $\nu_0 - \nu_r$; $\nu_0 + \nu_r$, zu denen beim rotationslosen Zustand ν_0 als vierte hinzutritt. Wenn nun aber — nach der I. *Planck*schen Theorie — das Molekül nur mit den diskreten Umlaufszahlen ν_n [siehe (79)] rotieren kann, so ergibt sich symmetrisch zur ursprünglichen Absorptionsstelle $\nu = \nu_0$ auf beiden Seiten je eine Reihe weiterer, diskreter, äquidistanter Absorptionsstellen:

$$\left.\begin{aligned} \nu &= \nu_0 + \nu_n = \nu_0 + n\,\frac{h}{4\pi^2 J} \\ \text{und}\qquad \nu' &= \nu_0 - \nu_n = \nu_0 - n\,\frac{h}{4\pi^2 J} \end{aligned}\right\} . \quad (n = 1, 2, 3 \ldots) \qquad (83)$$

Diese diskreten, äquidistanten Absorptionsstellen sind nun in der Tat durch *Eva v. Bahr* beim Wasserdampf und Chlorwasserstoff gefunden und später von *H. Rubens* und *G. Hettner* beim Wasserdampf noch genauer durchgemessen worden. In einer mit großen Mitteln ausgeführten Arbeit hat ferner kürzlich *E. S. Imes*[217]) nochmals die Halogenwasserstoffe (HCl, HBr, HF) eingehend untersucht und das Gesetz (83) für die Lage der Absorptionsstellen bestätigt. Dabei zeigte sich, daß die Mittellinie ν_0 stets fehlte. Vom Standpunkt der hier geschilderten Theorie hieße das, daß der rotationslose Zustand nicht existiert, daß die Moleküle also stets rotieren (Nullpunktsrotation).

A. Eucken[218]), der die Resultate *E. v. Bahrs*, die damals die einzig vorliegenden waren, ausführlich diskutierte, schloß aus der guten Übereinstimmung zwischen Beobachtung und Rechnung auf die Ungültigkeit der II. *Planck*schen Theorie, da die Versuche so handgreiflich dafür zu sprechen schienen, daß das Molekül wirklich nur mit den diskreten Umlaufszahlen ν_n rotieren könne. Jedoch ist dieser Schluß, wie *M. Planck*[219]) in einer tiefgehenden Untersuchung zeigte, nicht bündig. Vielmehr kann man auch auf Grund seiner zweiten Theorie (stetige „klassische" Absorption, alle Umlaufszahlen möglich) überraschenderweise die Beobachtungen deuten. Dies merkwürdige Ergebnis erklärt sich so: Es sei $w(E_r)\,d\,E_r$ die Wahrscheinlichkeit dafür, daß ein Molekül gerade die Rotationsenergie E_r besitzt; dann besitzen also unter N-Molekülen $N w(E_r) d E_r$ gerade die Rotationsenergie E_r, rotieren also — nach (78) — mit der Umlaufszahl $\nu_r = \frac{1}{2\pi}\sqrt{\frac{2E_r}{J}}$. Die Größe $w(E_r)$ ist dabei, nach der II. *Planck*schen Theorie, die in Fig. 7 dargestellte Treppenkurve. Die *Planck*sche Rechnung führt nun aber zu folgendem Resultat: die Absorption einer äußeren Strahlung von der Schwingungszahl ν^* ist nicht — wie man erwarten sollte — der Zahl der Moleküle mit der Umlaufszahl $\nu_r = \nu^*$, d. h. also nicht der Größe $w(E_r)$ proportional, sondern sie ist proportional dem Differentialquotienten $\frac{d w(E_r)}{d E_r}$. Dieser Differentialquotient aber ist, wie die Figur 7 zeigt, überall $= 0$, außer gerade bei den quantenmäßig ausgezeichneten Energiewerten $E_r^{(n)}$, d. h. bei den Umlaufszahlen ν_n. Daraus folgt, daß auch hier, vom Standpunkt der II. *Planck*schen Theorie, die Absorption sich nur bei den quantenmäßig ausgezeichneten Umlaufszahlen ν_n bemerkbar macht. So kommt es, daß — einstweilen wenigstens — wider alles Erwarten die ultraroten Absorptionsspektra der mehratomigen Gase keine Entscheidung herbeiführen für eine der fundamentalsten Fragen der ganzen Quantenlehre: ob nämlich die I. oder die II. *Planck*sche Theorie zu Recht besteht.

Eine wichtige Bemerkung ist hier noch anzuschließen. Die oben geschilderte Ableitung der Beziehung (83) für die Lage der ultraroten Absorptionsstreifen ist halb klassisch, halb quantenmäßig. Denn die Rotationszahlen ν_n sind quantentheoretisch bestimmt, die Zerlegung der Schwingung ν_0 in die beiden Komponenten $\nu_0 \pm \nu_n$ dagegen klassisch. Wie man dieses Problem von einem konsequent quantentheoretischen Standpunkt aus in Angriff nehmen kann, werden wir später im Abschnitt VIII sehen.

§ 3. Die Entartung der Gase.

Durch die besprochenen Erscheinungen bei den mehratomigen Gasen (Abfall der Molekularwärme, ultrarote Absorption) ist die Berechtigung zur Anwendung der Quantenhypothese auf Rotationsbewegungen sichergestellt. Auf sehr viel schwankenderer Grundlage dagegen stehen bis jetzt die Versuche, noch einen Schritt weiter zu gehen und auch die Translationsenergie der Gase zu „quanteln". Ist dieser Schritt vollführt, so ist damit auch die Sonderstellung der einatomigen Gase, deren Atome ja wesentlich nur Translationsenergie besitzen, erschüttert: auch sie bleiben von den Quantengesetzen nicht verschont. Von verschiedenen Seiten [*O. Sackur* [220]), *H. Tetrode* [221]), *W. H. Keesom* [222]), *W. Lenz* und *A. Sommerfeld* [223]), *P. Scherrer* [224]), *M. Planck* [225])] ist dieses wichtige Problem in Angriff genommen worden. So denken sich z. B. *Tetrode, Keesom, Lenz* und *Sommerfeld* die thermische Bewegung des Gases in ein Spektrum von Eigenschwingungen zerlegt und verteilen die mittlere Energie quantenmäßig, d. h. gemäß Formel (9), auf die einzelnen Eigenschwingungen, ganz analog, wie es *Debye* und *Born-Kármán* beim festen Körper gemacht hatten. *Scherrer* und *Planck* dagegen wenden die Quantenhypothese unmittelbar auf die Bewegung des einzelnen Gasatoms an, indem sie sich dabei auf die moderne Formulierung der Quantenbedingungen für mehrere Freiheitsgrade stützen. Wie eine solche Quantelung der Translationsbewegung zustande kommt, übersieht man vielleicht am besten an folgendem einfachen Beispiel (*Scherrer*): Ein Gasatom von der Masse m fliege mit der Geschwindigkeit v in einem würfelförmigen Raum (von der Kantenlänge a) parallel einer Kante zwischen 2 Wänden hin und her. Dann vollführt es dabei eine Art Schwingung mit der Schwingungszahl $\nu = \frac{v}{2a}$. Setzt man also seine kinetische Energie $E = \frac{1}{2} m v^2$ quantenmäßig im Sinne der I. *Planck*schen Theorie $= n \frac{h\nu}{2}$ $(n = 0, 1, 2, 3 \ldots)$, so folgt:

$$\frac{1}{2} m v^2 = n \frac{h}{2} \cdot \frac{v}{2a}.$$

daher

$$v_n = \frac{nh}{2am} \qquad \text{und} \qquad E_n = \frac{n^2 h^2}{8 a^2 m}. \tag{84}$$

Die Geschwindigkeit des Atoms und seine Translationsenergie können demnach nur diskrete, quantenmäßig ausgezeichnete Werte annehmen.

In qualitativer Übereinstimmung führen die Rechnungen der obengenannten Forscher im wesentlichen zu zwei bedeutsamen Hauptresultaten: an erster Stelle ergibt sich eine Abänderung der klassischen Gasgesetze bei sehr tiefen Temperaturen. Die Notwendigkeit dieser „Entartung“ der einatomigen Gase hatte schon *W. Nernst*[226]) auf Grund seines neuen Wärmesatzes erkannt. Wäre nämlich die Zustandsgleichung der idealen Gase

$$p V = R T \quad \begin{pmatrix} p = \text{Druck} \\ V = \text{Volum eines Grammatoms} \\ R = \text{absolute Gaskonstante} \\ T = \text{Temperatur} \end{pmatrix} \tag{85}$$

für alle Temperaturen, bis herab zu den tiefsten, exakt gültig, so würde die Arbeit A, die durch isotherme Expansion des Gases vom Volumen V_1 auf das Volumen V_2 maximal zu gewinnen ist, für alle Temperaturen bekanntlich den Wert:

$$A = \int_{V_1}^{V_2} p\, dV = RT \int_{V_1}^{V_2} \frac{dV}{V} = RT \lg\left(\frac{V_2}{V_1}\right)$$

besitzen. Für alle Temperaturen, bis herab zum Nullpunkt, wäre daher $\frac{dA}{dT} = R \lg\left(\frac{V_2}{V_1}\right)$ von o verschieden, in ausdrücklichem Widerspruch zu der Forderung (38) des *Nernst*schen Wärmetheorems. Daraus folgt, daß im Gebiet tiefster Temperaturen die Zustandsgleichung (85) eine Modifikation erleiden muß. In der Tat scheinen Versuche von *O. Sackur*[227]) an Wasserstoff und Helium für die Existenz dieser „Entartung“ zu sprechen.

§ 4. Die chemische Konstante einatomiger Gase.

Das zweite Hauptresultat, das die Anwendung der Quantenhypothese auf die einatomigen Gase liefert, ist eine höchst interessante Beziehung der *Planck*schen Konstanten h zu der sogenannten „chemischen Konstanten" des Gases, einer Größe, die bei Aggregatzustandsänderungen (Verdampfung, Sublimation) und chemischen Gleichgewichten eine wichtige Rolle spielt. Es ist aber hier besonders hervorzuheben, daß diese ebengenannte Beziehung keineswegs an die immerhin hypothetische Quantelung der Translationsenergie gebunden ist. Vielmehr ist es *O. Stern*[228]) gelungen, sie einwandfrei abzuleiten, ohne auf das Gas die Quantentheorie anwenden zu müssen. Der originelle Weg, den *Stern* beschritt, sei hier kurz skizziert. Man betrachte den Vorgang der Sublimation, d. h. des Überganges aus dem festen in den dampfförmigen Zustand. Der Dampf möge den Gasgesetzen gehorchen und seine Dichte sei gegenüber der Dichte des festen Kondensats zu vernachlässigen. Dann liefert die klassische Thermodynamik für den Druck p des gesättigten Dampfes als Funktion der Temperatur folgende Gleichung:

$$\lg p = -\frac{\lambda_0}{RT} + \tfrac{5}{2}\lg T - \frac{1}{R}\int\limits_0^T \frac{E_T^{(f)}}{T^2}\,dT + C\,. \qquad (86)$$

Dabei ist λ_0 die Verdampfungswärme (pro Grammatom) beim absoluten Nullpunkt, $E_T^{(f)}$ ist die Energie des festen Kondensats (pro Grammatom) bei der Temperatur T; die Konstante C, eben die „chemische Konstante" des verdampfenden Stoffes, bleibt nach der Thermodynamik unbestimmt. Dagegen läßt sich das Integral auf der rechten Seite der Gleichung (86), das die Energie des festen Stoffes enthält, auf Grund unserer gesicherten Kenntnisse vom Energieinhalt der Festkörper vollständig berechnen. Man braucht dazu nur den festen Körper als *Born*-

*Kármán*schen Kristall vorauszusetzen, und daher für $E_T^{(f)}$ den quantentheoretischen Wert (41) zu benutzen. Beschränkt man sich nun auf hohe Temperaturen, auf ein Gebiet also, in dem die klassische Theorie Gültigkeit besitzt, so nimmt (86) die Form an:

$$\lg p = -\frac{\lambda_0 + \sum_1^{3N} \frac{h\nu_i}{2}}{RT} - \tfrac{1}{2}\lg T + 3\lg\left(\frac{h\bar{\nu}}{k}\right) + C. \quad (87)$$

(Die $3\,N$-Größen ν_i bilden dabei das elastische Spektrum des festen Körpers, $\bar{\nu}$ ist ihr geometrischer Mittelwert.) Die Aufstellung dieser Gleichung bildet den ersten Schritt in *Sterns* Ableitung. Sie stellt das Ergebnis der Thermodynamik dar, ergänzt durch die Anwendung der Quantentheorie auf das Kondensat. Der zweite Schritt ist die molekulartheoretische Aufstellung einer Dampfdruckformel für hohe Temperaturen, also im Gebiet der klassischen Statistik. Auch hier wird wieder für das Kondensat das Modell des *Born-Kármán*schen Festkörpers benutzt und, auf Grund bekannter Wahrscheinlichkeitssätze, die Zahl derjenigen Atome berechnet, die sich beim statistischen Gleichgewicht in der Dampfphase befinden. Damit ist ja die Dichte des Dampfes und, nach den Gasgesetzen, auch sein Druck gegeben. So findet *Stern*:

$$\lg p = -\frac{\lambda_0'}{RT} - \tfrac{1}{2}\lg T + \lg\left[\frac{(2\pi m)^{\frac{3}{2}}\bar{\nu}^3}{k^{\frac{1}{2}}}\right]. \quad (88)$$

Hier bezeichnet m die Masse eines Atoms, und λ_0' ist die Arbeit, die nötig ist, um N Atome (N ist die *Avogadro*sche Zahl!) aus der vollständigen Ruhe in den Gaszustand zu bringen. Eine unbestimmte Konstante tritt natürlich in dieser rein molekulartheoretisch abgeleiteten Formel nicht auf. Denn das molekulare Modell ist vollständig bestimmt und liefert daher den Absolutwert des Dampfdruckes, nicht nur seine Temperaturabhängigkeit, wie die Thermodynamik. Der Vergleich von (87) und (88) zeigt, daß erstens

$$\lambda_0' = \lambda_0 + \sum_1^{3N} \frac{h\,\nu_i}{2} \tag{89}$$

ist, und daß zweitens die chemische Konstante C den Wert:

$$C = \lg\left[\frac{(2\pi m)^{\frac{3}{2}} k^{\frac{5}{2}}}{h^3}\right] \tag{90}$$

besitzt. Die Beziehung (89) läßt sich durch die Annahme deuten, daß der feste Stoff auch beim Nullpunkt schon eine Energie vom Betrage $\sum_1^{3N} \frac{h\,\nu_i}{2}$, also eine „Nullpunktsenergie", besitzt, zu der dann noch die Verdampfungswärme λ_0 hinzutreten muß, um die Atome vollständig aus dem Kristallverband zu befreien. Die Gleichung (90) aber stellt die Lösung der gestellten Aufgabe dar: sie liefert die chemische Konstante der einatomigen Gase als Funktion der Atommasse und der universellen Konstanten k und h. Nirgends jedoch — um dies nochmals zu betonen — ist in der ganzen Ableitung die Quantenhypothese auf das Gas selbst angewendet worden!

Um die Formel (90) für den Vergleich mit der Erfahrung brauchbar zu machen[229]), führt man zweckmäßig das Molekulargewicht $M = m N$ ein, und setzt $k = \frac{R}{N}$; dann wird:

$$C = C_0 + \tfrac{3}{2}\lg M\,, \quad \text{wo} \quad C_0 = \lg\left[\frac{(2\pi)^{\frac{3}{2}} R^{\frac{5}{2}}}{N^4\, h^3}\right] = 10{,}17$$

ist. Benutzt man schließlich statt der natürlichen die *Brigg*schen Logarithmen und mißt den Dampfdruck nicht in absolutem Maß (*Dyn* pro Quadratzentimeter), sondern in Atmosphären, so erhält man die von *Nernst* benutzte chemische Konstante C', die mit dem *Stern*schen C durch die Beziehung

$$C' = \frac{C}{2{,}3026} - 6{,}0057$$

verknüpft ist. Für sie folgt schließlich der einfache Ausdruck:

$$C' = C_0' + \tfrac{3}{2} \lg_{10} M\,, \qquad \text{wo} \qquad C_0' = -1{,}59\,. \tag{91}$$

Diese Formel ist durch die Experimente in glänzender Weise bestätigt worden: die bisherigen zuverlässigsten Messungen von Dampfdrucken und chemischen Gleichgewichten liefern bei Wasserstoff, Argon und Quecksilber für C_0' bzw. die Werte:

$$-1{,}69 \pm 0{,}15\,; \quad -1{,}65 \pm 0{,}06 \quad \text{und} \quad -1{,}62 \pm 0{,}03\,.$$

Man ist daher berechtigt, mit *Stern* zu sagen, daß der Ausdruck (90) für die chemische Konstante des einatomigen Gases eines der theoretisch und experimentell bestfundierten Resultate der Quantentheorie darstellt.

VI. Die Quantentheorie der optischen Serien. Der Ausbau der Quantentheorie für mehrere Freiheitsgrade [230]).

§1. Das Thomsonsche und das Rutherfordsche Atommodell.

Den größten Fortschritt nach *M. v. Laues* Entdeckung der kristallographischen Röntgenspektroskopie hat die Atomtheorie im Jahre 1913 gemacht, als der dänische Physiker *Niels Bohr* die Atommodelle in den Dienst der

Quantentheorie stellte. *Bohrs* Arbeiten haben rückwirkend wieder die Quantentheorie befruchtet, und so ist aus der Wechselwirkung zwischen Atomdynamik und Quantenhypothese in den letzten Jahren eine ans Wunderbare grenzende Fülle bedeutsamster Erfolge hervorgewachsen.

Unter den brauchbaren Atommodellen nahm längere Zeit das von *J. J. Thomson* erdachte Modell eine bevorzugte Stellung ein; danach sollte der elektrisch positive Teil des Atoms, der den wesentlichsten Beitrag zu seiner Masse liefert, eine mit positiver Raumladung erfüllte Kugel von „Atomdimensionen" (Radius etwa $= 10^{-8}$ cm) sein, in deren Innern die negativen Teile, die Elektronen, in stabilen Gleichgewichtslagen ruhen. Dieses Modell hatte den großen Vorzug, auf rein elektrischem Wege die Möglichkeit „quasielastisch gebundener" Elektronen zu erklären, d. h. solcher Elektronen, die, aus ihrer Ruhelage verschoben, durch eine Kraft, die der Verschiebung proportional ist, in die Ruhelage zurückgezogen werden[231]). Und gerade mit Hilfe solcher quasielastisch gebundener Elektronen war es *P. Drude*[232]), *W. Voigt*[233]), *M. Planck*[234]) und *H. A. Lorentz*[235]) bekanntlich gelungen, große Gebiete der elektronentheoretischen Optik aufzubauen: nämlich die Theorien der Dispersion, der Absorption und der magnetooptischen Effekte (Magnetorotation und Zeemanaffekt). Auch war das *Thomson*sche Atommodell nach der Lehre der klassischen Elektronentheorie imstande — wie man es von jedem brauchbaren Atommodell verlangen muß — durch Schwingungen seiner Elektronen scharfe, d. h. wesentlich monochromatische „Spektrallinien" zu emittieren, deren Lage, ebenfalls infolge der quasielastischen Bindung[236]), von der Intensität der Anregung, d. h. von der Energie der Schwingungen unabhängig war.

In drei wichtigen Punkten dagegen versagte das Modell vollständig! Erstens wollte es durchaus nicht gelingen, ohne komplizierte und künstliche, adhoc erfundene Hypothesen, aus dem *Thomson*schen Modell die optischen Serienformeln abzuleiten, z. B. die einfache Formel für die Balmerserie des Wasserstoffes [237]). Zweitens lieferte das Modell nicht die von *J. Stark* [238]) beobachtete und eingehend studierte Aufspaltung der Spektrallinien im elektrischen Felde (Starkeffekt), trotzdem es sich in den Händen von *H. A. Lorentz* bei der Deutung und Berechnung des Zeemaneffektes, d. h. der Aufspaltung der Spektrallinien im Magnetfeld, vortrefflich bewährt hatte [239]). Drittens endlich war es nicht imstande, die großen, zum Teil über 90° betragenden, einmaligen Ablenkungen zu erklären, die, nach *H. Geiger* und *Marsden* [240]), α-Teilchen beim Durchgang durch dünne Metallfolien erleiden. Auf ihrem Wege durch die Metallfolie gelangen nämlich die α-Teilchen, die bekanntlich zweifach positiv geladene Heliumatome sind, in die Nachbarschaft der Metallatome und werden durch die von diesen Atomen herrührenden elektrischen Felder von ihrer geradlinigen Bahn mehr oder weniger abgelenkt. Wären nun die Metallatome *Thomson*sche Atome, so müßte das elektrische Feld dieser Atome an der Oberfläche der positiven Kugel, also etwa in der Entfernung 10^{-8} cm vom Zentrum seinen größten Wert erreichen. Denn von der Oberfläche an nach außen hin sinkt das Feld nach *Coulomb* wie $\frac{1}{r^2}$, während es vom Zentrum bis zur Oberfläche proportional r zunimmt. Die stärkste Ablenkung müßten demnach α-Teilchen erfahren, die in der Nähe der Oberfläche der positiven Kugel vorüberfliegen. Eine leichte Überschlagsrechnung zeigt jedoch, daß das Feld in dieser Entfernung vom Zentrum bei weitem nicht stark genug ist, um die großen Ablenkungen zu erklären, die *Geiger* und *Marsden* beobachtet haben. Dieser schwerwiegende Grund war es, der *E. Rutherford*[241]) veranlaßte, dem *Thomson*schen Modell ein neues gegenüberzustellen, das die großen α-Strahlablenkungen zu erklären vermochte. Nach diesem *Rutherford*schen Atombild ist der positiv elektrische Teil des Atoms auf einen äußerst kleinen Raum[242]), den sogenannten Kern, zusammengedrängt. Seine Ladung E besteht allgemein aus z positiven Elementarladungen e, also $E = z \cdot e$. Dabei ist z, nach einer Hypothese von *van den Broek*[243]), die Ordnungszahl des Elementes, d. h. diejenige Zahl, die die Stelle des Elements in der Reihenfolge des periodischen Systems angibt. So ist z. B. $z = 1$ für Wasserstoff, $z = 2$ für Helium, $z = 3$ für Lithium usw. Um diesen Kern beschreiben die Elektronen Planetenbahnen, also Kreise oder *Kepler*-Ellipsen mit dem Kern als Brennpunkt, da sie von ihm nach dem *Coulomb*schen Gesetz (umgekehrt proportional dem Quadrat der Entfernung) angezogen werden.

Im elektrisch-neutralen Atom mit der Ordnungszahl z umkreisen z Elektronen den Kern. So besteht z. B. das neutrale Wasserstoffatom aus einem einfach geladenen Kern ($E = e$), der von einem Elektron in Kreis- oder Ellipsenbahnen umflogen wird.

Daß dieses *Rutherford*sche Modell in der Tat imstande ist, große Ablenkungen der α-Strahlteilchen zu erzeugen, sieht man sofort: denn hier wächst, im Gegensatz zum *Thomson*schen Modell, die von dem Kern herrührende Feldstärke bis in die unmittelbare Nachbarschaft des Kernes, nach dem *Coulomb*schen Gesetz, stark an; geraten daher die positiv geladenen α-Teilchen in große Nähe des Kernes — also viel näher als 10^{-8} cm — so sind sie der außerordentlich kräftigen Abstoßung des Kernes ausgesetzt.

Bei näherem Zusehen bereitet einem nun allerdings das *Rutherford*sche Atommodell eine arge Enttäuschung: es hängt nämlich bei ihm die Umlaufszahl ν der Elektronen (pro Sekunde) von der Energie des Systems ab[244]). Nimmt man daher — nach der klassischen Elektronentheorie — an, daß ein mit der Umlaufszahl ν kreisendes Elektron eine elektromagnetische Strahlung von der Schwingungszahl ν aussendet, so muß, da das System bei dieser Ausstrahlung Energie verliert, ν sich entsprechend verändern. Das heißt aber: das Atom vermag keine scharfe, homogene Spektrallinie zu emittieren.

§ 2. Das Bohrsche Atommodell.

So scheint es, als müsse man dieses Modell von vornherein ablehnen! Aber die Geschichte der Physik hat anders entschieden. Mit intuitivem Blick hat sich *Niels Bohr* des *Rutherford*schen Atommodells bemächtigt und es durch drei kühne Hypothesen der Quantentheorie untergeordnet[245]).

An erster Stelle fordert er, ganz im Sinne der *Planck*schen Quantentheorie, daß das Elektron (oder die Elektronen) des Atoms nicht auf allen nach der Mechanik möglichen Bahnen den Kern umlaufen können, sondern nur auf gewissen diskreten, quantenmäßig festgesetzten. Beschränkt man sich, wie es zuerst *Bohr* im wesentlichen getan hat, auf Kreisbahnen, so sind nur diejenigen Bahnen eines Elektrons quantentheoretisch erlaubt, für die das Impulsmoment (der Drehimpuls) des kreisenden Elektrons ein ganzes Vielfaches von $\frac{h}{2\pi}$ ist, in genauer Übereinstimmung mit der Quantenforderung

(81) oder (82) für das rotierende Molekül. Das liefert im einfachsten Fall für die Quantenbahnen des Elektrons eine diskrete Schar konzentrischer Kreise um den Kern, mit Radien, die sich wie die Quadrate der ganzen Zahlen (1 : 4 : 9 : 16 : — —) verhalten (siehe Fig. 9).

Zweitens: Diese „erlaubten" Bahnen sind stationär, sie sind in gewissem Sinne stabile Bewegungszustände. Diese Stabilität wird durch die radikale Forderung erreicht, daß das Elektron — in striktem Gegensatz zu allem, was uns die klassische Elektronentheorie gelehrt hatte — in den stationären Bahnen nicht strahlen soll. Da durch dieses „Verbot" der Energieverlust ausgeschaltet ist, so kann das Elektron dauernd in einer solchen „Quantenbahn" kreisen. Daß es derartige „strahlungslose" Bahnen im Atom gibt, ist wohl zweifellos. Unter anderem spricht dafür die zeitliche Konstanz des Para- und Ferromagnetismus der Körper, der durch kreisende Elektronen erzeugt wird.

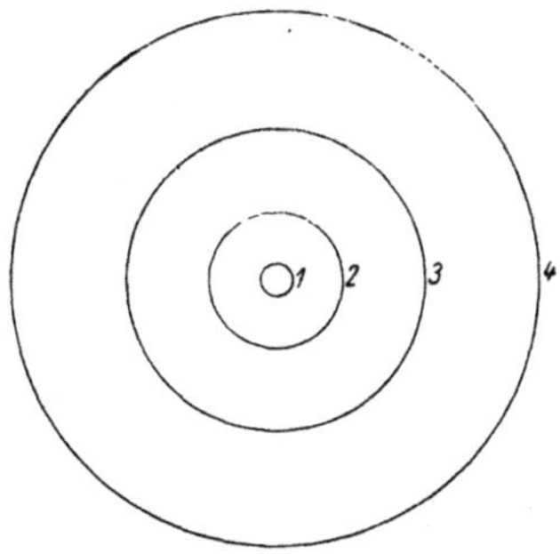

Fig. 9.

Aber in welcher Weise die Elektrodynamik abgeändert werden muß, um die Strahlungslosigkeit der Quantenbahnen, und nur dieser, zu garantieren, das ist eine zur Zeit noch unbeantwortbare Frage. Da nun so die „klassische" Strahlung des Atoms aufgehoben ist, muß durch eine neue Hypothese die tatsächlich beobachtete Emission erklärt werden. Hier greift, wiederum in direkter Anlehnung an *Plancks* ursprünglichen Quantenansatz, die dritte *Bohr*sche Forderung ein: Geht das Elektron aus einer erlaubten Quantenbahn von der Energie W_2 in eine andere erlaubte Quantenbahn von niedrigerer Energie W_1 über, so wird bei diesem Prozeß die Energie $W_2 - W_1$ ausgestrahlt, und zwar in der Form eines Energiequantums $h\nu$ homogener, monochromatischer Strahlung. Die Schwingungszahl der ausgesandten Wellen bestimmt sich also aus dem „*Bohr*schen Frequenzansatz“:

$$\nu = \frac{W_2 - W_1}{h}. \tag{92}$$

Man kann sich den Übergang aus dem Zustand höherer in den Zustand niedrigerer Energie mit *Einstein*[246]) als eine Art radioaktiven Zerfalles denken, dessen zeitliche Häufigkeit vom Zufall bestimmt wird. Jedoch die Einzelheiten dieses Übergangs und der dabei stattfindenden Energieabgabe sind bis zur Stunde in tiefes Dunkel gehüllt.

§ 3. Die wasserstoffähnlichen Serien nach dem Bohrschen Modell.

So kühn und seltsam auch die 3 *Bohr*schen Hypothesen erschienen, so überraschend waren ihre Erfolge. Wendet man sie nämlich auf ein „wasserstoffähnliches“ *Rutherford*sches Atom an, in welchem ein einziges Elektron einen z-fach geladenen positiven Kern umkreist, so erhält man[247]) für die Schwingungszahlen derjenigen Spektrallinien, die das Elektron beim Übergang von der $n$ten nach der $s$ten Quantenbahn emittiert, folgende Werte:

$$\left.\begin{aligned} \nu &= \frac{2\pi^2 e^4 m z^2}{h^3}\left(\frac{1}{s^2} - \frac{1}{n^2}\right) \\ &= N z^2\left(\frac{1}{s^2} - \frac{1}{n^2}\right) \end{aligned}\right\} \quad \left\{\begin{array}{l} e,\ m \text{ Ladung und} \\ \text{Masse des Elektrons} \\ s,\ n \text{ ganze Zahlen.} \end{array}\right\} \tag{93}$$

Setzt man hier $z = 1$ (Wasserstoff), $s = 2$, $n = 3, 4, 5, \ldots$ so erhält man formal genau die empirische Darstellung für die *Balmer*-Serie des leuchtenden Wasserstoffs[248]):

$$\nu = N\left(\frac{1}{2^2} - \frac{1}{n^2}\right) \qquad (n = 3, 4, 5, \ldots) \qquad (94)$$

Für die in der empirischen Formel auftretende Konstante N, die sogenannte *Rydberg*sche Zahl, liefert also *Bohrs* Theorie den Ausdruck:

$$N = \frac{2\pi^2 e^4 m}{h^3}. \qquad (95)$$

Benutzt man hier die bekannten Werte:

$e = 4{,}774 \cdot 10^{-10}$ (*Millikan*); $\qquad h = 6{,}55 \cdot 10^{-27}$ (*Planck*);

$$\frac{e}{mc} = 1{,}77 \cdot 10^7,$$

so folgt aus (95):

$$N = 3{,}27 \cdot 10^{15},$$

während die empirische *Rydberg*sche Zahl den Wert $3{,}29 \cdot 10^{15}$ besitzt. Diese schlagende Übereinstimmung und die Zurückführung der *Rydberg*schen Zahl auf universelle Konstanten stellt eine der Hauptleistungen der *Bohr* schen Theorie dar[249]) und bildet ein starkes Argument für ihre innere Kraft. Man kann demnach sagen, daß nach *Bohrs* ursprünglicher Theorie die einzelnen Linien der Balmerserie (H_α, H_β, H_γ, ...) emittiert werden, wenn das Elektron vom 3., 4., 5 ... Kreis in den 2. springt.

Mit dieser Feststellung ist jedoch die Leistung der Formel (93) nicht erschöpft! Denn sie umfaßt, wie man leicht sieht, noch weitere Spektralserien des Wasserstoffs. Setzt man nämlich $s = 1$, $n = 2, 3, 4 \ldots$, so erhält man die von

Lyman[250]) gefundene und durchgemessene ultraviolette Serie; setzt man andererseits $s = 3$, $n = 4, 5, 6, \ldots$, so erhält man die ultrarote *Bergmann*-Serie, deren zwei erste Linien von *F. Paschen*[251]) beobachtet worden sind.

Das im periodischen System auf Wasserstoff folgende Element ist Helium (Ordnungszahl $z = 2$). Während jedoch die Konstitution des neutralen Heliumatoms mit seinen 2 Elektronen schon komplizierter ist — nach den neuesten Ergebnissen umlaufen die beiden Elektronen in zwei verschiedenen Bahnen den Kern — ist das einfach ionisierte, also einfach positiv geladene Heliumatom durchaus „wasserstoffähnlich"; denn es besteht aus einem zweifach positiv geladenen Kern, um den ein Elektron kreist. Der einzige Unterschied gegen das Wasserstoffatom besteht eben in der doppelten Kernladung, $z = 2$. Die vom positiven Heliumion emittierten Serien lassen sich daher nach (93) zusammenfassen in der Formel

$$\nu = 4N\left(\frac{1}{s^2} - \frac{1}{n^2}\right), \tag{96}$$

wo N wiederum die durch (98) definierte *Rydberg*sche Zahl darstellt. Setzt man hier $s = 3$, $n = 4, 5, 6, \ldots$, so erhält man die sogenannte „Hauptserie des Wasserstoffs", die von *Fowler*[252]) beobachtet und in jüngster Zeit von *F. Paschen*[253]) eingehend durchgemessen wurde. Für $s = 4$, $n = 5, 6, 7, \ldots$ erhält man die sogenannte „zweite Nebenserie des Wasserstoffs", die von *Pickering*[254]) und *Evans*[255]) beobachtet wurde. Beide Serien schrieb man — wie der Name sagt — vor *Bohr* fälschlich dem Wasserstoff zu.

Eine neue, höchst bemerkenswerte Folgerung der *Bohr*schen Theorie wird offenbar, wenn man die Bewegung des Kernes in Rechnung setzt. In Wirklichkeit ruht ja der Kern nicht, sondern Kern und Elektron kreisen um ihren gemeinsamen Schwerpunkt. Die Berücksichtigung dieser Tatsache führt zu einem etwas veränderten Ausdruck für die *Rydberg*sche Konstante. An die Stelle von (95) tritt dann nämlich die Formel:

$$N = \frac{2\pi^2 e^4 m}{h^3\left(1 + \frac{m}{M}\right)}, \tag{97}$$

wo M die Kernmasse bedeutet. Daraus folgt, daß für verschiedene Elemente, etwa Wasserstoff und Helium, die *Rydberg*sche Konstante etwas verschiedene Werte besitzt, und zwar ist sie für Wasserstoff kleiner als für Helium (da ja $M_H < M_{He}$). Allgemein nimmt der Wert der *Rydberg*schen Zahl mit wachsendem Atomgewicht zu, um sich dem Grenzwert (95) zu nähern, alles in schönster Übereinstimmung mit den Ergebnissen langjähriger spektroskopischer Erfahrungen!

Ganz ebenso wie die Emission, hat auch die Absorption nach dem *Bohr*schen Modell quantenmäßigen Charakter. Fällt etwa Licht der ersten *Balmer*-Linie (H_α) auf ein Wasserstoffatom, dessen Elektron in der 2. Quantenbahn kreist, so wird ein Quantum $h\nu$ dieser äußeren H_α-Strahlung dazu verwendet, um das Elektron in die 3. Quantenbahn zu „heben". Es wird also der äußeren Strahlung der Energiebetrag $h\nu_{H_\alpha}$ entzogen, d. h. es wird Licht der Linie H_α „absorbiert".

§ 4. Der Aufbau des periodischen System.

Auch für die höheren Elemente (Li, Be, B, C, usw.) hat *Bohr* schon in seinen ersten Arbeiten versucht, im Anschluß an das periodische System der Elemente geeignete Atombilder mit mehreren, mehrfach besetzten Elektronenringen aufzustellen, bei denen sich z. B. die bekannte Achterperiode des Systems in einer nach je 8 Elementen regelmäßig wiederkehrenden Anordnung der äußeren Elektronen widerspiegelt, während die Zahl der im äußersten Ring kreisenden Elektronen gleich der Valenz des betreffenden Elements gesetzt ist.

Zu einem ähnlichen Aufbau der Atome gelangte auch *W. Kossel*[256]) in einer tiefgehenden Untersuchung über die Bildung der Moleküle aus Atomen. Auch *L. Vegard*[257]), *A. Sommerfeld*[258]) und *R. Ladenburg*[259]) haben analoge Atombilder konstruiert, besonders im Hinblick auf die bekannte auf und ab schwankende Kurve der Atomvolumina und zur Deutung anderer periodisch schwankender Eigenschaften (Paramagnetismus, Ionenfärbung). Jedoch sind diese Betrachtungen, obwohl sie ihren allgemeinen Prinzipien nach zweifellos auf dem richtigen Wege vorgehen, im einzelnen zur Zeit noch nicht genügend gesichert.

§ 5. Die Quantenhypothese für mehrere Freiheitsgrade.

Während so die Quantenhypothese schon in ihrer primitiven Form, durch Eingreifen in die Atomdynamik, von neuem ihre innere Kraft erwies, hatte sie doch dabei für ihren eigenen Ausbau nur geringen Nutzen davongetragen. Aber die Früchte der *Bohr*schen Theorie reiften schneller, als man ahnen konnte. Schon das Jahr 1915 brachte eine entscheidende Wendung: fast gleichzeitig und unabhängig voneinander fanden *Planck* und *Sommerfeld* für ein schon lange brennendes Problem die Lösung: nämlich für die Erweiterung der Quantenhypothese auf Systeme von mehreren Freiheitsgraden. *Sommerfeld*[260]) ging dabei in engem Anschluß an die *Bohr*sche Theorie vor. Die erste Hauptforderung dieser Theorie betraf die Auswahl der „erlaubten" stationären Bahnen unter allen mechanisch möglichen. Erlaubt waren danach, wie wir sahen, nur diejenigen Bahnen, für die das Impulsmoment p ein ganzes Vielfaches von $\frac{h}{2\pi}$ ist. Dies läßt sich nach (81) und (82) auch so aussprechen: Unter allen mechanisch möglichen Bahnen sind nur diejenigen erlaubt und stationär, für die das Phasenintegral

$$\int p\,dq = nh \tag{98}$$

ist. In dieser Quantenbedingung ist nach (82) die allgemeine Koordinate q durch den Drehungswinkel (das „Azimut") φ, der Impuls p durch den „zu φ gehörigen Impuls" p_φ (Drehimpuls) zu ersetzen. Die Integration ist dabei über den vollen Wertbereich der Variablen q, hier also von 0 bis 2π, zu erstrecken.

Im Falle der ursprünglichen *Bohr*schen Theorie, die nur Kreisbahnen betrachtet, existiert natürlich nur eine einzige Quantenbedingung, nämlich diejenige für $q = \varphi$, da ja der Drehungswinkel φ die einzige Variable der Bahn darstellt. Anders dagegen liegt es, wenn man die Beschränkung auf Kreisbahnen fallen läßt und auch *Kepler*-Ellipsen in Betracht zieht. Dann ist jeder Punkt der Bahn durch 2 Variable bestimmt, nämlich durch die Entfernung r des Elektrons vom Kern, der sich im Brennpunkt der Ellipse befindet, und durch den Winkel φ (das Azimut), den r mit einer festen Richtung bildet (etwa mit der Geraden, die den Kern mit dem Perihel verbindet). In diesem Falle hat man ein Problem von zwei Freiheitsgraden vor sich, mit zwei allgemeinen Koordinaten r und φ (Polarkoordinaten). Die einfache Erweiterung der Quantenhypothese durch *Sommerfeld* besteht nun darin, daß man in diesem Falle zwei Quantenbedingungen von der Form (98) aufstellt, eine für die Koordinate φ — die mit der einzigen Quantenbedingung der *Bohr*schen Theorie übereinstimmt — und eine neue für die Koordinate r, so daß also die Auswahl der stationären Bahnen hier durch die zwei folgenden Gleichungen bestimmt ist:

$$\int_0^{2\pi} p_\varphi \, d\varphi = n h \,, \tag{99}$$

$$\int p_r \, dr = n' h \,, \tag{100}$$

n und n' sind dabei ganze positive Zahlen, p_φ und p_r sind die zu den Koordinaten φ und r gehörigen Impulse[261]). Die Integration in (100) ist über den vollen Wertbereich von r zu erstrecken, d. h. vom kleinsten Wert $r_{\min}$ (Perihel) an bis zum größten Wert $r_{\max}$ (Aphel) und zum kleinsten $r_{\min}$ zurück. (99) heißt die azimutale Quantenbedingung, n die azimutale Quantenzahl, (100) die radiale Quantenbedingung, n' die radiale Quantenzahl.

In ganz entsprechender Weise läßt sich natürlich auch für mehr als 2 Freiheitsgrade die Erweiterung vornehmen. Hat das System f Freiheitsgrade, ist es also durch f allgemeine Koordinaten $q_1, q_2 \ldots, q_f$ und die entsprechenden Impulse $p_1, p_2 \ldots p_f$ charakterisiert, so sind die „erlaubten" Bewegungen des Systems durch die f Quantenbedingungen eingeschränkt:

$$\int p_1 \, dq_1 = n_1 h \,; \quad \int p_2 \, dq_2 = n_2 h \,; \ldots . \quad \int p_f \, dq_f = n_f h \,. \tag{101}$$

(n_1, n_2, ... n_f sind positive ganze Zahlen.)

In jedem der f Phasenintegrale ist dabei die Integration über den vollen Wertbereich der betreffenden Koordinate zu erstrecken.

Eine Schwierigkeit, die hier von vornherein auftauchte, war die Beantwortung der Frage, welche Koordinaten man denn für den Quantenansatz (101) wählen solle, oder ob die Wahl gleichgültig sei. Im allgemeinen kann man ja ein System von mehreren Freiheitsgraden durch verschiedene Arten von Koordinaten charakterisieren, z. B. kann man die *Kepler*-Bewegung des Elektrons entweder durch Polarkoordinaten r und φ oder durch kartesische Koordinaten x und y beschreiben. Diese Frage ist um so dringlicher, wenn man bedenkt, daß nicht für jede Koordinatenwahl die einzelnen Phasenintegrale $\int p_i dq_i$ wirklich Konstanten werden, wie es der Quantensatz (101) verlangt[262]. *P. S. Epstein*[263]) und *K. Schwarzschild*[264]) haben unabhängig voneinander dieses Problem der „richtigen Koordinatenwahl" bis zu einem gewissen Grade gelöst. Dabei offenbarte sich eine interessante und überraschende Beziehung der Quantenansätze (101) zu einem altbekannten, von *Jacobi* und *Hamilton* aufgestellten Theorem der klassischen Dynamik, das bisher besonders in der Himmelsmechanik zur erfolgreichen Anwendung gelangt war. Schließlich hat in jüngster Zeit *A. Einstein*[265]) durch Modifikation der Formulierung (101) einen Quantenansatz aufgestellt, der den Vorzug besitzt, von der Koordinatenwahl unabhängig zu sein. Indessen würde ein näheres Eingehen auf diese abstrakten Untersuchungen hier zu weit führen.

Die zweite Formulierung der Quantenhypothese für mehrere Freiheitsgrade rührt, wie schon erwähnt, von *M. Planck*[266]) her. Sie ist in ihrer ganzen Anlage gleichsam vorsichtiger gehalten, als der radikalere Ansatz von *Sommerfeld*. *Planck* geht dabei, in direktem Anschluß an die früher besprochene Einteilung der Phasenebene des linearen Oszillators, bei komplizierteren Systemen von dem sogenannten *Gibbs*schen Phasenraum aus. Für ein System von f Freiheitsgraden, das durch die Koordinaten $q_1, q_2 \ldots q_f$ und die Impulse $p_1, p_2 \ldots p_f$ charakterisiert wird, ist der *Gibbs*sche Phasenraum derjenige $2f$-dimensionale Raum, dessen Punkte die $2f$ Koordinaten $q_1 \ldots\ldots p_f$ besitzen. Jeder Punkt des Phasenraums (Phasenpunkt) stellt also einen bestimmten Momentanzustand des vorliegenden Systems dar. Diesem Phasenraum verleiht nun *Planck*, ganz analog wie der Phasenebene, durch Hervorhebung gewisser, ausgezeichneter Grenzflächen, eine zellenartige Struktur. Dabei ist die Größe der Zellen proportional h^f. Die Schnittpunkte jener Grenzflächen stellen dann die quantenmäßig ausgezeichneten Zustände des Systems dar (also nach der ersten *Planck*schen Theorie die einzig möglichen, erlaubten Zustände). Im Gegensatz zu *Sommerfelds* Theorie, in der die Bewegung eines Systems von f Freiheitsgraden stets durch f Quantenbedingungen bestimmt ist, kann bei *Planck* unter Umständen der Fall eintreten, daß weniger Quantenbedingungen als Freiheitsgrade existieren, so daß also mehrere („kohärente") Freiheitsgrade durch eine einzige Quantenbedingung eingeschränkt sind.

§ 6. Sommerfelds Theorie der relativistischen Feinstruktur.

Daß diese Theorien den Kern der Sache getroffen hatten, sollte sich bald bei ihrer Anwendung auf das *Bohr*sche Atommodell besonders deutlich erweisen. Danach müssen unter allen mechanisch möglichen Bahnen, die das Elektron um den z-fach positiv geladenen Kern beschreiben kann, die quantenmäßig erlaubten, stationären Bahnen durch die beiden Quantenbedingungen (99) und (100) ausgewählt werden. Das ergibt, an Stelle der diskreten, gequantelten Kreise von *Bohr*, hier diskrete gequantelte *Kepler*-

Ellipsen, unter denen auch die *Bohr*schen Kreise als Spezialfall enthalten sind. Und zwar sind die Ellipsen sowohl hinsichtlich ihrer Größe (d. h. ihrer großen Achse) als ihrer Form (Achsenverhältnis) quantenmäßig festgelegt, so daß also hier jede Bahn, im Gegensatz zu *Bohr*, durch 2 Quantenzahlen n und n' charakterisiert ist[267]). An die Stelle der Formel (93) für die wasserstoffähnlichen Serien tritt dann die allgemeine Formel[268]):

$$\nu = N z^2 \left[\frac{1}{(s + s')^2} - \frac{1}{(n + n')^2} \right]. \qquad (102)$$

Dabei ist wieder N, die *Rydberg*sche Zahl, durch (95), oder bei feinerer Betrachtung (Mitbewegung des Kernes) durch (97) gegeben. s und s' sind die beiden Quantenzahlen (azimutale und radiale) der Endbahn des Elektrons, n und n' sind die Quantenzahlen seiner Anfangsbahn. Da also nach dieser vollständigeren *Sommerfeld*schen Auffassung die Zahl der erlaubten Bahnen durch Hinzunahme der Ellipsen gegenüber *Bohr* stark vermehrt ist, so sind damit auch die Übergangsmöglichkeiten für das Elektron, d. h. die Erzeugungsmöglichkeiten für die Spektrallinien vervielfältigt. Man erkennt aber leicht folgende Tatsache: Wählt man als Endbahn des Elektrons irgendeine derjenigen Bahnen, für die die Summe der Quantenzahlen $s + s'$ einen bestimmten Wert hat, etwa $s + s' = 2$, und als Anfangsbahn irgendeine derjenigen Bahnen, für die $n + n'$ einen bestimmten höheren Wert hat, etwa $n + n' = 3$, so erzeugen alle verschiedenen Übergänge des Elektrons von irgendeiner dieser Anfangsbahnen nach irgendeiner dieser Endbahnen stets dieselbe Linie (bei den gewählten Zahlen die erste *Balmer*-Linie); denn es hängt ja nach (102) die Schwingungszahl der emittierten Linie nur von der

Summe $s + s'$ und von der Summe $n + n'$ ab, dagegen nicht von den Einzelwerten s, s', n, n'. So will es scheinen, als ob durch die *Sommerfeld*sche Komplizierung der Theorie, gegenüber *Bohr*, physikalisch nichts gewonnen sei. Indessen sind, worauf *Bohr* bereits hinwies, die Rechnungen noch in einem wichtigen Punkte unvollständig, dessen konsequente Berücksichtigung von fundamentaler Bedeutung wurde, und die Hauptleistung der *Sommerfeld*schen Spektrallinientheorie darstellt. Es sind nämlich die Geschwindigkeiten der Elektronen, die bei diesen Problemen auftreten, nicht mehr als unendlich klein gegen die Lichtgeschwindigkeit anzusehen. In diesem Fall aber darf man bekanntlich nicht nach der klassischen Mechanik rechnen, die die Masse der Elektronen als konstante Größe betrachtet, sondern muß sich auf den Boden der Relativitätstheorie stellen und daher die Abhängigkeit der Elektronenmasse von der Geschwindigkeit des Elektrons prinzipiell berücksichtigen. In diesem Sinne hat *Sommerfeld* die Rechnung vervollständigt. Die Bahnen des Elektrons um den Kern unterscheiden sich bei dieser Verfeinerung der Theorie von der gewöhnlichen *Kepler*-Ellipse dadurch, daß das Perihel der Bahn im Laufe der Zeit vorrückt, und die Bahn hierdurch einen ungeschlossenen Charakter annimmt. Dies bewirkt, daß die Energie des Elektrons in den quantenmäßig ausgewählten stationären Bahnen — die auch hier durch (99) und (100) festgelegt sind — nicht mehr allein von der Summe der Quantenzahlen abhängt wie bei der nichtrelativistischen *Kepler*-Bewegung, sondern daß auch die Quantenzahlen n und n' getrennt in den Energieausdruck eingehen. Nur in erster Näherung, d. h. bei Vernachlässigung der Relativitätskorrektion, wird daher die Schwingungszahl ν der ausgesandten Spektrallinie allein von den Quantensummen $s + s'$ und $n + n'$ abhängen, wie es (102) zeigt. Bei Berücksichtigung der relativistischen Massenveränderlichkeit des Elektrons dagegen wird ν auch von den Einzelwerten s, s', n, n' abhängig[269]). Daraus folgt, daß die oben betrachteten verschiedenen Erzeugungsmöglichkeiten einer bestimmten Linie, d. h. die Übergänge des Elektrons aus irgendeiner der Anfangsbahnen $s + s' =$ const. in irgendeine der Endbahnen $n + n' =$ const., hier nicht mehr genau dieselbe Linie liefern, sondern etwas verschiedene Linien, die allerdings, wegen der Kleinheit der Relativitätseffekte, nahe beieinanderliegen. Dies ist die *Sommerfeld*sche Erklärung für die Feinstruktur der Spektrallinien bei den wasserstoffähnlichen Spektren. So muß z. B. nach *Sommerfeld* die erste Linie der *Balmer*-Serie (die rote Wasserstofflinie H_α) aus 5 Komponenten bestehen, die in 2 Hauptgruppen (zu je 3 und 2) angeordnet sind. Der mittlere Abstand dieser beiden Gruppen voneinander beträgt nach der Theorie[270]) etwa 0,126 Å, während die besten Messungen des Wasserstoffdubletts den Wert 0,124 Å ergaben (*Paschen, Meißner*). Spricht schon diese Übereinstimmung stark für *Sommerfelds* Theorie, so hat die exakte Feinstrukturmessung *F. Paschens*[271]) an den Linien des positiven Heliums (Fowlerserie) einen noch überzeugenderen Beweis für ihre Richtigkeit geliefert: fast lückenlos sind alle von der Theorie geforderten Komponenten der Feinstruktur auf der photographischen Platte erschienen und haben dadurch gleichsam handgreiflich die Existenz der stationären Bahnen des Elektrons und seine relativistische Massenveränderlichkeit dargetan.

Zwei interessante Folgerungen seien hier noch erwähnt, die sich unmittelbar an *Sommerfelds* Theorie und *Paschens* Beobachtungen anschließen. Erstens ist es durch sie möglich geworden, die Feinstrukturmessungen direkt zu einer „spektroskopischen" Bestimmung der 3 Fundamentalkonstanten e, m_0 (Masse des Elektrons für unendlich kleine Geschwindigkeiten) und h zu verwenden[272]). Zweitens konnte *K. Glitscher*[273]) zeigen, daß man die spektroskopischen Beobachtungen, z. B. die Größe des Wasserstoffdubletts, nur dann mit der Theorie im Einklang findet, wenn man für die Massenveränderlichkeit des Elektrons die relativistische Formel zugrunde legt. Dagegen führt die *Abraham*sche Theorie des „starren Elektrons" zu Formeln, die mit der Erfahrung nicht übereinstimmen.

§ 7. Höhere Elemente.

So sehen wir, daß das *Rutherford*sche Atommodell in seiner Weiterbildung durch *Bohr* und *Sommerfeld* die Erwartungen weit übertraf, die man an seine Leistungsfähigkeit stellen konnte. Über die optischen Serien des Wasserstoffs und des ionisierten Heliums hat es uns jedenfalls mit ungeahnter Präzision bis in die letzten Feinheiten Aufschluß erteilt. Aber auch über diese ersten Ziele hinaus ist bereits eine Reihe erfolgreicher Vorstöße unternommen worden. So gelang es *A. Landé*[274]), die beiden Seriensysteme des neutralen Heliums (Helium und Parhelium) zu berechnen, indem er dabei — im Gegensatz zu *Bohr* — ein Modell des neutralen Heliumatoms zugrunde legte, bei dem die beiden Elektronen auf zwei verschiedenen, komplanaren oder gegeneinander geneigten Bahnen den doppelt positiven Kern umlaufen. Hier bewegt sich also das äußere Elektron, dessen Sprünge wesentlich die Strahlung erzeugen, in einem

Felde, das durch den störenden Einfluß des inneren Elektrons den rein *Coulomb*schen Charakter verloren hat. Fälle dieser Art von Wasserstoffunähnlichkeit hat *Sommerfeld* allgemein untersucht und gezeigt [275]), daß man durch Abweichen vom *Coulomb*schen Feld in erster und zweiter Näherung zu der *Rydberg*schen und *Ritz*schen Form der Seriengesetze gelangt. So war ein vielversprechender Anfang für eine Quantentheorie der Spektrallinien geschaffen.

§ 8. Starkeffekt und Zeemaneffekt am Bohrschen Atom.

Bei dieser Sachlage mußte sich sofort von selbst die Frage aufdrängen, ob das Atomodell bei seiner jetzigen Vervollkommnung imstande war, den Starkeffekt zu liefern, d. h. die Aufspaltung der Linien im elektrischen Felde. Hatte doch, wie erinnerlich, gerade in diesem wichtigen Punkt das ältere *Thomson*sche Modell völlig versagt! Und wie stand es ferner mit dem *Zeeman*-Effekt, der Aufspaltung im Magnetfeld? Konnte das neue Modell diese Erscheinung ebenso gut erklären wie das alte? Beide Fragen haben sich glücklicherweise positiv beantworten lassen! Was den Starkeffekt anlangt, so konnte *P. S. Epstein* [276]) in einer bedeutsamen Arbeit folgendes zeigen: Berechnet man die Bewegung des Elektrons unter dem Einfluß des Kerns und des äußeren Feldes nach den in der Himmelsmechanik geläufigen Methoden, wählt man zweitens aus allen mechanisch möglichen Bewegungen, unter Anwendung der modernen Quantenansätze für mehrere Freiheitsgrade, die quantenmäßig erlaubten, stationären Bahnen aus, und läßt man drittens das Elektron aus einer dieser stationären Bahnen in eine andere springen, wobei man die unendliche Zahl der möglichen Übergänge durch ein gleich zu besprechendes „Auswahlprinzip" einschränkt, so liefert der *Bohr*sche

Frequenzansatz (92) im Falle der Serien des Wasserstoffs und des positiven Heliums mit bewundernswerter Genauigkeit und Vollständigkeit, nach Lage und Zahl, alle von *Stark* beobachteten Komponenten der aufgespaltenen Linie. Dies erstaunliche Ergebnis muß als eine weitere kräftige Stütze für die Richtigkeit des *Bohr*schen Modells und seiner Quantelung angesehen werden. Nicht ganz so erfolgreich ist bis jetzt die Theorie bei der Deutung des *Zeeman*-Effekts gewesen. Zwar konnten *Debye*[277]) und *Sommerfeld*[278]) den normalen *Zeeman*-Effekt (die Aufspaltung der ursprünglichen Linie in ein Triplett, bei Beobachtung senkrecht zu den Kraftlinien) aus dem Modell herausholen. Jedoch ist die Erklärung zweier wichtiger Erscheinungen dieses Gebietes, auf Grund des *Bohr*schen Modells bisher noch nicht gelungen: erstens der anomalen *Zeeman*-Effekte und ihrer Gesetzmäßigkeiten (*Runge-Preston*sche Regel); zweitens der von *Paschen* und *Back*[279]) entdeckten Tatsache, daß auch bei Linien mit komplizierter Feinstruktur sich bei wachsendem Magnetfeld allmählich das normale Triplett ausbildet. Hier ist von weiteren Untersuchungen Klarheit zu erhoffen.

§ 9. Die Auswahlprinzipien von Rubinowicz und Bohr.

Während die vorangehenden Betrachtungen sich nur mit der Lage der Linien im Spektrum, d. h. mit ihrer Schwingungszahl beschäftigen, blieb das Problem ihrer Schwingungsform, d. h. ihrer Intensität und Polarisation noch ungelöst. Ebenso war die wichtige Frage noch unbeantwortet, ob denn alle Übergänge des Elektrons aus irgendeiner stationären Bahn in irgendeine andere möglich sind, oder ob nicht die Zahl der erlaubten Übergänge durch ein „Auswahlprinzip“ eingeschränkt werden müsse. Auch dies ist letzten Endes nur eine Intensitätsfrage, da man ja den Sachverhalt so formulieren kann: Den verbotenen Übergängen entsprechen Linien von der Intensität Null. Die Lösung dieses ganzen Problemkomplexes ist durch zwei wichtige Untersuchungen in jüngster Zeit wesentlich gefördert worden. An erster Stelle gelangte *A. Rubinowicz*[280]), durch Anwendung des Satzes von der Erhaltung des Drehimpulses (Impulsmoments) auf das System Atom + ausgestrahlte Welle, zu einem Auswahlprinzip und einer Polarisationsregel von folgender Gestalt: bei wasserstoffähnlichen Atomen, die der Einwirkung äußerer Kraftfelder entzogen sind, kann sich bei der Emission die azimutale Quantenzahl n des Elektrons [siehe Formel (99)] nur um 0, $+1$, oder -1 ändern. Im ersteren Falle ist das ausgestrahlte Licht linear polarisiert, in den beiden anderen Fällen zirkular. Die Stellung der Bahnebene bleibt beim Emissionsvorgang erhalten. Bei wasserstoffunähnlichen, komplizierter gebauten Atomen liegt die Sache etwas weniger einfach: Setzt man hier den gesamten Drehimpuls aller am System beteiligten Massen, der bekanntlich während der Bewegung konstant bleibt, gleich einer ganzen Zahl n^* mal $\frac{h}{2\pi}$, so sind es gerade die Änderungen dieser Zahl n^* bei der Emission, die hier durch das Auswahlprinzip in der gleichen Weise eingeschränkt werden, wie oben die Änderungen der azimutalen Quantenzahl des einzigen springenden Elektrons. Auch hier liefert die Änderung Null der Quantenzahl n^* lineare Polarisation, Änderungen um ± 1 dagegen zirkulare. An die Stelle der Bahnebene tritt hier die „invariable Ebene" (senkrecht zum Gesamtdrehimpuls), deren Stellung im Raum erhalten bleibt. Unterliegt endlich das Atom der Wirkung eines äußeren Feldes, etwa eines homogenen elektrischen Feldes (Starkeffekt) oder eines homogenen Magnetfeldes (*Zeeman*-

Effekt), so bleibt bekanntlich während der Bewegung der am Atom beteiligten Massen nur diejenige Komponente des gesamten Drehimpulses konstant, die dem äußeren Felde parallel ist. Setzt man diese Impulskomponente $= n_1 \frac{h}{2\pi}$, so wird jetzt nur die Änderung dieser Zahl n_1 durch das Auswahlprinzip eingeschränkt (Änderung $= 0, +1, -1$). Das Auswahlprinzip ist also durch das äußere Feld in seiner Wirkung ersichtlich abgeschwächt und kann, wenn Felder von regelloser Stärke und Richtung das Atom angreifen, wie es z. B. bei elektrischen Entladungen der Fall ist, völlig illusorisch werden.

Durch ganz andersartige Betrachtungen gelangte *N. Bohr*[281]) zu Resultaten, die sich im wesentlichen mit denen von *Rubinowicz* deckten, sie jedoch an Tragweite noch bedeutend übertrafen. *Bohr* ging dabei von der Tatsache aus, daß in der Grenze für große Quantenzahlen, wo die aufeinanderfolgenden stationären Zustände des Atoms sich energetisch relativ nur wenig unterscheiden, die Schwingungszahl, die das Elektron beim Übergang zwischen benachbarten Zuständen emittiert, identisch wird mit der Umlaufszahl in der stationären Bahn[282]). Das Elektron emittiert dann also, nach der *Bohr*schen Frequenzbedingung, dieselbe Linie, die es nach der klassischen Elektronentheorie entsendet. M. a. W.: Für sehr große Quantenzahlen geht die Quantentheorie in die klassische Theorie über (*Bohr*sches „Analogieprinzip"). Auf dieses Prinzip gestützt, kann nun *Bohr* folgendermaßen argumentieren: Nach der klassischen Mechanik läßt sich die Bewegung des Elektrons im *Bohr*schen Atom darstellen als Übereinanderlagerung zeitlich harmonischer Partialschwingungen von der Schwingungszahl:

$$\nu_{kl} = \tau_1 \omega_1 + \tau_2 \omega_2 + \ldots + \tau_f \omega_f . \qquad (103)$$

Dabei sind die $\tau_1 \ldots \tau_f$ ganze Zahlen, die im allgemeinen alle Werte zwischen $-\infty$ und $+\infty$ annehmen können; die $\omega_1 \ldots \omega_f$ sind gewisse, vom Bewegungscharakter abhängige Konstanten; f ist die Zahl der Feiheitsgrade. Die Amplitude der durch die Zahlen $\tau_1 \ldots \tau_f$ charakterisierten Partialschwingung sei $A_{\tau_1 \ldots \tau_f}$. Dann ist nach der klassischen Elektrodynamik ν_{kl} zugleich die Schwingungszahl der emittierten Partialwelle $(\tau_1 \ldots \tau_f)$, und $A^2_{\tau_1 \ldots \tau_f}$ ein Maß ihrer Intensität. Andererseits ergibt sich aus der Quantentheorie (*Bohrs* Frequenzansatz) für hohe Quantenzahlen folgendes Resultat: Beim Übergang aus einem Anfangszustand, der durch die Quantenzahlen $m_1, m_2 \ldots m_f$ charakterisiert ist, in einen Endzustand, dem die Quantenzahlen $n_1, n_2 \ldots n_f$ entsprechen, wird eine Linie von der Schwingungszahl

$$\nu_{Qu} = (m_1 - n_1)\,\omega_1 + (m_2 - n_2)\,\omega_2 + \ldots + (m_f - n_f)\,\omega_f \ldots \quad (104)$$

emittiert. Dabei sind die Größen $\omega_1 \ldots \omega_f$ dieselben Konstanten, wie in (103). Nun ist aber nach *Bohrs* Analogieprinzip für hohe Quantenzahlen $\nu_{kl} = \nu_{Qu}$. Daher folgt durch Vergleich von (103) und (104):

$$\tau_1 = m_1 - n_1\,,\quad \tau_2 = m_2 - n_2 \ldots,\quad \ldots \tau_f = m_f - n_f \ldots \quad (105)$$

d. h. die „klassische" Partialschwingung $(\tau_1 \ldots \tau_f)$ entspricht demjenigen Quantenübergang, bei dem die Quantenzahlen sich gerade um $\tau_1 \ldots \tau_f$ ändern. Polarisation und Intensität der bei diesem Quantenübergang emittierten Welle läßt sich also aus der Schwingungsform und Amplitude der „entsprechenden klassischen" Partialschwingung ablesen. Dieses für hohe Quantenzahlen abgeleitete Prinzip extrapoliert *Bohr* mit großer Kühnheit auf das Gebiet beliebiger Quantenzahlen. So ergibt sich u. a. das bemerkenswerte „Auswahlprinzip“: Fehlt in der Entwicklung der Elektronenbewegung nach Partialschwingungen etwa das Glied $(\bar{\tau}_1, \bar{\tau}_2 \ldots \bar{\tau}_f)$, so ist der entsprechende Quantenübergang:

$$m_1 - n_1 = \bar{\tau}_1, \quad m_2 - n_2 = \bar{\tau}_2 \ldots, \quad m_f - n_f = \bar{\tau}_f$$

nicht vorhanden. So folgt z. B. für kräftefreie wasserstoffähnliche Atome, in etwas engerer Fassung, wie bei *Rubinowicz,* der Satz, daß die azimutale Quantenzahl sich bei allen Emissionen nur um +1 oder —1 ändern kann, was beides zirkular polarisierte Strahlung liefert.

Sowohl die Auswahlprinzipien wie die Polarisations- und Intensitätsregeln haben sich beim Vergleich mit der Erfahrung aufs beste bewährt. *Rubinowicz* selbst zeigte, daß sein Auswahlprinzip und die Polarisationsregel mit *Paschens* Feinstrukturmessungen an den Heliumlinien, ferner mit den Beobachtungen des Starkeffekts und des normalen *Zeeman*-Effektes gut im Einklang sind. *P. S. Epstein* [283]) und *H. A. Kramers* [284]) gingen noch darüber hinaus und konnten in tiefgehenden Untersuchungen, die sich an *Bohrs* Theorie anschlossen, beweisen, daß auch die Intensitätsberechnung in dem eben angedeuteten Sinn zu erstaunlicher Übereinstimmung mit den Beobachtungen führt. Endlich haben *Sommerfeld* und *Kossel* [285]) in einer interessanten Studie das *Rubinowicz*sche Auswahlprinzip auch auf wasserstoffunähnliche Spektren angewandt und gezeigt, daß es imstande ist, das bevorzugte und leichtere Auftreten gewisser Serien im Vergleich mit anderen zu erklären, und daß es durch die Hervorhebung der „möglichen“ Übergänge die Uferlosigkeit der denkbaren Kombinationen in weitgehender, und — wie es scheint — der Wirklichkeit durchaus entsprechender Weise, eindämmt.

§ 10. Der Elektronenstoß und das Bohrsche Atom.

Während so, durch die Deutung und Klärung der ungeheuren, fast verwirrenden Fülle spektroskopischer Erfahrungen die Überzeugung von der Richtigkeit des *Bohr*schen Atommodells immer tiefer Wurzeln schlug, wurde eine Reihe ganz anders gearteter Beobachtungen bekannt, die wesentlich zur Konsolidierung der *Bohr*schen Theorie beitrugen. Es sind dies die schon früher, bei der Lichtquantenhypothese erwähnten Untersuchungen über den Stoß freier Elektronen gegen Gasmoleküle- bzw. -atome, die insbesondere von *J. Franck* und *G. Hertz*[286]) und anschließend von einer größeren Reihe amerikanischer Forscher in systematischer Weise ausgeführt wurden. Die mannigfachen Ergebnisse dieser interessanten Arbeiten seien hier an einem einfachen Beispiel schematisch skizziert. Was hat man beim Aufprall von Elektronen auf *Bohr*sche Atome zu erwarten? Als einfachen Typus eines *Bohr*schen Atoms wählen wir ein Modell, bei dem um einen z-fach positiven Kern z-Elektronen in stationären Quantenbahnen kreisen. Die Beschaffenheit und räumliche Anordnung dieser Bahnen, ebenso wie die Verteilung der Elektronen auf die einzelnen Bahnen lassen wir offen und machen nur die vereinfachende Annahme, daß ein Elektron — das sogenannte Valenzelektron — allein auf der äußersten Bahn (1) kreist. (Siehe Fig. 10.) Dies sei der „normale", unerregte Zustand des Atoms. Das Wasserstoffatom ($z = 1$) hat, wie wir wissen, diese Konstitution, und von neutralen komplizierteren Atomen fallen mit großer Wahrscheinlichkeit die Atome der Alkalimetalldämpfe (Li, Na, K, Rb, Cs) unter dieses Schema. Wird durch irgendeine Energiezufuhr das Elektron aus der normalen Bahn (1) in eine höhere Bahn (mit größerer

Energie), also etwa in die Bahn (2), (3), (4) usw. „gehoben", und „fällt" es von dort auf die Bahn (1) zurück, so wird dabei die 1., 2., 3. . . . Linie der sogenannten „Absorptionsserie des unerregten Atoms" (Hauptserie) emittiert.

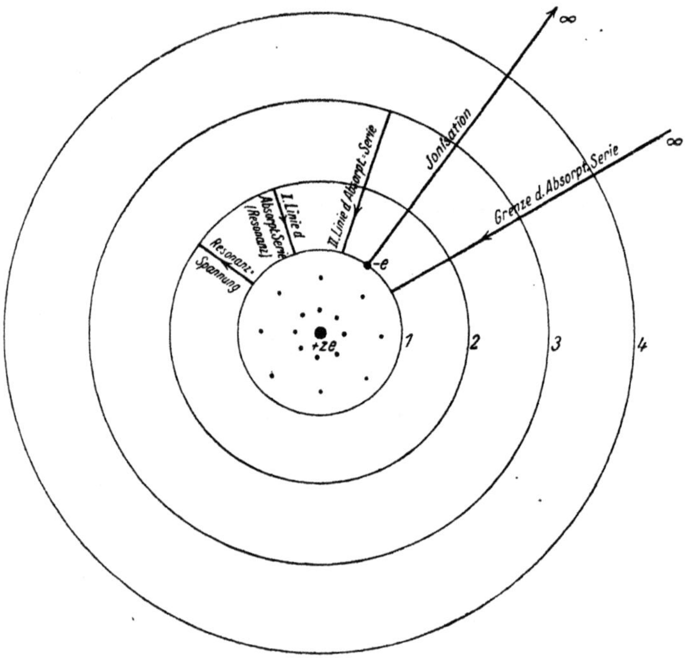

Fig. 10.

Die Schwingungszahlen der ausgesandten Linien sind dabei durch die *Bohr*sche Frequenzbedingung (92) geregelt, d. h. der Energieverlust $W_n - W_1$ beim Übergang aus der $n$ten in die erste Bahn ist gleich einem Quantum $h\nu_{n,1}$ der emittierten Linie:

$$W_n - W_1 = h\,\nu_{n,1}\,. \tag{106}$$

Die zur „Hebung" des Elektrons auf das höhere Energieniveau nötige Energiezufuhr kann in zweierlei Art bewirkt werden: erstens durch Absorption äußerer Strahlung; zweitens — und das ist der hier in Frage kommende Fall — durch Elektronenstoß. Fällt äußere Strahlung von der Schwingungszahl $\nu_{n,1}$ auf das Atom, so wird ein Quantum $h\nu_{n,1}$ dieser Strahlung absorbiert und dazu benutzt, um das Elektron von dem Energieniveau W_1 auf das höhere Niveau $W_n = W_1 + h\nu_{n,1}$ zu heben. Von dort auf das ursprüngliche Niveau herabfallend, emittiert das Elektron dann Licht der absorbierten Linie. Bemerkenswert ist dabei noch der Umstand, daß das Elektron, wenn es auf das Niveau (2) gehoben ist, keine andere Wahl hat, als zum Ausgangsniveau zurückzukehren, während es z. B. von der Bahn (4) 3 Übergänge — nach (3), (2) und (1) — frei hätte. Hat also das Atom aus der äußeren Strahlung die Linie $\nu_{2,1}$ absorbiert, so reemittiert es diese Linie mit vollem Energiebetrag. Die erste Linie der Absorptionsserie ist daher — im Gegensatz zu allen übrigen Linien — eine sogenannte Resonanzlinie.

Wird die zur Hebung des Elektrons nötige Energiezufuhr durch den Stoß eines fremden Elektrons geliefert, so wird — wie zuerst *Franck* und *Hertz* bewiesen — das fremde Elektron vollständig elastisch (nach den mechanischen Gesetzen des elastischen Stoßes) von dem Atom reflektiert, so lange seine Energie E einen gewissen kritischen Wert E_R unterschreitet. Wird dieser Energiewert erreicht, so verliert das stoßende Elektron seine volle Energie und gibt sie an das Elektron des gestoßenen Atoms ab („unelasticher Stoß"). Was bedeutet dies im *Bohr*schen Atombild? Offenbar ist E_R nichts anderes als $W_2 - W_1$, d. h. diejenige Energie, die nötig ist, um das Elektron des Atoms vom Normalzustande auf die Bahn (2) zu heben. Die Folge dieses

Elektronenstoßes, der dem Atom die Energie E_R zuführt, muß also die Emission der Resonanzlinie sein. Trifft diese Auffassung den Kern der Sache, so muß die Energie E_R mit der Schwingungszahl $\nu_{2,1}$ der Resonanzlinie durch die Quantenbeziehung

$$E_R = h\,\nu_{2,1} \tag{107}$$

zusammenhängen. Diese Beziehung hat sich in der Tat auf das beste bestätigt. So finden z. B. *Tate* und *Foote*[287]) beim Natrium, daß der erste unelastische Elektronenstoß dann einsetzt, wenn das stoßende Elektron durch ein Potential $V_R = 2{,}12$ Volt, das sogenannte Resonanzpotential, beschleunigt wird. Die durch dieses Potential dem stoßenden Elektron erteilte Energie hat den Wert:

$$E_R = \frac{e\,V_R}{300} = \frac{4{,}774 \cdot 10^{-10} \cdot 2{,}12}{3 \cdot 10^2} = 3{,}37 \cdot 10^{-12}\,.$$

Andererseits ist hier die *D*-Linie die in Frage kommende Resonanzlinie, also

$$h\,\nu_{2,1} = h\,\frac{c}{\lambda_{2,1}} = \frac{6{,}545 \cdot 10^{-27} \cdot 3 \cdot 10^{10}}{5{,}893 \cdot 10^{-5}} = 3{,}33 \cdot 10^{-12}\,.$$

Die Beziehung (107) ist also mit großer Genauigkeit erfüllt. Das gleiche gilt für Kalium ($V_R = 1{,}55$ Volt, also $E_R = 2{,}47 \cdot 10^{-12}$, $\lambda_{21} = 7{,}685 \cdot 10^{-5}$, also $h\nu_{21} = 2{,}55 \cdot 10^{-12}$). Auch bei den Edelgasen (Helium, Neon usw.) und den Dämpfen des Quecksilbers, Zinks und Kadmiums liegen — mit einigen Modifikationen — ähnliche qualitative und quantitative Verhältnisse vor. Die schon früher besprochene, von *Franck* und *Hertz* entdeckte Anregung der Quecksilber-Resonanzlinie $\lambda = 2{,}536 \cdot 10^{-5}$ durch Elektronenstoß stellt hierfür ein charakteristisches Beispiel dar. Das beobachtete

Resonanzpotential ist hier 4,9 Volt, während sich aus der Beziehung

$$V_R = \frac{300}{e} E_R = \frac{300}{e} h \nu_{2,1} = \frac{300\, h\, c}{e \lambda_{2,1}} .$$

der Wert $V_R = 4{,}86$ Volt ergibt.

Wird die Energie des stoßenden Elektrons über E_R hinaus gesteigert, so ist ein „unelastischer", mit vollem Energieverlust verbundener Stoß jedesmal dann zu erwarten, wenn $E = W_n - W_1 (n = 3, 4, 5, \ldots)$ geworden ist. Durch diese verschiedenen Energiezufuhren wird das Elektron des Atoms jeweils auf das 3., 4., 5. . . . Energieniveau gehoben. Wird endlich $E = E_\infty = W_\infty - W_1$, so reicht die Energie des stoßenden Elektrons gerade hin, um das Atomelektron bis ins Unendliche zu entfernen, d. h. um das Atom zu ionisieren. E_∞ ist daher die Ionisierungsenergie, die ihm entsprechende Spannung $V_\infty = \frac{300\, E_\infty}{e}$ heißt die Ionisierungsspannung. Aus der Beziehung (106) folgt nun sofort die bedeutsame Gleichung

$$E_\infty = \frac{e V_\infty}{300} = h \nu_{\infty,1} . \tag{108}$$

D. h. die Ionisierungsenergie ist gleich dem Quantum, das der letzten Linie der Absorptionsserie, also der „Seriengrenze", entspricht. Auch diese Quantenbeziehung hat sich in allen Fällen aufs schönste bestätigt. Für Natrium z. B. fanden *Tate* und *Foote*: $V_\infty = 5{,}13$ Volt, was eine Ionisierungsenergie von der Größe $E_\infty = 8{,}17 \cdot 10^{-12}$ liefert. Andererseits hat die Grenze der Hauptserie die Wellenlänge $\lambda_{\infty 1} = 2{,}413 \cdot 10^{-5}$; daher ist $h \nu_{\infty 1} = 8{,}14 \cdot 10^{-12}$, in schlagender Übereinstimmung mit dem Werte von E_∞.

Für Quecksilberdampf ist die in Frage kommende Grenze der Hauptserie $\lambda_\infty = 1{,}188 \cdot 10^{-5}$. Daraus folgt nach (108): $V_\infty = 10{,}4$ Volt, während die Messungen verschiedener Forscher die Werte 10,2—10,3 Volt lieferten (*Tate, Bergen, Davis* und *Goucher*; *Hughes* und *Dixon*; *Bishop*)[288]. Aus allen diesen Beispielen, die sich noch beträchtlich vermehren ließen, geht, wie man wohl anerkennen wird, mit überzeugender Deutlichkeit hervor, daß die *Bohr*schen Vorstellungen den Bau und die Wirkungsweise der Atome mit seltener Klarheit in ihrem tiefsten Wesen erfaßt hatten.

§ 11. Einsteins Ableitung des Planckschen Strahlungsgesetzes mit Hilfe des Bohrschen Atoms.

Bei diesem Stande der Dinge lag es nahe, auch das Gesetz der schwarzen Strahlung neu zu fundieren, indem man als absorbierendes und emittierendes Elementargebilde an Stelle des von *Planck* benutzten linearen Oszillators, nun ein *Bohr*sches Modell zugrunde legte. Diesen Schritt tat *A. Einstein*[289]. In einer höchst bedeutsamen Studie untersuchte er das Energie- und Impulsgleichgewicht zwischen der schwarzen Strahlung und einem allgemeinen *Bohr*schen Modell, welches, aller speziellen Eigenschaften entkleidet, nur der Quantenforderung zu genügen hat, daß es eine diskrete Reihe verschiedener Zustände annehmen kann. Für die Wechselwirkung zwischen der Strahlung und dem Atom — Ausstrahlung und Einstrahlung — führt *Einstein* folgende einfache Hypothesen ein: Die Ausstrahlung, d. h. der mit Energieverlust verbundene Übergang des Atoms aus einem Zustand (2) von höherer Energie E_2 in einen Zustand (1) mit kleinerer Energie E_1 soll, bezüglich ihrer Häufigkeit, dasselbe statistische Gesetz befolgen, das auch den Zerfall radioaktiver

Substanzen regelt; d. h.: Die Zahl der Übergänge $2 \rightarrow 1$ in der Zeit dt, also die Zahl der in diese Zeit „zerfallenden" Atome (2) ist proportional $dt \cdot N_2$, wenn N_2 die momentane Zahl der Atome im Zustand (2) bedeutet.

Anders dagegen lautet das Gesetz, das nach *Einstein* die durch äußere Einstrahlung hervorgerufenen Prozesse regelt. Unter der Einwirkung der äußeren Bestrahlung kann zweierlei geschehen: es kann entweder ein Atom aus dem Zustand (1) in den Zustand (2) übergehen, unter Aufnahme von Energie; das ist die „eigentliche positive Absorption". Oder es kann auch der Fall eintreten, daß, infolge der Phasenbeziehung zwischen dem Feld der äußeren Strahlung und des Atoms, unter der Wirkung der Einstrahlung das Atom Energie verliert, und daher aus dem Zustand (2) in den Zustand (1) übergeht („negative Absorption"). Die Häufigkeit beider Arten von Übergängen ist dann proportional der Intensität $\mathfrak{K}_\nu$ der äußeren Strahlung: die Zahl der mit positiver Absorption verbundenen Übergänge $1 \rightarrow 2$ in der Zeit dt ist daher proportional $N_1 dt\, \mathfrak{K}_\nu$, die Zahl der mit negativer Absorption verbundenen Übergänge $2 \rightarrow 1$ ist proportional $N_2\, dt\, \mathfrak{K}_\nu$. Dabei ist N_1 die momentane Zahl der Atome im Zustand (1). N_1 und N_2 werden nach den aus der Gastheorie und der statistischen Mechanik bekannten, im Sinne der Quantentheorie erweiterten Verteilungsgesetzen bestimmt. Dann folgt aus dem Energiegleichgewicht zwischen Aus- und Einstrahlung bei der Temperatur T:

$$\mathfrak{K}_\nu = \frac{A}{e^{\frac{E_2 - E_1}{kT}} - 1}, \tag{109}$$

wo k die *Boltzmann*sche Konstante, A eine von der Temperatur unabhängige Konstante darstellt. Aus dem *Wien*schen Verschiebungsgesetz (4) ergibt sich, daß erstens A proportional ν^3, und zweitens $E_2 - E_1$ proportional ν sein muß. Schreiben wir daher

$$E_2 - E_1 = h\nu\,, \tag{110}$$

so erkennt man hierin die *Bohr*schen Frequenzbedingung (92) wieder. Damit nimmt dann $\mathfrak{K}_\nu$ die Form des *Planck*schen Strahlungsgesetzes an, das hier in verblüffend einfacher und eleganter Weise aus einem Minimum allgemein gehaltener Hypothesen entspringt. Die weitere Verfolgung und Vertiefung dieser Vorstellungen, nämlich die Aufstellung der Impulsbilanz neben der Energiebilanz für den Vorgang der Aus- und Einstrahlung führte *Einstein* zu der merkwürdigen Folgerung, daß die Ausstrahlung *Bohr*scher Atome nicht in Kugelwellen erfolgen könne, wie es die klassische Elektronentheorie verlangt, sondern daß der Prozeß der Emission gerichtet ist wie der Schuß aus einer Kanone. Es ist nicht zu verkennen, daß dadurch die Vorstellung einer quantenhaften Struktur der Strahlung (Lichtquantenhypothese) wieder in greifbarere Nähe gerückt ist.

VII. Die Quantentheorie der Röntgenspektren.

§ 1. Die Röntgenspektralanalyse.

Parallel mit der Ausgestaltung der Lehre von den optischen Spektren hat sich in den letzten Jahren auf derselben Grundlage eine Theorie der Röntgenspektren entwickelt, die schon jetzt tiefe Einblicke in den Bau der Atome gestattet und so die Theorie der optischen Spektren in erwünschter Weise ergänzt. Die Forschungen von *Ch. Barkla*, *W. H.* und *W. L. Bragg*, *Moseley* und *Darwin*, *Siegbahn* und *Friman*[290]) u. a. haben erwiesen, daß beim Aufprall von Kathodenstrahlen auf die Antikathode eines Röntgenrohres

2 Arten von Röntgenstrahlen entstehen: erstens die sogenannte Bremsstrahlung (Impulsstrahlung), bestehend aus einem ausgedehnten kontinuierlichen Bereich von Wellenlängen (ähnlich wie der kontinuierliche Grund der sichtbaren Spektren); zweitens die „charakteristische Strahlung", ein typisches Linienspektrum, dessen Struktur so wesentlich und ausschließlich von dem Material der Antikathode abhängt, daß ein Blick auf dieses Spektrum genügt, um sofort eindeutig auf die Antikathodensubstanz zu schließen. So stellt sich der optischen Spektralanalyse von *Bunsen* und *Kirchhoff* eine Röntgenspektralanalyse der Elemente an die Seite. Dabei hat sich gezeigt, daß das charakteristische Röntgenspektrum eine reine Atomeigenschaft ist, und zwar eine additive. Untersucht man z. B. das Röntgenspektrum, das eine Antikathode aus Messing (Kupfer + Zink) erzeugt, so findet man sowohl die Linien des Kupfers als auch die des Zinks unverändert an derselben Stelle, an der sie in den Spektren der einzelnen Elemente Kupfer und Zink liegen; neue Linien entstehen dagegen nicht. Nach alledem wird man vermuten, daß das Linienspektrum im Atom der Antikathode entsteht und dort durch die auftreffenden Elektronen des Kathodenstrahls ausgelöst wird. Es zeigte sich ferner die wichtige Tatsache, daß sich die Linien des charakteristischen Spektrums, ebenso wie die Linien der optischen Spektren, in Serien einordnen lassen. So hat man bisher eine kurzwellige K-Serie, eine langwellige L-Serie und eine noch langwelligere M-Serie aufgefunden.

Das merkwürdigste an diesen Spektren aber ist ihr gesetzmäßiger Zusammenhang mit der Ordnungszahl ihres Elementes im periodischen System. Zeichnet man sich die Lage einer bestimmten Linie (etwa der ersten Linie K_α der

K-Serie) für die aufeinanderfolgenden Elemente des periodischen Systems auf, so offenbart sich ein durchaus stetig fortschreitender Gang: die Linie rückt mit wachsender Ordnungszahl immer mehr nach kurzen Wellen vor. Die Regelmäßigkeit dieses Vorrückens ist derart, daß man Lücken oder falsche Stellung eines Elements im periodischen System sofort an dem zu großen Sprung erkennt. Nun ist aber nach der schon erwähnten Hypothese von *Rutherford*, *v. d. Broek* und *Bohr* die Ordnungszahl eines Elementes nichts anderes als seine Kernladungszahl, d. h. die Zahl der positiven Elementarladungen seines Atomkerns. Hält man damit die eben besprochene Erscheinung zusammen, nach der das stetige Fortschreiten der Kernladungszahl in der Reihe der Elemente sich in der stetigen Verschiebung ihrer Röntgenlinien wiederspiegelt, so wird man zu der Auffassung gedrängt, daß der Ort der Entstehung für die Röntgenspektren die unmittelbare Nachbarschaft des Kernes sein muß, also das Innerste des Atoms. Denn in dieser Region wirkt offenbar der Kern am stärksten, am wenigsten gestört durch die äußeren Elektronen, und daher wird sich auch dort das Anwachsen der Kernladung am reinsten äußern.

In quantitativer Hinsicht wurde der Zusammenhang zwischen der Lage der Röntgenlinien und der Ordnungszahl z zuerst von *G. Moseley*[291]) formuliert. Er fand für die Schwingungszahlen von K_α (erste Linie der *K*-Serie) und L_α (erste Linie der *L*-Serie) die empirischen Beziehungen:

$$\left.\begin{aligned} \nu_{K_\alpha} &= N(z-1)^2\left(\frac{1}{1^2}-\frac{1}{2^2}\right) \\ \nu_{L_\alpha} &= N(z-7{,}4)^2\left(\frac{1}{2^2}-\frac{1}{3^2}\right) \end{aligned}\right\} \qquad (111)$$

wo N die *Rydberg*sche Zahl bedeutet.

Die Ähnlichkeit dieser Beziehungen, die nur näherungsweise Gültigkeit besitzen, mit der *Bohr*schen Formel (93) für die wasserstoffähnlichen Serien springt derart in die Augen, daß es nahe lag, nun auch eine Erklärung der Röntgenserien auf Grund des *Bohr*schen Modells zu versuchen.

Dies Problem ist vor allem von *W. Kossel*[292]), *A. Sommerfeld*[293]), *L. Vegard*[294]), *P. Debye*[295]), *J. Kroo*[296]), *A. Smekal*[297]) in Angriff genommen worden, und so ist neben der Theorie der optischen Spektren, die an der Peripherie des Atoms ihren Ursprung nehmen, eine Theorie der Röntgenspektren entstanden, die uns in die innerste Region des Atoms führt. Nach dieser Theorie kann man sich, in großen Zügen, die Emission der Röntgenspektren folgendermaßen vorstellen: wir betrachten ein neutrales *Bohr*sches Atom, bestehend aus einem z-fachen Kern, der von z-Elektronen umkreist sei. Diese z-Elektronen mögen sich in verschiedenen Ringen anordnen. Der innerste einquantige Ring, der sogenannte K-Ring, trage im Normalzustand p_1 Elektronen; der zweite Ring, der L-Ring, sei 2quantig und mit p_2 Elektronen besetzt, der dritte, 3quantige Ring, der M-Ring, mit p_3 Elektronen usw. (Fig. 11). Die Frage, ob man mit dieser Ringvorstellung und der nach außen wachsenden Quantigkeit zum Ziel kommt, und ob man sich die Ringe konplanar oder gegeneinander geneigt zu denken hat, wollen wir offen lassen. Die Vorbereitung zur Emission der K-Serie besteht darin, daß durch Energiezufuhr — sei es durch Absorption äußerer Strahlung oder durch Elektronenstoß — ein Elektron des K-Ringes bis ins Unendliche entfernt wird, also gleichsam das Atom „innen", d. h. im K-Ring ionisiert wird. Ist die Energie des Atoms vor dieser Ionisierung $= W_0$, nach der Ionisierung $= W_K$, so ist also eine Energiezufuhr vom

Betrage $W_K - W_0$ zu liefern. Daher kann jede Strahlung, deren Energiequantum $h\nu \geqq W_K - W_0$ ist, bei ihrer Absorption die Absprengung des Elektrons aus dem K-Ring leisten. Läßt man das ν der äußeren Strahlung allmählich von kleinen Werten anwachsen, so tritt an der Stelle $\nu_K = \frac{W_K - W_0}{h}$ plötzlich eine starke Zunahme der Absorption ein, weil eben

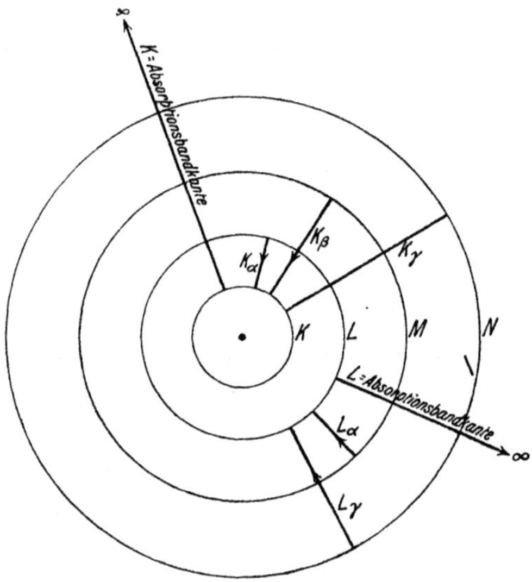

Fig. 11.

von dieser Stelle an die äußere Strahlungsenergie zur „Ionisierung des K-Ringes" verbraucht wird. Es erstreckt sich also von $\nu = \nu_K$ an nach höheren Schwingungszahlen hin ein Absorptionsband, dessen Kante bei ν_K liegt. Diese Erscheinung der „Absorptionsbandkante" hatten wir schon früher im Sinne der Lichtquantenhypothese gedeutet. Wird die Energiezufuhr durch den Stoß eines fremden Elektrons geliefert, so muß dessen Energie $E \geqq W_K - W_0$

sein, d. h. $E \geqq h\nu_K$, eine Beziehung, die wir ebenfalls schon früher vom Standpunkt der Lichtquantenhypothese abgeleitet hatten.

Durch die Ionisierung des *K*-Ringes ist nun das Atom zur *K*-Emission präpariert. Fällt jetzt aus dem 2quantigen *L*-Ring ein Elektron in den 1quantigen *K*-Ring — gleichsam zur Ausfüllung der dort entstandenen Lücke —, so wird die erste Linie der *K*-Serie, K_α, emittiert. Wird dagegen die Lücke des *K*-Ringes durch ein Elektron des 3quantigen *M*-Ringes oder des 4quantigen *N*-Ringes ausgefüllt, so entstehen K_β bzw. K_γ. Ganz analog liegt der Fall bei der *L*- und *M*-Serie. Wird durch Energiezufuhr (Absorption oder Elektronenstoß) ein Elektron des *L*-Ringes abgesprengt, also der *L*-Ring ionisiert, so ist das Atom zur Emission der *L*-Serie präpariert. Wird jetzt die Lücke des 2quantigen *L*-Ringes durch ein Elektron des 3quantigen *M*-Ringes ausgefüllt, so entsteht die erste Linie der *L*-Serie, L_α; wird sie durch ein Elektron des *N*-Ringes ausgefüllt, so entsteht die zweite Linie der *L*-Serie, $\mathfrak{L}_\gamma$ (die Bezeichnung ist hier nicht ganz konsequent!) usw.

Das zur Linienemission inverse Phänomen, nämlich die Linienabsorption, die uns von den sichtbaren Spektren her bekannt ist, scheint hier auf den ersten Blick zu fehlen. Dies ist indessen, wie *W. Kossel*[298]) kürzlich zeigte, eine Täuschung. Allerdings kann z. B. das abgesprengte Elektron des *K*-Ringes im allgemeinen nicht auf dem *L*- oder *M*- oder *N*-Ring hängen bleiben, weil dort alle Plätze schon durch Elektronen besetzt sind. Eine Absorption der Linien K_α, K_β oder K_γ ist also in diesem Fall unmöglich. Wohl aber kann das Elektron des *K*-Ringes auf einer unbesetzten Quantenbahn jenseits der besetzten Ringe, also außerhalb der „Atomoberfläche“, zur Ruhe kommen. Bei diesem

Prozeß wird in der Tat eine „Linie" absorbiert, und zwar die, deren $h\nu$ gleich ist dem Energieunterschied zwischen dem K-Ring und der Endbahn des abgesprengten Elektrons. Diese Verfeinerung der Betrachtung zeigt also, daß das Elektron aus dem K-Ring nicht sofort bis ins Unendliche gehoben zu werden braucht, sondern daß noch vor der Absorptionsbandkante Linienabsorptionen auftreten.

§ 2. Die Feinstruktur der Röntgenlinien.

Es ist nun besonders bemerkenswert, daß es *Sommerfeld* gelungen ist, auch hier im Gebiete der Röntgenspektren die Feinstruktur der Linien durch Heranziehen der Relativitätstheorie zu erklären. So ist z. B. nach *Sommerfeld* die 2quantige L-Bahn „doppelt", sie kann als Kreis ($n' = 0$, $n = 2$) oder als Ellipse[299] ($n' = 1$, $n = 1$) auftreten. Daher ist die Linie, die vom L-Ring als Anfangsbahn ausgeht, nämlich K_α, ein Dublett (K_α und $K_{\alpha'}$). Ebenso sind auch diejenigen Linien, die die L-Bahn zur Endbahn haben, Dubletts, nämlich die Linie L_α (genauer $L_{\alpha'}$), zu der L_β als Dublett gehört, ferner L_γ, die mit L_δ ein Dublett bildet usw. Der Abstand der Dublettkomponenten (in Schwingungszahlen) ergibt sich nach *Sommerfelds* Theorie angenähert proportional der 4. Potenz der Ordnungszahl z. Daher sind hier im Röntgengebiet, wo es sich meistens um Elemente von beträchtlicher Ordnungszahl handelt, die Dubletts gegenüber dem mikroskopischen Wasserstoffdublett ($z = 1$) makroskopisch vergrößert. Bei der Emission der Röntgenlinien kommt das Elektron dem hochgeladenen Kern sehr nahe, und daher sind die relativistischen Effekte der Aufspaltung viel größer, als bei den optischen Spektren, bei denen sich das Elektron an der Atomoberfläche bewegt, wo es gegen die Wirkung des starken Kernes durch die übrigen Elektronen des Atoms fast ganz abgeschirmt ist. Mit Hilfe der theoretisch, unter Anlehnung an das Beobachtungsmaterial, abgeleiteten Beziehung

$$\frac{\text{L-Dublet}}{\text{H-Dublet}} = (z - 3{,}6)^4 \,, \tag{112}$$

konnte *Sommerfeld* das Wasserstoffdublett aus den beobachteten L-Dubletts berechnen und mit der Erfahrung vergleichen. Die Übereinstimmung ist sehr befriedigend.

§ 3. Die Besetzung der Ringe. Bedenken gegen die Ringanordnung der Elektronen.

Die quantitative Durchrechnung des einfachsten Falles, nämlich der Emission von K_α, führte *Debye* zu der Folgerung, daß der K-Ring im Normalzustand aus 3 Elektronen besteht. Hierzu fügte *Kroo*, bei einer weiteren Vertiefung der Rechnung die Konsequenz, daß der L-Ring im Normalzustand 9 Elektronen enthält. Mit diesen beiden Besetzungszahlen, $p_1 = 3$, $p_2 = 9$, ließ sich die Lage von K_α für alle Elemente als Funktion der Ordnungszahl z darstellen. Die Emission von K_α findet dabei nach folgendem ohne weiteres verständlichen Schema statt.

	K-Ring	L-Ring	
Normalzustand	3	9	
			↓ Ionisierung des K-Rings
Anfangszustand	2	9	
			↓ Emission von K_α
Endzustand	3	8	

Die so gefundenen normalen Besetzungszahlen 3 und 9 der beiden innersten Ringe sind auffallend. Denn auf Grund des periodischen Systems mit seinen Achterperioden sollte man nach *Kossel* die Zahlen 2 und 8 erwarten. Das auffallende der Zahlen 3 und 9 verdichtet sich, wie mir scheint, zu einem Einwand, wenn man den Fall des Natriums ($z = 11$) ins Auge faßt. Hier ist nach *Kossel* die Besetzung 2, 8, 1 zu erwarten, da aller Wahrscheinlichkeit nach ein Elektron (das Valenzelektron), wie bei allen Alkalien, auf der äußersten Quantenbahn (*M*-Ring) für sich allein kreist. Jedenfalls aber ist es unmöglich, daß beide innersten Ringe zusammen bereits 12 (= 3 + 9) Elektronen im Normalzustand enthalten! Versucht man ferner, auf Grund der *Kroo*schen Zahlen 3 und 9 nun noch einen Schritt weiter zu gehen, auch für L_α eine Formel aufzustellen, die für alle z die Lage von L_α in Übereinstimmung mit der Beobachtung darstellt, und dadurch die Besetzungszahl p_3 des *M*-Ringes zu bestimmen, so findet man, wie *A. Smekal*[300]) zeigte, daß diese Darstellung mit keiner Kombination 3, 9, p_3 gelingt. Auch nicht, wenn man die verschiedenen Ringe gegeneinander neigt und ihre Wechselwirkung in Rechnung zieht! So drängt sich einem der Verdacht auf, daß vielleicht die ganze Vorstellung der ebenen Ringanordnung der Elektronen nicht den Tatsachen entspricht, und daß die Elektronen des Atoms vielmehr räumlich symmetrische Figuren bilden. Dieser Verdacht wird außerordentlich verstärkt durch eine Reihe tiefgehender Untersuchungen von *M. Born* und *A. Landé*[301]).

Im Anschluß an *M. Borns* Arbeiten über die Dynamik der Kristallgitter, die wir schon früher, bei Gelegenheit der Atomwärme fester Körper, eingehend besprachen, stellten sich die beiden Forscher die Frage, ob man nicht die kubischen Kristallgitter der Alkalihalogensalze (NaCl, NaBr, NaJ; KCl, KBr, KJ usw.) aus *Bohr*schen Atomionen aufbauen könne, nur unter Berücksichtigung der wechselseitigen elektrostatischen Kräfte; und ob es auf diese Weise gelänge, die Kristalleigenschaften (Gitterabstand, Kompressibilität) aus den Atommodellen der beiden konstituierenden Ionen vorherzusagen. Die Antwort auf diese Frage ist wesentlich bejahend ausgefallen. Aber es zeigte sich bei Berechnung der Kompressibilität dieser Kristalle die bemerkenswerte Tatsache, daß man zu weiche Kristalle findet, wenn man an der Vorstellung der Ringanordnung der Elektronen im Atom festhält. Dagegen erhält man gute Übereinstimmung mit den Beobachtungen, wenn man mit *Born* die Hypothese einführt, daß die Elektronen räumlich angeordnet sind. Ein Komplex von 8 Elektronen, wie er im Natrium, Kalium usw. auftritt, bildet demnach nicht einen ebenen Achter-Ring, sondern die 8 Elektronen beschreiben Bahnen von Würfelsymmetrie. In das noch reichlich dunkle Gebiet dieser „räumlichen" Elektronenbahnen hat *A. Landé*[302]) erfolgreiche Vorstöße unternommen.

Nach alledem scheint es sicher zu sein, daß man auch im Gebiet der Röntgenspektren nicht mehr mit der ebenen Ringanordnung der Elektronen auskommt, und daß die ganze quantitative Theorie der Röntgenserien, einschließlich der *Sommerfeld*schen Feinstrukturtheorie des *K*- und *L*-Dubletts, auf neuer Grundlage aufgebaut werden muß.

VIII. Erscheinungen an Molekülmodellen.

§ 1. Dispersion und Magnetorotation des H_2 = Moleküls.

Während die Röntgenspektren und die optischen Serienspektren den Atomen der Elemente entstammen, und daher ihre Theorie an die Atommodelle anknüpft, gibt es eine Reihe von Erscheinungen, die, bei mehratomigen Substanzen, wesentlich den Molekülen eigentümlich sind, und deren Theorie sich daher auf die Molekülmodelle stützt. Es sind dies vor allem die normale Dispersion, die Drehung der Polarisationsebene im Magnetfeld (Magnetorotation) und ferner das große und komplizierte Gebiet der Bandenspektra. Bis vor wenigen Jahren waren Dispersion und Magnetorotation ausschließlich vom Standpunkt des *Thomson*schen Modells, d. h. mit Hilfe quasielastisch gebundener Elektronen, behandelt worden und bildeten ihrerseits eine starke Stütze für dieses Modell. Dennoch waren Unstimmigkeiten in diesen Theorien seit langem bekannt. So ergaben sich z. B. aus Dispersionsmessungen, auf Grund der Dispersionstheorien von *Drude, Voigt* oder *Planck*, für das Verhältnis $\frac{\text{Ladung}}{\text{Masse}}$ des Elektrons $\left(\frac{e}{m c}\right)$ Werte, die im Vergleich zu den direkten Messungen dieser Größe (mit Hilfe der Ablenkung von Kathoden- oder β-Strahlen im elektrischen und magnetischen Feld), viel zu klein ausfielen. Als aber nun das *Thomson*sche Modell durch das *Rutherford-Bohr*sche verdrängt wurde und sich die Erfolge der *Bohr*schen Atommodelle in ungeahnter Weise mehrten, da mußte die Frage entstehen, ob sich nicht auf Grund dieser neuen Anschauungen eine Theorie der Dispersion und Magnetorotation einwandfrei durchführen ließe. Die schwierige Lage, in die uns dieses Problem versetzt, rührt daher, daß wir eigentlich in keinem einzigen Falle den Aufbau eines mehratomigen *Bohr*schen Moleküls aus seinen Kernen und Elektronen mit Sicherheit kennen. Die genaue Kenntnis dieses Aufbaues und der Bewegungen sämtlicher Elektronen ist aber unbedingt erforderlich, wenn wir wissen wollen, wie das Molekül auf äußere Wellen reagiert (Dispersion). Zwar hat *W. Kossel*[302]) in einer eingehenden Studie, die wir schon erwähnten, die allgemeinen

Richtlinien aufgezeigt, nach denen, vom chemischen Standpunkt aus, der Aufbau der Moleküle aus Atomen vor sich gehen muß, aber die Einzelheiten dieses Aufbaues bleiben offen. Nur in wenigen, einfachsten Fällen sind bisher detaillierte Molekülbilder aufgestellt und näher untersucht worden. So hat schon *Bohr*, wie wir früher bei den Atomwärmen der Gase erwähnten, ein Modell des zweiatomigen Wasserstoffmoleküls vorgeschlagen, das folgende Konstitution besitzt (siehe Fig. 8): 2 einfach positive Kerne stehen sich im Abstand $2b$ gegenüber. In der Ebene, die die Verbindungslinie der Kerne senkrecht halbiert, kreisen 2 Elektronen, diametral gegenüber, auf einem Kreise vom Durchmesser $2a$. Das Gleichgewicht der *Coulomb*schen und der Zentrifugalkräfte verlangt $a = b\sqrt{3}$. Durch diese Beziehung und durch die Quantenforderung, daß jedes Elektron das Impulsmoment $\frac{h}{2\pi}$ besitzt, ist das Modell in allen seinen Dimensionen und Geschwindigkeiten vollständig festgelegt. Dieses Modell war es, das als erstes von *P. Debye*[304]) auf seine Dispersion hin untersucht wurde. Infolge des symmetrischen Baues besitzt das Molekül im Normalzustande kein elektrisches Moment. Wird es dagegen von einer äußeren Lichtwelle getroffen, so wird die Bewegung seiner Elektronen periodisch gestört, sie weichen von der normalen Quantenbahn ab, geraten in erzwungene Schwingungen und erzeugen so ein im Takt der äußeren Welle periodisch wechselndes elektrisches Moment. Dadurch aber wird der ursprüngliche Gang der primären Welle in charakteristischer Weise verändert, d. h. es entsteht Dispersion. Man kann sich dies so vorstellen: es sei c die Geschwindigkeit der primären Welle im Vakuum. Die Schwingungen der Elektronen erzeugen eine vom Molekül ausgehende sekundäre

Welle. Alle diese sekundären Wellen setzen sich mit der primären zusammen und bilden so eine neue Welle von der veränderten Geschwindigkeit q, deren Wert von der Schwingungszahl der primären Welle abhängt. Das aber ist gerade die Erscheinung der Dispersion. Die hier auftretenden Elektronenschwingungen sind nicht Schwingungen um Gleichgewichtslagen, wie beim quasi elastischen Modell, sondern Schwingungen um stationäre Bahnen. Auch ist die Bindung der Elektronen, im Gegensatz zu den üblichen klassischen Dispersionstheorien, hier anisotrop (d. h. das Elektron ist nach verschiedenen Richtungen hin verschieden stark gebunden). Vor allem infolge dieser Anisotropie löste sich die Unstimmigkeit des zu kleinen $\frac{e}{mc}$-Wertes, und es gelang *Debye*, unter Zugrundelegung des normalen Wertes von $\frac{e}{mc}$, die beobachtete Dispersionskurve des Wasserstoffs, d. h. die Abhängigkeit seines Brechungsquotienten von der Wellenlänge, aus der Theorie abzuleiten. Dabei ist hervorzuheben, daß in der Formel für den Brechungsquotienten keine einzige Konstante willkürlich verfügbar ist, sondern daß sich die Dispersionsformel aus lauter universellen Größen zusammensetzt.

Nach derselben Methode (Störungsrechnung) und mit dem gleichen Erfolge hat *P. Scherrer*[305]) die Drehung der Polarisationsebene berechnet, die linear polarisiertes Licht beim Durchgang durch Wasserstoff im Magnetfeld erleidet.

§ 2. Bedenken gegen das Bohrsche H_2-Molekül.

Trotz dieser Erfolge jedoch, die das *Bohr*sche Wasserstoffmolekül aufweist, hat sich im Laufe der Zeit eine Reihe schwerwiegender Bedenken gegen dieses Modell angesammelt. Daß der Anteil, den die Rotation (besser: die reguläre Präzession) dieser Molekel zu der Molekularwärme bei tiefen Temperaturen liefert, den *Eucken*schen Beobachtungen nicht entspricht, hat, wie wir früher sahen, schon *P. S. Epstein* konstatiert. Auch für hohe Temperaturen, wo bereits die Schwingungen der beiden Kerne gegeneinander einen Beitrag zur Molekularwärme liefern, hat sich, wie jüngst *G. Laski*[306]) zeigte, mit dem *Bohr*schen Modell keine Übereinstimmung zwischen Theorie und Beobachtung ergeben.

Ferner müßte das Modell, infolge der umlaufenden Elektronen, ein nahezu festes magnetisches Moment parallel der Kernachse besitzen, also einem molekularen Elementarmagneten gleichen, der sich in einem äußeren Magnetfeld in die Richtung der Kraftlinien einzustellen sucht. Wasserstoff müßte demnach paramagnetisch sein, während er in Wirklichkeit diamagnetisch ist.

Ein weiterer sehr wichtiger Einwand, auf den vor allem *W. Nernst* hinwies, ist der folgende: berechnet man die Arbeit, die zur Trennung des Moleküls in seine beiden Atome nötig ist, also die sogenannte Dissoziationswärme, so ergibt sich[307]) ein Wert von 61 000 Kalorien. Dagegen fand *Langmuir*[308]) 84 000 Kalorien, *Isnardi*[309]) 95 000 Kalorien, *J. Franck, P. Knipping* und *Thea Krüger*[310]) 81 000 ($\pm$ 5700) Kalorien. Jedenfalls kommt die berechnete Dissoziationswärme mindestens um 25% zu klein heraus[310a]).

Endlich hat vor kurzem *W. Lenz*[311]), auf Grund einer Theorie der Bandenspektren, auf die wir gleich zu sprechen kommen, die Einwände gegen das Wasserstoffmolekül noch um einen wesentlichen vermehrt. Er wies nämlich nach, daß die Bandenlinien des Wasserstoff- und Stickstoffmoleküls nur dann den beobachteten *Zeeman*-Effekt zeigen können, wenn diese Moleküle keinen Drehimpuls um die Kernachse besitzen. Der gleichsinnige Umlauf der beiden Elektronen im *Bohr*schen Modell aber verleiht dem Molekül bekanntlich einen solchen Drehimpuls. Nach alledem scheint das *Bohr*sche Modell nicht der Wirklichkeit zu entsprechen: die Anordnung der beiden Kerne und Elektronen muß offenbar eine ganz andere sein. Jedoch ist ein befriedigendes Modell bisher nicht aufgefunden worden.

§ 3. Die höheren Molekülmodelle.

Ebenso schlecht sieht es mit den komplizierteren Molekülmodellen aus! Zwar haben *A. Sommerfeld*[312]) und *F. Pauer*[313]), nach derselben Methode wie *Debye* und *Scherrer*, die Theorie der Dispersion und Magnetorotation auch für allgemeinere *Bohr*sche Molekülmodelle (N_2 und O_2) durchgeführt, die dem Wasserstoffmolekül nachgebildet sind. So kreisen nach *Sommerfeld* beim Sauerstoffmolekül z. B. 4 Elektronen um die Verbindungslinie der beiden Kerne, von denen jeder mit einer effektiven Ladung $+ 2e$ wirkt; beim Stickstoffmolekül umkreist ein Ring von 6 Elektronen die Kernachse, während die Kerne 3fache effektive Ladung tragen. Eine Übereinstimmung mit den Beobachtungen konnte jedoch *Sommerfeld* nur dann erzielen, wenn er für jedes Elektron eines Bindungsringes von $2s$-Elektronen die Quantenforderung in der seltsamen Form: Impulsmoment $= \frac{h}{2\pi}\sqrt{s}$ stellte. Ein zweifellos recht unbefriedigendes Ergebnis! Bessere Resultate erzielte *Gerda Laski*[315]) mit etwas anderen Modellen, die sie so wählte, daß die spezifische Wärme der beiden Gase bei hohen Temperaturen mit den Beobachtungen von *Pier*[315]) übereinstimmten. Danach soll das Stickstoffmolekül aus zwei siebenfach positiven Kernen bestehen, von denen jeder in geringem Abstand von einem 1quantigen Ring von 2 (bzw. 3) Elektronen umgeben ist. Der „Bindungsring“ in der mittelsenkrechten Ebene ist 2quantig und enthält 10 (bzw. 8) Elektronen. Analog besteht das Sauerstoffmolekül aus zwei achtfach positiven Kernen, jeder umgeben von einem 1quantigen Ring von 2 (bzw. 3) Elektronen, während der 2quantige Bindungsring 12 (bzw. 10) Elektronen enthält. Auch gegen diese *Sommerfeld*schen und *Laski*schen Modelle erheben sich zum Teil dieselben Bedenken, wie gegen das Wasserstoffmolekülmodell. So ist z. B. nicht ersichtlich, wieso Sauerstoff paramagnetische, Stickstoff dagegen diamagnetische Eigenschaften besitzt. Auch der oben erwähnte Einwand von *Lenz* trifft diese Modelle schwer; denn sie alle besitzen Drehimpulse um die Kernachse. So muß man abschließend sagen, daß uns die genaue Konstitution selbst der einfachsten Moleküle vorläufig noch unbekannt ist.

§ 4. Die Quantentheorie der Bandenspektren.

Zum Schlusse dieses Abschnitts wenden wir uns den Bandenspektren zu und stellen kurz zusammen, was die Quantentheorie bisher über diese Spektren auszusagen vermag. Daß sie den Molekülen der Elemente und Verbindungen zukommen, kann man heute als sicher ansehen. Der erste Versuch, eine konsequente Quantentheorie der Bandenspektren aufzustellen, rührt von *K. Schwarzschild*[316]) her, der vor allem die Bedeutung der Molekülrotation für diese Spektren klar erkannte. Seine Vorstellungen lassen sich etwa so präzisieren: ein System von Elektronen kreist in einem bestimmten Quantenzustand um ein selbst quantenmäßig rotierendes Molekül, wobei der Einfachheit halber angenommen wird, daß die Bewegung der Elektronen durch die Molekülrotation nicht beeinflußt werde. Ist E_0 die Quantenenergie der Elektronen, E_r die gequantelte Rotationsenergie des Moleküls, dann ist $E_0 + E_r = E$ die Gesamtenergie des Systems. Sind die 3 Hauptträgheitsmomente des Moleküls einander gleich (J), so folgt ebenso wie in (80)

$$E_r = \frac{n^2 h^2}{8 \pi^2 J},$$

wo n die Rotationsquantenzahl bedeutet. Also ist

$$E = E_0 + \frac{n^2 h^2}{8 \pi^2 J}. \tag{113}$$

Geht nun das System aus einem Quantenzustand mit der Elektronenenergie E_0 und der Rotationsquantenzahl n in einen anderen Quantenzustand mit der Elektronenenergie E_0' und der Rotationsquantenzahl n' über, so folgt nach dem *Bohr*schen Frequenzansatz (92) für die Schwingungszahl der dabei ausgestrahlten Linie:

$$\nu = \frac{E_0 - E_0'}{h} + \frac{(n^2 - n'^2) h}{8 \pi^2 J}. \tag{114}$$

Hält man alle hier vorkommenden Quantenzahlen, bis auf n, fest, und läßt n variieren, so ergibt sich eine nach Violett verlaufende Serie von Linien mit den Schwingungszahlen:

$$\nu = a + b n^2 \quad (a \text{ und } b \text{ sind Konstanten.}) \tag{115}$$

Dies ist eine schon von *Deslandres*[317]) empirisch aufgestellte Formel, die für die Linien vieler Banden angenähert gilt.

Im Anschluß an *Schwarzschild* haben besonders *T. Heurlinger*[318]) und *W. Lenz*[319]) die Quantentheorie der Bandenspektra weiter ausgebaut und verfeinert. So hat z. B. *Lenz* das Molekül als symmetrischen Kreisel mit 2 Trägheitsmomenten und einem Eigendrall (Drehimpuls) um die Figurenachse angesetzt, und daher von vornherein mit einer regulären Präzession des Moleküls an Stelle der Rotation gerechnet. Unter Benutzung des *Bohr*schen Frequenzansatzes und Heranziehung der Auswahlprinzipien ergab sich dann für die Linien einer Bande die allgemeine Formel:

$$\nu = a + b\,n + c\,n^2 \quad (a\,,\ b\,,\ c\,, \text{ sind Konstante.}) \qquad (116)$$

der nach *Heurlinger* z. B. die Linien der sogenannten „Cyanbanden" des Stickstoffs gehorchen. Neben den Serien (116) forderte *Lenz*s Theorie das Auftreten von Serien mit der Formel

$$\nu = \left(a + \frac{b}{2}\right) + c\,n^2 \qquad (117)$$

für den Fall, daß das Molekül wirklich einen endlichen Drall um seine Figurenachse besitzt. Serien von diesem Gesetz jedoch existieren nach *Heurlinger* in den Cyanbanden nicht. Daraus zieht *Lenz* die schon oben erwähnte Folgerung, daß das Stickstoffmolekül keinen Drall um seine Figurenachse besitzt. Durch Berechnung des *Zeeman*-Effekts der Bandenlinien und Vergleich mit den Beobachtungen konnte *Lenz* diesen Schluß bestätigen und ihn auf das Wasserstoffmolekül ausdehnen.

Auch die ultraroten *Bjerrum*schen Absorptionsbanden der zwei- und mehratomigen Gasverbindungen, die wir im Abschnitt V eingehend besprochen hatten, gehören zu dem allgemeinen Typus der Bandenspektren. Will man ihre Theorie konsequent quantenmäßig — nicht, wie wir es früher getan hatten, halb quantenmäßig, halb klassisch — begründen, so muß man genau den eben beschrittenen Weg verfolgen. Nur mit dem Unterschied, daß an die Stelle der

Energie des Elektronensystems hier die Schwingungsenergie der Atome tritt[320]), mit der sich (in erster Näherung) die Rotationsenergie des Moleküls additiv zusammensetzt. Die folgerichtige Durchführung dieser Rechnungen (unter Verwendung des *Bohr*schen Frequenzansatzes und der Auswahlprinzipien), die z. B. *Heurlinger*[321]) und der Verfasser[322]) unternahmen, liefert für die Struktur der „kannelierten" Absorptionsbande ein Linienbild, das auf den ersten Blick mit den sehr exakten und schönen Messungen von *Imes*[323]) nicht im Einklang zu sein scheint: die Theorie ergibt nämlich eine Lage der Absorptionslinien gemäß der Formel:

$$\nu = \nu_0 \pm (n + \tfrac{1}{2}) \frac{h}{4\pi^2 J}, \qquad (n = 0, 1, 2, 3, \ldots) \qquad (118)$$

fordert also Äquidistanz aller benachbarten Linien, auch der beiden mittelsten ($n = 0$); dagegen zeigen die *Imes*schen Beobachtungen mit zweifelloser Deutlichkeit, daß der Abstand der beiden mittelsten Linien doppelt so groß ist, wie der Abstand aller übrigen benachbarten Linien. Dieser scheinbare Widerspruch klärt sich, wie *A. Kratzer*[324]) jüngst zeigte, in überraschender Weise auf, wenn man die Intensität der Absorptionslinien nach *Bohrs* Analogieprinzip berücksichtigt. Es zeigt sich nämlich dann, daß die erste Absorptionslinie rechts von der Mitte ν_0, nämlich die Linie:

$$\nu = \nu_0 + \frac{h}{8\pi^2 J},$$

[die sich aus der Formel (118) für $n = 0$ bei positivem Zeichen des zweiten Gliedes ergibt] verschwindend kleine Intensität annimmt. Diese Linie wird erzeugt, wenn das Molekül aus dem rotationslosen und schwingungslosen Zustand als Anfangszustand in denjenigen Endzustand übergeht, bei dem die beiden Ionen mit einem Quant gegeneinander schwingen und zugleich das Molekül, als Ganzes, mit einem Quant rotiert. Der rotationslose und schwingungslose Anfangszustand hat nun aber verschwindend geringe Wahrscheinlichkeit; die Zahl der von diesem Anfangszustand pro Sekunde ausgehenden Übergänge des Systems, und damit die Intensität der erzeugten Absorptionslinie, ist daher ebenfalls verschwindend klein. Durch das Ausfallen dieser ersten Linie rechts von der Mitte ν_0 wird nun in der Tat, wie man leicht erkennt, das *Imes*sche Beobachtungsbild hergestellt; nur ist jetzt die „Mitte" des Linienbildes von der Stelle ν_0 nach rechts um $\frac{h}{8\pi^2 J}$ verschoben: die Absorptionslinien gruppieren sich äquidistant und symmetrisch zu beiden Seiten der ausfallenden „Mitte": $\nu = \nu_0 + \frac{h}{8\pi^2 J}$. Diesen Sachverhalt kann man zum Ausdruck bringen, indem man, in formaler Übereinstimmung mit (83) schreibt:

$$\left.\begin{aligned} \nu &= \nu_0' \pm \frac{n h}{4\pi^2 J} \quad (n = 1, 2, 3\ldots) \\ \text{wo} \qquad \nu_0' &= \nu_0 + \frac{h}{8\pi^2 J} \end{aligned}\right\} \tag{119}$$

Aus dem konstanten Abstand benachbarter Linien:

$$\Delta\nu = \frac{h}{4\pi^2 J} \tag{120}$$

läßt sich das Trägheitsmoment J des rotierenden Moleküls mit großer Genauigkeit ermitteln.[325])

IX. Ausblick.

In den vorangehenden Betrachtungen ist es versucht worden, in großen Umrissen die wichtigsten Züge der Quantenlehre, ihres Ursprungs und ihrer Entwicklung und Verzweigung herauszuschälen. Überblickt man den jetzt vor uns stehenden Bau von seinen Grundmauern bis zu seinen höchsten Stockwerken, so kann man sich eines Gefühles der Bewunderung nicht erwehren, der Bewunderung für den Mut der Wenigen, die sich mit klarem Blick gegen den Widerstand der Überlieferung für die Notwendigkeit der neuen Lehre einsetzten und damit das Fundament für die erstaunlichen Erfolge schufen, die der Quantentheorie in so kurzer Zeit beschieden waren.

Dennoch wird jedem, der die Quantentheorie studiert, eine bittere Enttäuschung nicht erspart bleiben. Denn wir müssen uns eingestehen, daß wir trotz weitgehender Formulierung der Quantenregeln, dem Wesen der Sache noch um keinen Schritt näher gekommen sind. Daß es diskrete, quantenmäßig ausgezeichnete Zustände mechanischer und elektrischer Systeme gibt, die sich aus der stetigen Mannigfaltigkeit der „klassisch" möglichen Zustände herausheben, scheint sicher zu sein. Aber wo liegt die tiefere Ursache verborgen, die dieses Sprunghafte in der Natur erzeugt? Wird uns die Erkenntnis vom Wesen der Elektrizität und von der Konstitution des elektromagnetischen Feldes des Rätsels Lösung bringen? Und selbst, wenn wir uns das Ziel nicht so weit stecken, bleibt eine Fülle unbeantworteter Fragen offen: noch ist nicht einmal die Entscheidung erbracht, ob wirklich, wie es die erste *Planck*sche Theorie verlangt, nur die quantenmäßig erlaubten Zustände existieren (stabil sind), oder ob nicht, nach *Plancks* zweiter Fassung, auch die Zwischenzustände möglich sind. Noch sind wir völlig im Unklaren über die Einzelheiten des Absorptions- und Emissionsvorganges und verstehen durchaus nicht, wie die explosionsartig ausgeschütteten Energiequanten der Strahlung sich zu den Wellenzügen umformen, die wir fern vom Atom beobachten. Breitet sich die Strahlung wirklich so aus, wie es die klassische Undulationstheorie lehrt, oder hat auch sie quantenhaften Charakter?

Über allen diesen Problemen liegt zur Stunde noch geheimnisvolles Dunkel. Trotz des ungeheuren empirischen und theoretischen Materials, das vor uns liegt, fehlt bis jetzt der Gedankenblitz, der dieses Dunkel erhellt. Hoffen wir, daß der Tag nicht allzu fern ist, an dem die gewaltige Vorarbeit der heutigen Generation durch die Vollendung der Theorie gekrönt wird!

Anmerkungen und Zusätze.

[1]) *O. Lummer* und *E. Pringsheim*, Wiedem. Ann. *63*, 395 (1897); Verhandl. d. deutsch. physik. Ges. 1899, S. 23, 215; ebenda 1900, S. 163. Vgl. ferner *O. Lummer* und *E. Jahnke*, Drudes Ann. *3*, 283 (1900) und *O. Lummer*, *E. Jahnke* und *E. Pringsheim*, Drudes Ann. *4*, 225 (1901).

[2]) Vgl. *M. Planck*, Vorlesungen über die Theorie der Wärmestrahlung (Leipzig 1906), § 10.

[3]) $\text{Schwingungszahl}\ (\nu) = \dfrac{\text{Lichtgeschwindigk. im Vakuum}\ (c)}{\text{Wellenlänge im Vakuum}\ (\lambda)}$.

[4]) Vgl. z. B. *M. Planck*, Vorlesungen über Wärmestrahlung (1906), § 17.

[5]) *G. Kirchhoff*, Gesammelte Abhandlungen (J. A. Barth, Leipzig 1882), S. 573ff.; Berliner Akademieberichte 1859, S. 216; Poggend. Ann. *109*, 275 (1860).

[6]) *O. Lummer* und *W. Wien*, Wiedem. Ann. *56*, 451 (1895). Vgl. auch *O. Lummer* und *F. Kurlbaum*, Verhandl. d. deutsch. physikal. Ges. *17*, 106 (1898).

[7]) Vgl. Anmerkung 5.

[8]) *L. Boltzmann*, Wiedem. Ann. *22*, 291 (1884).

[9]) *J. Stefan*, Wiener Ber. *79*, 391 (1879).

[10]) Die Ableitung des *Stefan-Boltzmann*schen Gesetzes erfolgt so: Die Energie der schwarzen Strahlung von der Temperatur T, die in einem Hohlraum vom Volumen V mit einem beweglichen Stempel eingeschlossen ist, sei $U = Vu$, wo u die „räumliche" Strahlungsdichte ist. Der allseitig gleiche Druck, den die Strahlung auf den Stempel und die Wände ausübt, ist nach der Elektrodynamik $p = \frac{1}{3} u$. Führen wir diesem System bei der Temperatur T (d. h. isotherm) die Wärmemenge $d'Q$ zu, so nimmt seine Energie um dU zu, und die Strahlung leistet, durch Zurückschieben des Stempels, die Ar-

beit $p\,dV$. Also ist nach dem ersten Hauptsatz der Thermodynamik:

$$d'Q = dU + p\,dV = u\,dV + V\,du + \frac{u}{3}\,dV = \tfrac{4}{3}\,u\,dV + V\,du\,.$$

Nach dem zweiten Hauptsatz der Thermodynamik aber ist $\frac{d'Q}{T}$ ein vollständiges Differential. Daher gilt die Beziehung:

$$\frac{\partial}{\partial u}\left(\frac{\frac{4}{3}u}{T}\right) = \frac{\partial}{\partial V}\left(\frac{V}{T}\right) \quad \text{oder} \quad \frac{4}{3}\,\frac{d}{dT}\left(\frac{u}{T}\right)\frac{dT}{du} = \frac{1}{T}$$

oder

$$\frac{4}{3}\left\{\frac{1}{T}\,\frac{du}{dT} - \frac{u}{T^2}\right\}\frac{dT}{du} = \frac{1}{T}$$

oder

$$\frac{du}{dT} = 4\,\frac{u}{T}\,; \quad \text{integriert:} \quad u = a\,T^4$$

wo a eine Konstante ist. Nun unterscheidet sich — wie man leicht zeigt — die Gesamtstrahlung $K = 2\int_0^\infty \mathfrak{K}_\nu\,d\nu$ von der Strahlungsdichte u nur durch einen konstanten Faktor [vgl. *M. Planck*, Vorlesungen über Wärmestrahlung (1906), § 22]; daher ist die Gesamtstrahlung der vierten Potenz der absoluten Temperatur proportional.

[11]) *W. Wien*, Sitzungsber. d. Akad. d. Wissensch. Berlin, 9. Febr. 1893, S. 55; Wiedem. Ann. *52*, 132 (1894). Vgl. ferner *Max Abraham*, Theorie der Elektrizität II, § 43 (1914); *M. Planck*, Vorlesungen über die Theorie der Wärmestrahlung (Leipzig 1906), S. 68ff.; *W. Westphal*, Verhandl. d. deutsch. physikal. Ges. 1914, S. 93; *H. A. Lorentz*, Akad. d. Wissensch. Amsterdam, 18. Mai 1901, S. 607.

[12]) Man kann die Formel (4) des Textes (*Wien*sches Verschiebungsgesetz), wie kürzlich *L. Hopf* in „den Naturwissenschaften" [*8*, 109, 110 (1920)] zeigte, mittels einer einfachen Dimensionalbetrachtung auf folgendem Wege gewinnen: Wir nehmen an, daß $\mathfrak{K}_\nu$ nur von ν, T und der Lichtgeschwindigkeit c abhängt. Die Dimension von $\mathfrak{K}_\nu$ ergibt sich daraus, daß nach (1)

$$2\pi\,\mathfrak{K}_\nu\,d\nu = \frac{\text{Energie}}{\text{Fläche}\cdot\text{Zeit}} \quad \text{ist.}$$

Daraus folgt:

$$[\mathfrak{K}_\nu] = [m\, t^{-2}]\,.$$

Setzt man:

$$\mathfrak{K}_\nu = \mathrm{const} \cdot \nu^x \cdot T^y \cdot c^z\,,$$

so ergibt sich unter Beachtung, daß T die Dimension einer Energie besitzt:

$$\begin{aligned}[m\, t^{-2}] &= \mathrm{const}\,[t^{-x} \cdot m^y \cdot l^{2y} \cdot t^{-2y} \cdot l^z \cdot t^{-z}] \\ &= \mathrm{const}\,[m^y \cdot l^{2y+z} \cdot t^{-x-2y-z}]\,.\end{aligned}$$

Durch Vergleich folgt:

$$x = 2\,; \quad y = 1\,; \quad z = -2\,.$$

Also

$$\mathfrak{K}_\nu = \mathrm{const} \cdot \frac{\nu^2}{c^2} \cdot T\,.$$

Diese Beziehung gilt jedoch, wie wir sehen werden, nicht allgemein. In der Tat würde sie ja für $K = 2\int\limits_0^\infty \mathfrak{K}_\nu\, d\nu$ keinen endlichen Wert liefern. Nun ist aber nach dem *Stefan-Boltzmann*schen Gesetz (3): $K = \gamma \cdot T^4$. Daher kann die Konstante von $\mathfrak{K}_\nu$ noch von einer dimensionslosen Kombination der 4 Variabeln γ, ν, T, c abhängen. Setzt man also $\mathrm{const} = f(\nu^\xi\, T^\eta\, c^\zeta\, \gamma^\omega)$, so muß das Argument der Funktion f die Dimension 0 haben. Beachtet man noch, daß:

$$[\gamma] = \left[\frac{K}{T^4}\right] = \left[\frac{2\int\limits_0^\infty \mathfrak{K}_\nu\, d\nu}{T^4}\right] = \left[\frac{\dfrac{\text{Energie}}{\text{Fläche} \cdot \text{Zeit}}}{\text{Energie}^4}\right] = [m^{-3}\, l^{-8}\, t^5]\,,$$

so folgt:

$$\begin{aligned}[\nu^\xi\, T^\eta\, c^\zeta\, \gamma^\omega] &= [t^{-\xi} \cdot m^\eta \cdot l^{2\eta} \cdot t^{-2\eta} \cdot l^\zeta \cdot t^{-\zeta} \cdot m^{-3\omega} \cdot l^{-8\omega} \cdot t^{5\omega}] \\ &= [t^{-\xi-2\eta-\zeta+5\omega} \cdot l^{2\eta+\zeta-8\omega} \cdot m^{\eta-3\omega}]\,.\end{aligned}$$

Also

$$\xi = -3\,\omega\,; \quad \eta = 3\,\omega\,; \quad \zeta = 2\,\omega\,.$$

Daher

$$\mathrm{const} = f\left[\left(\frac{T}{\nu}\right)^{3\omega} \cdot c^{2\omega} \cdot \gamma^\omega\right] = \varphi\left(\frac{\nu}{T}\right).$$

Also

$$\mathfrak{K}_\nu = \frac{\nu^2}{c^2} T \cdot \varphi\left(\frac{\nu}{T}\right) = \frac{\nu^2}{c^2} T \cdot \frac{\nu}{T} \cdot F\left(\frac{\nu}{T}\right),$$

oder schließlich

$$\mathfrak{K}_\nu = \frac{\nu^3}{c^2} F\left(\frac{\nu}{T}\right).$$

[13]) Trägt man $\Re_\nu = \frac{\nu^3}{c^2} F\left(\frac{\nu}{T}\right)$ bei konstantem T als Funktion von ν auf, so liegt das Maximum dieser Kurve — wenn ein solches vorhanden ist — an der Stelle, wo $\frac{\partial \Re_\nu}{\partial \nu} = 0$ ist. Das gibt:

$$3 F\left(\frac{\nu}{T}\right) + \frac{\nu}{T} \cdot F^1\left(\frac{\nu}{T}\right) = 0 ,$$

wo F^1 die Ableitung von F nach dem Argument andeutet. Diese Gleichung, in der nur $\frac{\nu}{T}$ als Unbekannte auftritt, liefert einen bestimmten Wert für $\frac{\nu}{T}$. M. a. W.: Für $\nu = \nu_{\max}$ folgt $\frac{\nu_{\max}}{T} = \text{const.}$

[14]) *W. Wien*, Wiedem. Ann. *58*, 662 (1896).

[15]) *O. Lummer* und *E. Pringsheim*, Wiedem. Ann. *63*, 395 (1897); Drudes Ann. *3*, 159 (1900); Verhandl. d. deutsch. physikal. Ges. *1*, 23 u. 215 (1899).

Die pro Sekunde von 1 cm² nach einer Seite emittierte Gesamtstrahlung ist nach Formel (1):

$$S = 2\pi \int_0^\infty \Re_\nu \, d\nu .$$

Nach dem *Stefan*schen Gesetz ist S proportional T^4, also $S = \sigma T^4$. (Die Proportionalitätskonstante σ hängt mit der in (3) auftretenden Konstanten γ durch die Beziehung $\sigma = \pi\gamma$ zusammen.) Die absolute Messung von S ergab die folgenden Werte für σ in historischer Reihenfolge:

$\sigma = 5{,}45 \cdot 10^{-12} \left[\frac{\text{Watt}}{\text{cm}^2\,\text{Grad}^4}\right]$ nach *F. Kurlbaum* [Wiedem. Ann. *65*, 746 (1898); Verhandl. d. deutsch. physikal. Ges. *14*, 576, 792 (1912)].

$= 5{,}58 \cdot 10^{-12}$,, nach *S. Valentiner* [Ann. d. Phys. *31*, 255 (1910); *39*, 489 (1912)].

$= 5{,}90 \cdot 10^{-12}$,, nach *W. Gerlach* [Ann. d. Phys. *38*, 1 (1912)].

$= 5{,}30 \cdot 10^{-12}$,, nach *E. Bauer* und *M. Moulin* [Soc. Franc. de Phys. Nr. *301*, 2—3 (1909)].

$\sigma = 6{,}30 \cdot 10^{-12} \left[\frac{\text{Watt}}{\text{cm}^2\,\text{Grad}^4}\right]$ nach *Ch. Féry* [Bull. Soc. Franc. Phys. *4* (1909)].

$= 6{,}51 \cdot 10^{-12}$ „ nach *Ch. Féry* und *M. Drecq* [Journ. de Phys. (5) *1*, 551 (1911)].

$= 5{,}67 \cdot 10^{-12}$ „ nach *G. A. Shakespear* (Proc. Roy. Soc. (A) *86*, 180 (1911)].

$= 5{,}54 \cdot 10^{-12}$ „ nach *W. H. Westphal* [Verhandl. d. deutsch. physikal. Ges. *14*, 987 (1912)].

$= 6{,}05 \cdot 10^{-12}$ „ nach *L. Puccianti* [Cim. (6) *4*, 31 (1912)].

$= 5{,}89 \cdot 10^{-12}$ „ nach *Keene* [Proc. Roy. Soc. (A) *88*, 49 (1913)].

$= 5{,}57 \cdot 10^{-12}$ „ nach *W. H. Westphal* (Verhandl. d. deutsch. physikal. Ges. *15*, 897 (1913)].

$= 5{,}85 \cdot 10^{-12}$ „ nach *W. Gerlach* [Phys. Zeitschr. *17*, 150 (1916)].

Was das *Wien*sche Verschiebungsgesetz anlangt, so wurde vor allem die Beziehung (5a) geprüft und bestätigt gefunden. Aus der Fig. 1, in der E_λ für verschiedene T als Funktion von λ aufgetragen ist, ersieht man deutlich, wie sich mit wachsender Temperatur das Maximum der Kurve nach kleineren Wellen hin verschiebt.

Für die Konstante auf der rechten Seite der Beziehung (5a) ergaben die Messungen:

const = 0,294 [cm· Grad] nach *O. Lummer* und *E. Pringsheim* [Verhandl. d. deutsch. physikal. Ges. *1*, 23 u. 215 (1899)].

= 0,292 „ nach *F. Paschen* [Drudes Ann. *6*, 657 (1901)].

= 0,2911 „ nach *Coblentz* [Bull. Bur. of Stand. *10*, 1 (1914)].

16) *O. Lummer* und *E. Pringsheim*, Verhandl. d. deutsch. physikal. Ges. *1*, 215 (1899).

17) *F. Paschen*, Berliner Ber. 1899, S. 405, 959.

[18]) *M. Planck*, Absorption und Emission elektr. Wellen durch Resonanz. Sitzungsber. d. Berl. Akad. d. Wiss., 21. März 1895, S. 289—301; Wiedem. Ann. *57*, 1—14 (1896). — Über elektr. Schwingungen, welche durch Resonanz erregt und durch Strahlung gedämpft werden. Sitzungsber. d. Berl. Akad. d. Wiss., 20. Febr. 1896, S. 151—170; Wiedem. Ann. *60*, 577—599 (1897). — Über irreversible Strahlungsvorgänge. (1. Mitteilung.) Sitzungsber. d. Berl. Akad. d. Wiss., 4. Febr. 1897, S. 57—68. (2. Mitteilung.) Daselbst, 8. Juli 1897, S. 715—717. (3. Mitteilung.) Daselbst, 16. Dez. 1897, S. 1122—1145. (4. Mitteilung.) Daselbst, 7. Juli 1898, S. 449—476. (5. Mitteilung.) Daselbst, 18. Mai 1899, S. 440—480. (Nachtrag.) Daselbst, 9. Mai 1901, S. 544—555; Drudes Ann. *1*, 69—122 (1900). (Nachtrag.) Drudes Ann. *6*, 818—831 (1901). — Entropie und Temperatur strahlender Wärme. Drudes Ann. *1*, 719—737 (1900).

[19]) An die Stelle des zeitlichen Mittelwertes der Energie eines Oszillators kann man auch den räumlichen Mittelwert der momentanen Energie eines ganzen Systems von sehr vielen Oszillatoren setzen.

[20]) In diesem zweiten, schwierigeren Teil der Rechnung stellt sich *Planck* auf den Boden des zweiten Hauptsatzes der Thermodynamik und sucht, von diesem Standpunkt aus, eine Zustandsgröße S des Oszillators zu bestimmen, die die bekannte Eigenschaft der sog. Entropie besitzt, bei allen irreversiblen Prozessen stets zuzunehmen. Er gelangte dabei zu der Lösung:

$$S = -\frac{\bar{U}}{\beta \nu}\left\{\lg\left(\frac{\bar{U}}{\alpha \nu}\right) - 1\right\}.$$

Diese Funktion besaß, wie *Planck* nachwies, die verlangte Eigenschaft der Entropie, aber es war nicht die einzige Funktion mit dieser Eigenschaft. Und in der Tat zeigte sich später, daß bei der Ableitung des obigen Ausdruckes eine zwar naheliegende, aber unberechtigte Annahme verwendet worden war. Der im Text, Formel (8), angegebene Ausdruck der mittleren Energie $\bar{U}$ ergibt sich aus S durch Anwendung des zweiten Hauptsatzes in der Form:

$$dS = \frac{d\bar{U}}{T} \quad \text{oder} \quad \frac{dS}{d\bar{U}} = \frac{1}{T}.$$

[21]) *O. Lummer* und *E. Pringsheim*, Verhandl. d. deutsch. physikal. Ges. 1900, S. 163.

[22]) *M. Planck*, Verhandl. d. deutsch. physikal. Ges. 1900, S. 237. Historisch sei hierzu bemerkt, daß *Planck* schon in einer etwas früheren Arbeit (Verhandl. d. deutsch. physikal. Ges. 1900, S. 202) durch rein formelle, nicht näher begründete Abänderung der *Wien*schen Formel zum richtigen Strahlungsgesetz gelangt war. Vgl. ferner Ann. d. Phys. **4**, 553 (1901); **4**, 564 (1901); **6**, 818 (1901); **9**, 629 (1902).

[23]) Es seien N Oszillatoren vorhanden. Die gesamte, auf sie zu verteilende Energie sei $U_N = N\overline{U}$. Der „Zustand" des Oszillatorensystems, dessen Wahrscheinlichkeit berechnet werden soll, besteht also darin, daß N Oszillatoren die Energie U_N besitzen. Wir teilen U_N in P Energieelemente ε, so daß

$$U_N = N \cdot \overline{U} = P \cdot \varepsilon\,.$$

Die Anzahl der Möglichkeiten, um P Kugeln auf N Behälter zu verteilen, ist aber:

$$W = \frac{(N + P - 1)!}{(N - 1)!\, P!}\,.$$

Dies ist also die Wahrscheinlichkeit desjenigen Zustandes, der der Verteilung von P Energieelementen auf die N Oszillatoren entspricht. Eine sehr einfache Ableitung dieser Formel geben *P. Ehrenfest* und *H. Kamerlingh-Onnes*, Ann. d. Phys. **46**, 1021 (1915).

Der im Text genannte, von *Boltzmann* herrührende Satz sagt nun aus, daß die Entropie S_N des Oszillatorensystems mit der Wahrscheinlichkeit W durch die fundamentale Beziehung

$$S_N = k \lg W$$

zusammenhängt; dabei ist k eine Konstante. In diesem *Boltzmann*schen Prinzip ist der Satz von Wachstum der Entropie (II. Hauptsatz) enthalten: geht ein System aus einem unwahrscheinlichen Zustand in einen wahrscheinlicheren Zustand über, so nimmt bei diesem Übergang W und daher die Entropie S zu (irreversibler Prozeß). Setzt man hier den Wert von W ein, und benutzt, da N und P sehr große Zahlen sind, die *Stirling*sche Näherungsformel:

$$\lg(N!) = N(\lg N - 1),$$

so ergibt sich, wenn man für P noch $N\frac{\overline{U}}{\varepsilon}$ setzt, nach leichter Rechnung:

$$S_N = kN\left\{\left(1+\frac{\overline{U}}{\varepsilon}\right)\lg\left(1+\frac{\overline{U}}{\varepsilon}\right) - \frac{\overline{U}}{\varepsilon}\lg\left(\frac{\overline{U}}{\varepsilon}\right)\right\}$$

und daraus die Entropie S eines Oszillators:

$$S = \frac{S_N}{N} = k\left\{\left(1+\frac{\overline{U}}{\varepsilon}\right)\lg\left(1+\frac{\overline{U}}{\varepsilon}\right) - \frac{\overline{U}}{\varepsilon}\lg\left(\frac{\overline{U}}{\varepsilon}\right)\right\}.$$

Nach dem zweiten Hauptsatz der Thermodynamik ist aber (vgl. Anmerkung 20):

$$\frac{dS}{d\overline{U}} = \frac{1}{T}.$$

Führt man die auf der linken Seite vorgeschriebene Differentiation aus, und löst die entstehende Beziehung zwischen $\overline{U}$, T, ε nach $\overline{U}$ auf, so ergibt sich der Ausdruck (9) des Textes.

[24]) Vgl. die in der vorigen Anmerkung zitierte Arbeit von *Ehrenfest* und *Kamerlingh-Onnes*.

[25]) Dieser Satz ist wesentlich identisch mit *Boltzmann*s H-Theorem. Vgl. *L. Boltzmann*, Vorlesungen über Gastheorie Bd. I, S. 38 (1896); Sitzungsber. d. Wiener Akad. d. Wiss. (II) **76**, 373 (1877). Vgl. ferner *P. Ehrenfest*, Phys. Zeitschr. **15**, 657 (1914).

[26]) *H. Rubens* und *F. Kurlbaum*, Sitzungsber. d. Berl. Akad. d. Wiss. 1900, S. 929; Ann. d. Phys. **4**, 649 (1901).

[27]) *F. Paschen*, Ann. d. Phys. **4**, 277 (1901).

[28]) *L. Holborn* und *S. Valentiner*, Ann. d. Phys. **22**, 1 (1907); *Coblentz*, Physical Revue **31**, 317 (1910); *E. Baisch*, Ann. d. Phys. **35**, 543 (1911); *E. Warburg*, *G. Leithäuser*, *E. Hupka* und *C. Müller*, Ann. d. Phys. **40**, 609 (1913); *E. Warburg* und *C. Müller*, Ann. d. Phys. **48**, 410 (1915).

[29]) *W. Nernst* und *Th. Wulf*, Ber. d. deutsch. phys. Ges. **21**, 294 (1919).

[30]) *Lord Rayleigh*, Phil. Mag. **49**, 539 (1900).

[31]) Die in Anmerkung 15 eingeführte „*Stefan-Boltzmann*sche Konstante der Gesamtstrahlung" σ hat demnach den Wert

$$\sigma = \frac{2\,\pi^5\,k^4}{15\,c^2\,h^3}\,.$$

[32]) Um die Konstanten h und k der Strahlungsformel zu bestimmen, kann man, anstatt die Gleichung $\lambda_{\max} \cdot T = \text{const.}$ zu benutzen, auch andere Beziehungen mit der Gesamtstrahlungsmessung kombinieren. Z. B. kann man so verfahren: Man mißt bei fester Temperatur T das Verhältnis der Strahlungsintensitäten für zwei verschiedene Wellenlängen λ_1 und λ_2 (Isothermenmethode). Nun ist nach (15) dieses Verhältnis:

$$\frac{E_{\lambda_1}}{E_{\lambda_2}} = \left(\frac{\lambda_2}{\lambda_1}\right)^5 \cdot \frac{e^{\frac{C}{\lambda_2 T}} - 1}{e^{\frac{C}{\lambda_1 T}} - 1} \qquad \text{wo} \qquad C = \frac{h\,c}{k}\,.$$

Aus dieser Beziehung läßt sich, da alles bis auf C bekannt ist, C d. h. $\frac{h}{k}$ berechnen.

Eine andere Methode ist die folgende: Man mißt bei einer bestimmten Wellenlänge λ das Verhältnis der Strahlungsintensitäten für zwei verschiedene Temperaturen T_1 und T_2 (Isochromatenmethode). Dann folgt:

$$\frac{E_\lambda^{(T_1)}}{E_\lambda^{(T_2)}} = \frac{e^{\frac{C}{\lambda T_2}} - 1}{e^{\frac{C}{\lambda T_1}} - 1}$$

eine Beziehung, aus der man wieder C, d. h. $\frac{h}{k}$, berechnen kann.

Mit Hilfe dieser Methoden haben z. B. die in Anmerkung 28 zitierten Arbeiten von *Warburg* und Mitarbeitern für $C = \frac{c\,h}{k}$ Werte geliefert, die in großer Nähe von $C = 1{,}430$ liegen. Diesen Wert haben auch *Nernst* und *Wulff* (siehe Anmerkung 29) ihrer kritischen Untersuchung zugrunde gelegt.

Für die Konstante des *Wien*schen Verschiebungsgesetzes in der Form $\lambda_{\max} \cdot T = b$ würde daraus nach (16) folgen:

$$b = \frac{C}{4{,}9651} = 0{,}288\,,$$

also kleiner, als die direkten Messungen (siehe Anmerkung 15) ergeben. Ob der *Warburg*sche Wert $C = 1{,}430$ oder die gemessenen Werte von b ($> 0{,}29$) oder alle beide durch Versuchsfehler wesentlich verfälscht sind, oder ob schließlich — wie *Nernst* und *Wulf* behaupten — die *Planck*sche Formel nicht richtig ist, muß die Zukunft lehren.

[33]) *M. Planck*, Ann. d. Phys. *4*, 553 (1901).

[34]) Wendet man die in Anmerkung 23 angeführte *Boltzmann*sche Beziehung $S = k \lg W$, die die Entropie S mit der Zustandswahrscheinlichkeit W verknüpft, auf 1 Grammolekül eines idealen Gases an, indem man die Wahrscheinlichkeit eines bestimmten Zustandes, d. h. einer bestimmten Geschwindigkeitsverteilung der Moleküle berechnet, so gelangt man zu folgendem Wert für die Entropie des Gases:

$$S = k\,N(\tfrac{3}{2} \lg U + \lg V) + \text{const.}$$

[Vgl. z. B. *M. Planck*, Vorlesungen über die Theorie der Wärmestrahlung (1906), § 143.] Dabei ist N die Zahl der Moleküle im Grammolekül (also die *Avogadro*sche Zahl), U die Energie, V das Volumen des Gases. Nun ist aber nach dem 2. Hauptsatz:

$$dS = \frac{dU + p\,dV}{T}$$

ein vollständiges Differential, wobei p und T Druck und Temperatur des Gases bedeuten. Daher muß:

$$\left(\frac{\partial S}{\partial V}\right)_U = \frac{p}{T}$$

sein. Das gibt:

$$\frac{k\,N}{V} = \frac{p}{T} \qquad \text{oder} \qquad p = \frac{k\,N\,T}{V}\,.$$

Vergleicht man dies mit der aus der Thermodynamik bekannten Zustandsgleichung des idealen Gases $p = \frac{R\,T}{V}$, so folgt für die absolute Gaskonstante R der Wert:

$$R = k\,N\,,$$

woraus sich Formel (19) des Textes ergibt.

[35]) *M. Planck*, Ann. d. Phys. *4*, 564—566 (1901).

[36]) Vgl. z. B. die Tabelle für die Werte der *Avogadro*schen Zahl in dem Bericht von *J. Perrin* auf dem Solvay-Kongreß

in Brüssel (1911) [*A. Eucken*, Die Theorie der Strahlung und der Quanten. Abhandlungen der deutschen Bunsen-Gesellschaft Nr. 7, Wilhelm Knapp, Halle 1914].

37) *R. A. Millikan*, Phil. Mag. (6) **34**, 13 (1917).

38) Ebenda. Aus den von *Millikan* angegebenen Werten $e = 4{,}774 \cdot 10^{-10}$ (elektrostat. Einheit) für die Elektronenladung und $F = 9649{,}4 \cdot 2{,}999 \cdot 10^{10}$ elektrostat. Einheit für die Coulombsche Zahl folgt für die Avogadrosche Zahl der Wert $N = 6{,}0617 \cdot 10^{23}$.

39) Vgl. z. B. *W. Gibbs*, Elementare Grundlagen der statistischen Mechanik. (Deutsch von *E. Zermelo.*) Leipzig 1905, Kap. 5. Ferner *F. H. Weber* und *R. Gans*, Repertorium der Physik, I. Bd., 2. Teil, 8. Buch (Statistische Mechanik von *P. Hertz*), Artikel 255.

40) „Im Mittel" kann man hier im zeitlichen oder räumlichen Sinne verstehen. Betrachtet man ein bestimmtes Atom, verfolgt es lange Zeit auf seinem Zickzackwege und bildet den Durchschnitt der Werte, die seine kinetische Energie im Laufe der Zeit annimmt, so erhält man das „Zeitmittel". Betrachtet man dagegen eine zahlreiche Gesamtheit identischer Atome des Gases in einem bestimmten Moment und bildet wieder den Durchschnitt der Werte, die die kinetischen Energien aller dieser Atome gerade besitzen, so erhält man das „räumliche" Mittel.

41) Ist x die Elongation des mit der Eigenschwingungszahl ν schwingenden Oszillators (Elektrons), so ist $x = A \sin(2\pi\nu t)$, wo A die Amplitude, t die Zeit bedeuten. Die mittlere kinetische Energie ist daher:

$$\overline{L} = \tfrac{1}{2} m \overline{\left(\frac{dx}{dt}\right)^2} = \tfrac{1}{2} m (A \cdot 2\pi\nu)^2 \cdot \overline{\cos^2(2\pi\nu t)} = \tfrac{1}{4} m (2\pi\nu A)^2 ;$$

die mittlere potentielle Energie dagegen:

$$\overline{V} = \tfrac{1}{2} m (2\pi\nu)^2 \cdot \overline{x^2} = \tfrac{1}{2} m (2\pi\nu A)^2 \, \overline{\sin^2(2\pi\nu t)} = \tfrac{1}{4} m (2\pi\nu A)^2 .$$

Also, wie behauptet, $\overline{L} = \overline{V}$.

42) *J. H. Jeans.* Phil. Mag. *10*, 91 (1905).

43) *H. A. Lorentz*, Proc. Kon. Akad. v. Wet., Amsterdam 1903, S. 666. — The theory of electrons (Teubner, Leipzig 1909), Kap. II.

[44]) *A. Einstein* und *L. Hopf*, Ann. d. Phys. **33**, 1105 (1910).

[45]) *A. D. Fokker*, Ann. d. Phys. **43**, 810 (1914).

[46]) *M. Planck*, Ber. d. Berl. Akad. d. Wiss., 8. Juli 1915, S. 512.

[47]) *H. A. Lorentz*. Die Theorie d. Strahlung u. d. Quanten; Abhandlungen der Deutschen Bunsen-Gesellschaft. Nr. 7. v. *A. Eucken*. Halle, W. Knapp 1914 S. 10 ff.

[48]) Man kann durch zweckmäßige Abänderung der klassischen Statistik im Sinne der Quantentheorie den Ausdruck (9) für die mittlere Energie des Oszillators auf folgendem bemerkenswerten Wege gewinnen: Gegeben sei eine Gesamtheit von N gleichartigen Oszillatoren mit den verschiedensten Energiewerten. Gefragt wird: Wie groß ist die Wahrscheinlichkeit w, daß ein Oszillator einen bestimmten Energiewert U besitzt; oder anders ausgedrückt: wie viele unter den N Oszillatoren besitzen die Energie U? Um diese Frage zu beantworten, stellen wir uns zuerst am besten auf den Standpunkt der *Gibbs*schen statistischen Mechanik, d. h. also der „klassischen" Statistik. An Stelle des Spezialfalls, der hier vorliegt, nämlich des linearen Oszillators, betrachten wir gleich allgemein ein System von f Freiheitsgraden und charakterisieren es durch f allgemeine Koordinaten $q_1 q_2 \ldots q_f$ und die dazugehörigen Impulse $p_1 p_2 \ldots p_f$. (Dabei sind die Impulse p_i so definiert: Man bilde die kinetische Energie L des Systems als Funktion der allgemeinen Geschwindigkeiten $\dot{q}_i = \frac{dq_i}{dt}$ dann ist $p_i = \frac{\partial L}{\partial \dot{q}_i}$). Speziell wird der lineare Oszillator (schwingendes Elektron) durch eine Koordinate q, nämlich die Elongation des Elektrons, und den Impuls $p = m\frac{dq}{dt}$ beschrieben. Allgemein sind also $2f$ Größen nötig, um den Momentanzustand eines Systems vollständig festzulegen. Daher kann man diesen Momentanzustand durch einen Punkt („Phasenpunkt") des $2f$-dimensionalen Raumes der $q_1 \ldots p_f$ (des „Phasenraumes") darstellen.

Wir betrachten jetzt eine Gesamtheit von N gleichartigen Systemen dieser Art, die mit einem sehr großen Reservoir von der Temperatur T im thermodynamischen Gleichgewicht steht. Dann ist die Wahrscheinlichkeit dafür, daß die Koordinaten und Impulse in den kleinen Intervallen $q_1 \ldots q_1 + dq_1$ usw. $p_1 \ldots p_1 + dp_1$ usw. liegen, daß also der „Phasenpunkt" des Systems in dem Element $d\Omega = dq_1\, dq_2 \ldots dq_f,\, dp_1\, dp_2 \ldots dp_f$ des Phasenraumes liegt, nach *Gibbs*:

$$w = \frac{e^{-\frac{E}{kT}}\, d\Omega}{\int e^{-\frac{E}{kT}}\, d\Omega}\,.$$

Dabei ist E die Energie des Systems, k die durch (19) definierte Konstante. Die Integration im Nenner ist über alle möglichen Werte der $2f$ Größen $q_1 \ldots p_f$ zu erstrecken, wie man sagt, über alle möglichen „Phasen" oder über das ganze in Frage kommende Gebiet des Phasenraumes.

Unter allen N Systemen gibt es dann Nw, deren Phasenpunkte in dem Element $d\Omega$ des Phasenraumes liegen. Es ist dies also eine „Verteilung" der N Systeme über den Phasenraum. Diese Verteilung nennt man die „kanonische"; sie stellt eine Verallgemeinerung des bekannten Maxwellschen Geschwindigkeitsverteilungsgesetzes dar, das man durch Spezialisierung auf den Fall $f = 3$ (Gasatom) aus ihr ableiten kann.

Die Summe aller Wahrscheinlichkeiten ist natürlich $= 1$. In der Tat folgt:

$$\Sigma w = \frac{\int e^{-\frac{E}{kT}}\, d\Omega}{\int e^{-\frac{E}{kT}}\, d\Omega} = 1\,.$$

Für den Mittelwert der Energie E ergibt sich bekanntlich:

$$\bar{E} = \Sigma E w = \frac{\int E\, e^{-\frac{E}{kT}}\, d\Omega}{\int e^{-\frac{E}{kT}}\, d\Omega}\,.$$

Wendet man diese Gleichung auf den linearen Oszillator an, so wird:

$$\bar{U} = \frac{\iint U e^{-\frac{U}{kT}}\, dq\, dp}{\iint e^{-\frac{U}{kT}}\, dq\, dp}\,.$$

Nun ist:

$$U = \frac{m}{2}\left(\frac{dq}{dt}\right)^2 + \frac{m}{2}\cdot(2\pi\nu)^2 q^2$$

oder

$$U = \frac{p^2}{2m} + 2\pi^2\nu^2 m q^2 .$$

Führt man die Hilfsvariabeln ξ und η ein durch die Definition

$$\begin{cases} \xi = \pi\nu q\sqrt{2m} \\ \eta = \dfrac{p}{\sqrt{2m}}, \end{cases} \quad \text{also} \quad dq\,dp = \frac{1}{\pi\nu}\,d\xi\,d\eta ,$$

so wird:

$$U = \xi^2 + \eta^2 ,$$

und es liegt daher nahe zu setzen:

$$\begin{cases} \xi = \sqrt{U}\cos\varphi \\ \eta = \sqrt{U}\sin\varphi ; \end{cases}$$

wo φ ein Hilfswinkel ist. Deutet man ξ und η als *Cartesi*sche Koordinaten eines Punktes in der Ebene, so sind $\sqrt{U}$ und φ die Polarkoordinaten dieses Punktes. Das Flächenelement $d\xi\,d\eta$ schreibt sich in Polarkoordinaten bekanntlich so:

$$d\xi\,d\eta = \sqrt{U}\,(d\sqrt{U})\,d\varphi = \tfrac{1}{2}\,dU\,d\varphi ,$$

also

$$dq\,dp = \frac{1}{\pi\nu}\,d\xi\,d\eta = \frac{1}{2\pi\nu}\,dU\,d\varphi .$$

Daher wird:

$$\bar{U} = \frac{\int\limits_{U=0}^{\infty}\int\limits_{\varphi=0}^{2\pi} U e^{-\frac{U}{kT}}\,dU\,d\varphi}{\int\limits_{U=0}^{\infty}\int\limits_{\varphi=0}^{2\pi} e^{-\frac{U}{kT}}\,dU\,d\varphi} = \frac{\int\limits_{0}^{\infty} U e^{-\frac{U}{kT}}\,dU}{\int\limits_{0}^{\infty} e^{-\frac{U}{kT}}\,dU} = kT$$

in Übereinstimmung mit (24). Dies ist der Standpunkt der klassischen Statistik.

Die Quantenstatistik des Oszillators läßt sich nun sofort daraus ableiten, wenn man das kanonische Verteilungsgesetz:

$$w = \frac{e^{-\frac{U}{kT}} dq\, dp}{\int e^{-\frac{U}{kT}} dq\, dp}$$

sinngemäß erweitert.

Führt man zuerst hier wieder $dq\, dp = \frac{1}{2\pi\nu} dU\, d\varphi$ ein, und integriert nach φ, so erhält man:

$$w_U = \frac{e^{-\frac{U}{kT}} dU}{\int e^{-\frac{U}{kT}} dU}$$

als die Wahrscheinlichkeit dafür, daß die Energie des Oszillators zwischen U und $U + dU$ liegt.

Nun verlangt aber die Quantentheorie, daß die Energie U nur die diskreten Werte $U_0\, U_1\, U_2 \ldots U_n$ annehmen soll. Den Übergang bewerkstelligen wir am einfachsten in der Weise, daß wir fordern: Es soll U nur die Werte in den schmalen Intervallen zwischen U_0 und $U_0 + \alpha$, U_1 und $U_1 + \alpha$, allgemein zwischen U_n und $U_n + \alpha$ annehmen können. Dann wird $dU = \alpha$, und das Integral im Nenner verwandelt sich in eine Summe. Also folgt:

$$w_{U_n} = w_n = \frac{e^{-\frac{U_n}{kT}} \cdot \alpha}{\sum_n e^{-\frac{U_n}{kT}} \cdot \alpha} = \frac{e^{-\frac{U_n}{kT}}}{\sum_n e^{-\frac{U_n}{kT}}},$$

α ist herausgefallen; geht man jetzt zur Grenze $\alpha = 0$ über, so bleibt w_n unverändert. Dieses w_n ist die quantenmäßig verallgemeinerte kanonische Verteilungsfunktion. Unter N Oszillatoren haben also $N w_n$ eine Energie vom Betrage U_n.

Für die mittlere Energie ergibt sich jetzt:

$$\overline{U} = \sum_n U_n w_n = \frac{\sum_n U_n e^{-\frac{U_n}{kT}}}{\sum_n e^{-\frac{U_n}{kT}}}.$$

Nun ist aber nach der I. Quantentheorie:

$$U_n = n\varepsilon = nh\nu \quad (n = 0, 1, 2, 3 \ldots \infty) .$$

Also

$$\overline{U} = \frac{\varepsilon \sum\limits_0^\infty n e^{-\frac{n\varepsilon}{kT}}}{\sum\limits_0^\infty e^{-\frac{n\varepsilon}{kT}}} = \varepsilon \frac{S_1}{S_2} .$$

Setzt man $\frac{\varepsilon}{kT}$ für den Augenblick $= x$, so ist:

$$S_1 = \sum_0^\infty n e^{-nx} ; \qquad S_2 = \sum_0^\infty e^{-nx} = \frac{1}{1 - e^{-x}} .$$

Ferner ist:

$$-\frac{dS_2}{dx} = \sum_0^\infty n e^{-nx} = S_1 = \frac{e^{-x}}{(1 - e^{-x})^2} ,$$

daher ergibt sich:

$$\overline{U} = \varepsilon \frac{e^{-x}}{1 - e^{-x}} = \frac{\varepsilon}{e^x - 1} = \frac{\varepsilon}{e^{\frac{\varepsilon}{kT}} - 1}$$

in Übereinstimmung mit (9).

Die kanonische Verteilung läßt sich noch durch Einführung gewisser „Gewichtsfaktoren" verallgemeinern, die die Tatsache zum Ausdruck bringen sollen, daß die einzelnen Quantenzustände des betrachteten Systems a priori verschieden wahrscheinlich sind. Dies tritt z. B. ein, wenn sich jeder Quantenzustand auf mehrere Arten realisieren läßt und wenn die Anzahl dieser Realisierungsmöglichkeiten für die verschiedenen Quantenzustände verschieden groß ist. Dann haben also die verschiedenen Zustände verschiedenes „Gewicht" und zu der Exponentialfunktion $e^{-\frac{U_n}{kT}}$ tritt noch ein „Gewichtsfaktor" p_n hinzu, so daß also die kanonische Verteilungsfunktion dann so lautet:

$$w_n = \frac{p_n e^{-\frac{U_n}{kT}}}{\sum p_n e^{-\frac{U_n}{kT}}} = C \cdot p_n e^{-\frac{U_n}{kT}} .$$

Dabei hängt C von der Temperatur ab, p_n dagegen natürlich nicht.

49) *A. Einstein*, Ann. d. Phys. *17*, 132 (1905); *20*, 199 (1906); Verhandl. d. deutsch. physikal. Ges. *11*, 482 (1909); Bericht Einstein auf dem Solvay-Kongreß in Brüssel 1911; vgl. *A. Eucken*, Die Theorie der Strahlung und der Quanten; Abhandl. d. deutsch. Bunsen-Gesellschaft Nr. 7 (Halle, W. Knapp 1914), S. 330ff. Vgl. ferner *W. Wien*, Vorlesungen über neuere Probleme der theoretischen Physik (Teubner, Leipzig u. Berlin 1913), 4. Vorlesung. *H. A. Lorentz*, Les théories statistiques en thermodynamique (Teubner, Leipzig u. Berlin 1916), § 42ff.

50) *A. Einstein*, Ann. d. Phys. *17*, 132 (1905).

51) *A. Einstein*, Phys. Zeitschr. *10*; 185 (1909).

52) Diese Formel kann man folgendermaßen ableiten: Zuerst folgt aus $\varepsilon = E - \overline{E}$ die häufig angewandte Beziehung:

$$\overline{\varepsilon^2} = \overline{E^2} - 2\,\overline{E}\cdot\overline{E} + (\overline{E})^2 = \overline{E^2} - (\overline{E})^2\,.$$

Um nun die beiden Größen $\overline{E^2}$ (Mittelwert des Quadrats der Energie) und $(\overline{E})^2$ (Quadrat der mittleren Energie), die bekanntlich im allgemeinen voneinander verschieden sind, zu berechnen, stellt man sich am besten auf den Standpunkt der *Gibbs*schen statistischen Mechanik (siehe Anmerkung 48). Danach ist die Wahrscheinlichkeit dafür, daß die Koordinaten und Impulse in den kleinen Intervallen $q_1 \ldots q_1 + d\,q_1$ usw. $p_1 \ldots p_1 + d\,p_1$ usw. liegen, daß also der „Phasenpunkt" in dem Element $dq_1\,dq_2 \ldots d\,q_f\,dp_1\,d\,p_2 \ldots dp_f = d\Omega$ des „Phasenraumes" liegt:

$$w = \frac{e^{-\frac{E}{kT}}\,d\,\Omega}{\int e^{-\frac{E}{kT}}\,d\,\Omega}\,.$$

Für den Mittelwert der Energie folgt in bekannter Weise:

$$\overline{E} = \frac{\int E\,e^{-\frac{E}{kT}}\,d\,\Omega}{\int e^{-\frac{E}{kT}}\,d\,\Omega}\,.$$

Ebenso

$$\overline{E^2} = \frac{\int E^2 e^{-\frac{E}{kT}}\,d\,\Omega}{\int e^{-\frac{E}{kT}}\,d\,\Omega}\,.$$

Man bilde:

$$\frac{d\overline{E}}{dT} = \frac{\int e^{-\frac{E}{kT}} d\Omega \cdot \frac{1}{kT^2}\int E^2 e^{-\frac{E}{kT}} d\Omega - \frac{1}{kT^2}\left(\int E\, e^{-\frac{E}{kT}} d\Omega\right)^2}{\left(\int e^{-\frac{E}{kT}} d\Omega\right)^2}$$

$$= \frac{1}{kT^2}[\overline{E^2} - (\overline{E})^2] = \frac{\overline{\varepsilon^2}}{kT^2}$$

Also

$$\overline{\varepsilon^2} = kT^2 \frac{d\overline{E}}{dT}.$$

Zu derselben Formel gelangt man auch, wenn man an Stelle der klassischen kanonischen Verteilungsfunktion die quantenmäßig erweiterte Verteilungsfunktion:

$$w_n = \frac{p_n e^{-\frac{E_n}{kT}}}{\sum_n p_n e^{-\frac{E_n}{kT}}}$$

zugrunde legt.

[58]) Die mittlere Strahlungsenergie von der Schwingungszahl ν im Volumen v ist: $\overline{E} = v\, u_\nu\, d\nu$, wo die räumliche monochromatische Strahlungsdichte

$$u_\nu = \frac{8\pi \mathfrak{K}_\nu}{c} = \frac{8\pi h \nu^3}{c^3} \cdot \frac{1}{e^{\frac{h\nu}{kT}} - 1}$$

ist, wenn *Plancks* Gesetz zugrunde gelegt wird. (Vgl. z. B. *M. Planck*, Vorlesungen über Wärmestrahlung, II. Auflage, S. 162).

Nach der in der vorigen Anmerkung abgeleiteten Formel (28) folgt daher:

$$\overline{\varepsilon^2} = kT^2 \frac{d\overline{E}}{dT} = kT^2 v\, d\nu \frac{du_\nu}{dT} = \frac{8\pi h^2 \nu^4 v\, d\nu\, e^{\frac{h\nu}{kT}}}{c^3\left(e^{\frac{h\nu}{kT}} - 1\right)^2}.$$

Eliminiert man rechts T, indem man für $e^{\frac{h\nu}{kT}}$ seinen Wert: $1 + \frac{8\pi h\nu^3}{c^3 u_\nu}$ einsetzt, so folgt:

$$\overline{\varepsilon^2} = u_\nu v\, d\nu \cdot h\nu + \frac{c^3 u_\nu^2 v\, d\nu}{8\pi\nu^2}$$

oder

$$\overline{\varepsilon^2} = \overline{E} \cdot h\nu + \frac{c^3(\overline{E})^2}{8\pi\nu^2 v\, d\nu}.$$

Das zweite Glied rechts ist durch die Undulationstheorie gefordert: An jeder Stelle des Volumens v durchkreuzen sich nämlich zu jeder Zeit die verschiedensten Wellenzüge der Strahlung mit allen möglichen Amplituden und Phasen. Die Interferenz aller dieser Wellen erzeugt so an der betrachteten Stelle eine Intensität, die dauernd schwankt, und daher schwankt auch die Energie des Volumens v. Berechnet man das mittlere Schwankungsquadrat der Energie, also $\overline{\varepsilon^2}$, so findet man gerade das zweite Glied rechts in der obigen Formel. (Vgl. z. B. *H. A. Lorentz*, Les théories statistiques en thermodynamique (Teubner, Leipzig u. Berlin 1916), S. 114ff.]

Das erste Glied jedoch wird durch die klassische Undulationstheorie nicht erklärt. Dagegen wird es verständlich, wenn man annimmt, daß die Strahlungsenergie aus einer gewissen ganzen Zahl (n) endlicher Energiekomplexe von der Größe $h\nu$ besteht. Dann ist nämlich: $E = n \cdot h\nu$, also $\overline{E} = \overline{n} \cdot h\nu$, wo $\overline{n}$ der Mittelwert ist, um den die Zahl n schwankt. Ist $\delta = n - \overline{n}$ die Schwankung der Zahl n, so folgt: $\varepsilon = E - \overline{E} = \delta h\nu$, also $\overline{\varepsilon^2} = \overline{\delta^2} \cdot h^2 \nu^2$. Nun ist aber nach einem bekannten Satz der Statistik $\overline{\delta^2} = \overline{n}$. (Vgl. z. B. *H. A. Lorentz*, l. c., § 26 und 27.) Daher $\overline{\varepsilon^2} = \overline{n}\, h^2 \nu^2 = \overline{E} \cdot h\nu$. Das ist genau das erste Glied rechts in der obigen Formel.

[54]) *A. Einstein*, Ann. d. Phys. *17*, 144 (1905).

[55]) *J. J. Thomson*, Elektrizitätsdurchgang durch Gase. Deutsch von *E. Marx*. (Teubner, Leipzig 1906), S. 267.

[56]) *A. Einstein*, Ann. d. Phys. *17*, 147 (1905).

[57]) Vgl. *R. Pohl* und *P. Pringsheim*, Die lichtelektrischen Erscheinungen. Sammlung Vieweg Heft 1 (Braunschweig 1914).

[58]) *A. Einstein*, Ann. d. Phys. *17*, 145 (1905).

[59]) *R. A. Millikan*, Phys. Zeitschr. *17*, 217 (1916).

[60]) Man unterscheidet nach *Pohl* und *Pringsheim* den normalen und den selektiven Photoeffekt: beim normalen Effekt ist die Zahl der (pro Kalorie absorbierter Lichtenergie) abgespaltenen Elektronen von der Orientierung des elektrischen Vektors der Lichtwelle unabhängig und steigt, bei einem oberen Grenzwert der Wellenlänge beginnend, im allgemeinen gleichmäßig mit abnehmender Wellenlänge an. Beim selektiven

Effekt dagegen, der nur auftritt, wenn der elektrische Vektor der Lichtwelle eine zur Metalloberfläche senkrechte Komponente besitzt, zeigt die Zahl der (pro Kalorie absorbierter Lichtenergie) abgespaltenen Elektronen ein ausgesprochenes Maximum bei einer bestimmten Wellenlänge.

[61]) *Ch. Barkla*, Phil. Mag. *7*, 543, 812; *15*, 218. Jahrb. d. Radioaktivität u. Elektronik 5 S. 239, 1908. — *Ch. Barkla* und *Sadler*, Phil. Mag. *17*, 739. — *Ch. Barkla*, Jahrb. d. Radioaktivität u. Elektronik 1910, S. 12. — *M. de Broglie*, C. R. 25. Mai u. 15. Juni 1914, S. 1785. — *Ch. Barkla*, Phil. Mag. *16*, 550. — *E. Wagner*, Ann. d. Phys. *46*, 868 (1915); Sitzungsber. d. bayer. Akad. 1916, S. 33.

[62]) *D. L. Webster*, Proc. Americ. Acad. *2*, 90 (1916); Physic. Review *7*, 587 (1916).

[63]) *E. Wagner*, Ann. d. Phys. *46*, 868 (1915).

[64]) Vgl. z. B. *E. Wagner*, Phys. Zeitschr. *18*, 443 (1917). Der dort von *Wagner* berechnete Wert von h ist: $h = 6{,}62 \cdot 10^{-27}$.

[65]) *W. Duane* und *F. L. Hunt*, Physic. Review *6*, 166 (1915).

[66]) *A. W. Hull* und *M. Rice*, Proc. Americ. Acad. *2*, 265 (1916).

[67]) *E. Wagner*, Phys. Zeitschr. *18*, 440 ff. (1917); Ann. d. Phys. *57*, 401 (1918).

[68]) *F. Dessauer* und *E. Back*, Ber. d. deutsch. physikal. Ges. *21*, 168 (1919).

[69]) *J. Franck* und *G. Hertz*, Verhandl. d. deutsch. physikal. Ges. *16*, 512 (1914).

[70]) Die von *Franck* und *Hertz* gemessene kritische Spannung betrug $V = 4{,}9 \text{ Volt} = \frac{4{,}9}{300}$ (elektrostat. Einheiten), also die kritische Energie der Elektronen:

$$e\,V = \frac{4{,}774 \cdot 10^{-10} \cdot 4{,}9}{300}\,.$$

Die Wellenlänge λ der emittierten Quecksilberlinie ist

$$\lambda = 2536 \cdot \text{Å}E = 2{,}536 \cdot 10^{-5}\,.$$

Daher muß sein:

$$e\,V = h\frac{c}{\lambda} \quad \text{oder} \quad h = \frac{e\,V\,\lambda}{c} = \frac{4{,}774 \cdot 10^{-10} \cdot 4{,}9 \cdot 2{,}536 \cdot 10^{-5}}{3 \cdot 10^{2} \cdot 3 \cdot 10^{10}} = 6{,}59 \cdot 10^{-27}$$

in guter Übereinstimmung mit anderen Messungswerten.

[71]) Vgl. z. B. *J. Stark*, Prinzipien der Atomdynamik II. (S. Hirzel, Leipzig 1911), Kap. IV und V.

[72]) *J. Stark*, Ber. d. deutsch. physikal. Ges. *10*, 713 (1908); Phys. Zeitschr. *8*, 913 (1907); *9*, 767 (1908).

Erzeugt man in einer etwa mit Wasserstoff gefüllten Vakuumröhre Kanalstrahlen (das sind positiv geladene materielle Teilchen, die, in der Richtung von der Anode zur Kathode, durch die durchlöcherte Kathode rückwärts heraustreten), so zeigt sich, daß dabei die Serienlinien des Wasserstoffs zur Emission gelangen. Beobachtet man nun diese Emission „von vorn", d. h. so, daß die Kanalstrahlen auf den Beobachter zulaufen, so tritt erstens an dem gewöhnlichen Ort im Spektrum die scharfe Serienlinie auf (ruhende Linie, „ruhende Intensität"); zweitens aber tritt, nach Violett verschoben, ein verbreiterter Streifen zutage (bewegte Linie, „bewegte Intensität"). Dieser Streifen stellt die von den bewegten Kanalstrahlteilchen emittierte Serienlinie dar, die infolge des Dopplereffektes nach größeren Schwingungszahlen hin verschoben ist. Da die Kanalstrahlen keine einheitliche Geschwindigkeit besitzen, sondern Teilchen mit allen möglichen Geschwindigkeiten vorkommen, ist der verschobene Streifen nicht scharf, sondern verwaschen und verbreitert. Die „ruhende Intensität" wird also emittiert, wenn die schnell bewegten Kanalstrahlteilchen auf „ruhende", d. h. verhältnismäßig langsam und regellos bewegte Gasmoleküle treffen und diese zur Emission der Serienlinien anregen. Die „bewegte Intensität" dagegen wird von den einseitig bewegten Kanalstrahlteilchen selbst, beim Stoß gegen die Gasmoleküle, emittiert.

Es ist nun sehr bemerkenswert, daß das Intervall zwischen ruhender und bewegter Intensität nicht ausgefüllt ist, sondern daß die Emission der bewegten Intensität erst oberhalb einer gewissen Geschwindigkeit merkbar ist. Diese Tatsache hat *Stark* an Hand der Lichtquantenhypothese so gedeutet: Ist $\frac{1}{2} m v^2$ die kinetische Energie eines Kanalstrahlteilchens, und verwandelt sich der Bruchteil $\alpha \cdot \frac{1}{2} m v^2 (\alpha < 1)$ beim Zusammenstoß mit einem Gasmolekül in ein Lichtquant $h \nu$, so muß $h \nu \lesseqgtr \frac{\alpha}{2} m v^2$ sein; d. h. die Spektrallinie von der

Schwingungszahl ν kann nur von Kanalstrahlen erzeugt werden, deren Geschwindigkeit $\geqq \sqrt{\frac{2 h \nu}{\alpha m}}$ ist.

Die Proportionalität der kritischen Geschwindigkeit mit $\sqrt{\nu}$ hat sich ziemlich gut bestätigt.

Es sei hier bemerkt, daß *J. Stark* sich in jüngster Zeit von der Lichtquantenhypothese abgewendet hat. Vgl. z. B. *J. Stark*, Verhandl. d. deutsch. physikal. Ges. *16*, 304 (1904); *18*, 42 (1916)

[73]) *J. Stark*, Phys. Zeitschr. *9*, 85, 356 (1908). — *J. Stark* und *W. Steubing*, Phys. Zeitschr. *9*, 481 (1908). — *J. Stark*, Phys. Zeitschr. *9*, 889 (1908).

J. Stark vertritt in diesen Arbeiten die Auffassung, daß die Bandenspektra emittiert werden, wenn ein dem Atom oder Molekül angehöriges „Valenzelektron" aus seiner normalen Lage verschoben wird und unter Rückerstattung der Deformationsarbeit an seinen ursprünglichen Platz zurückkehrt. Wird die Deformationsenergie (Bindungsenergie) E dabei in ein Lichtquant verwandelt, so muß $h\nu \lesseqgtr E$ sein, d. h. $\nu \lesseqgtr \frac{E}{h}$. Alle Bandenlinien müssen also unterhalb der Kante $\nu = \frac{E}{h}$ liegen. Wird durch chemische Prozesse die Bindungsenergie E verändert, so verschiebt sich entsprechend das Bandenspektrum.

[74]) *A. Einstein*, Ann. d. Phys. *17*, 148 (1905).

[75]) *J. Stark*, Phys. Zeitschr. *9*, 889 (1908); Ann. d. Phys. *38*, 467 (1912).

Das von *Stark* und *Einstein* ausgesprochene Grundgesetz des photochemischen Zerfalls sagt aus: Wenn ein Molekül unter Absorption von Strahlung der Schwingungszahl ν zerfällt, so absorbiert es beim Zerfall die Energie $h\nu$. Diese Energie stellt also die Wärmetönung dar, die bei der Wiedervereinigung der Zerfallsprodukte frei wird.

Dieses Gesetz hat später *A. Einstein* für den Gültigkeitsbereich der *Wien*schen Strahlungsformel ohne Zuhilfenahme der Lichtquantenhypothese auf rein thermodynamischem Wege abgeleitet. Vgl. Ann. d. Phys. *37*, 832 (1912) u. *38*, 881 (1912).

[76]) *E. Warburg*, Ber. d. Berl. Akad. d. Wiss. 1911, S. 746; 1913, S. 644; 1914, S. 872; 1915, S. 230; 1916, S. 314; 1918, S. 300, 1228. Vgl. ferner „Naturwissenschaften" *5*, 489 (1917).

[77]) *H. A. Lorentz*, Phys. Zeitschr. *11*, 1250 (1910).

[78]) *M. Planck*, Ber. d. deutsch. physikal. Ges. *13*, 138 (1911); Ann. d. Phys. *37*, 642 (1912).

[79]) Infolge der stetigen (klassischen) Absorption sind hier alle Energiewerte des Oszillators in einem Elementargebiet, etwa zwischen $n\varepsilon$ und $(n+1)\varepsilon$, gleich wahrscheinlich. Die „mittlere Energie im $n$ten Elementargebiet" ist daher:

$$\overline{U}_n = \frac{n\varepsilon + (n+1)\varepsilon}{2} = (n + \tfrac{1}{2})\,\varepsilon\,.$$

Aus dem quantentheoretisch erweiterten kanonischen Verteilungsgesetz folgt daher:

$$\overline{U} = \frac{\sum\limits_0^\infty \overline{U}_n \cdot e^{-\frac{\overline{U}_n}{kT}}}{\sum\limits_0^\infty e^{-\frac{\overline{U}_n}{kT}}} = \frac{e^{-\frac{\varepsilon}{2kT}} \sum\limits_0^\infty \left(n\varepsilon + \frac{\varepsilon}{2}\right) \cdot e^{-\frac{n\varepsilon}{kT}}}{e^{-\frac{\varepsilon}{2kT}} \sum\limits_0^\infty e^{-\frac{n\varepsilon}{kT}}}$$

$$= \frac{\sum\limits_0^\infty n\varepsilon\, e^{-\frac{n\varepsilon}{kT}}}{\sum\limits_0^\infty e^{-\frac{n\varepsilon}{kT}}} + \frac{\varepsilon}{2} = \frac{\varepsilon}{e^{\frac{\varepsilon}{kT}} - 1} + \frac{\varepsilon}{2}$$

(vgl. Anmerkung 48). Setzt man noch $\varepsilon = h\nu$, so folgt:

$$\overline{U} = \frac{h\nu}{e^{\frac{h\nu}{kT}} - 1} + \frac{h\nu}{2}\,.$$

An die Stelle der Beziehung (7) des Textes tritt hier:

$$\mathfrak{K}_\nu = \frac{\nu^2}{c^2}\left(\overline{U} - \frac{h\nu}{2}\right)$$

die zum *Planck*schen Strahlungsgesetz führt.

[80]) *M. Planck*, Sitzungsber. d. Kgl. Preuß. Akad. d. Wiss., 3. April 1913, S. 350; ebenda 30. Juli 1914, S. 918; ebenda 8. Juli 1915, S. 512.

[81]) *A. Einstein* und *O. Stern*, Ann. d. Phys. *40*, 551 (1913).

[82]) *W. Nernst*, Verhandl. d. deutsch. physikal. Ges. *18*, 83 (1916).

[83]) *F. Richarz*, Wiedem. Ann. *52*, 410 (1894).

84) Bericht *P. Langevin* auf dem Solvay-Kongreß in Brüssel 1911. Vgl. *A. Eucken*, Die Theorie der Strahlung und der Quanten. Abhandl. d. deutsch. Bunsen-Ges., Nr. 7 (W. Knapp, Halle 1914), S. 318ff.

85) *A. Einstein* und *W. J. de Haas*, Verhandl. d. deutsch. physikal. Ges. *17*, 152, 203, 420 (1915). — *A. Einstein*, ebenda *18*, 173 (1916). — *W. J. de Haas*, ebenda *18*, 423 (1916).

86) *E. Beck*, Ann. d. Phys. *60*, 109 (1919).

87) Bericht *Planck* auf dem Solvay-Kongreß in Brüssel 1911. Siehe *A. Eucken*, Die Theorie der Strahlung und der Quanten. Abhandl. d. deutsch. Bunsen-Ges., Nr. 7 (W. Knapp, Halle 1914), S. 77.

88) Ist q die Elongation eines linear schwingenden Elektrons von der Masse m (Oszillator), ν seine Schwingungszahl, so ist die Energie dieses Gebildes:

$$U = \frac{m}{2}\left(\frac{dq}{dt}\right)^2 + \frac{m}{2}(2\pi\nu)^2 \cdot q^2 .$$

Das erste Glied rechts stellt die kinetische, das zweite Glied die potentielle Energie dar. Nun ist der Impuls (die Bewegungsgröße) $p = m\frac{dq}{dt}$. Also kann man schreiben:

$$U = \frac{p^2}{2m} + 2\pi^2\nu^2 m q^2$$

oder

$$\frac{q^2}{\left(\sqrt{\frac{U}{2\pi^2\nu^2 m}}\right)^2} + \frac{p^2}{(\sqrt{2mU})^2} = 1 .$$

Die Kurven $U =$ const., d. h. diejenigen Kurven in der Phasenebene, die den Zuständen konstanter Energie des Oszillators entsprechen, sind also Ellipsen mit den Halbachsen:

$$a = \sqrt{\frac{U}{2\pi^2\nu^2 m}} \qquad \text{und} \qquad b = \sqrt{2mU} .$$

Für einen bestimmten Wert von U erhält man eine ganz bestimmte Ellipse. Auf dieser Ellipse würde der „Phasenpunkt" des Oszillators dauernd herumlaufen, wenn das Elektron, ohne zu emittieren oder zu absorbieren, rein harmonische Schwingungen ausführen würde; denn dann bliebe seine Energie dauernd konstant. Läßt man U stetig variieren, d. h. erteilt ihm in stetiger Folge andere und andere Werte, so erhält man eine unendliche Mannigfaltigkeit konzentrischer Ellipsen.

Aus dieser unendlichen Mannigfaltigkeit greift nun die Quantenhypothese, so wie sie in Formel (30) des Textes formuliert ist, eine diskrete Schar von Ellipsen heraus und bezeichnet sie als die „ausgezeichneten" Ellipsen, denen also die „ausgezeichneten Zustände" des Oszillators entsprechen. Zu diesen gehören dann die „ausgezeichneten Energiewerte" $U_0\, U_1\, U_2 \ldots U_n$.

Nun soll die $n$te Ellipse eine Fläche von der Größe $n\,h$ umschließen. Die Fläche der $n$ten Ellipse ist aber

$$F_n = \pi\, a_n \cdot b_n = \pi \sqrt{\frac{U_n}{2\,\pi^2\,\nu^2\,m}} \cdot \sqrt{2\,m\,U_n} = \frac{U_n}{\nu},$$

daher muß

$$\frac{U_n}{\nu} = n\,h\,, \qquad \text{d. h.} \qquad U_n = n\,h\,\nu$$

sein, d. h. im $n$ten ausgezeichneten Zustand besitzt der Oszillator die Energie $n\,\varepsilon = n\,h\,\nu$.

[89]) *A. Sommerfeld*, Phys. Zeitschr. **12**, 1057 (1911). — Bericht *A. Sommerfeld* auf dem Solvay-Kongreß in Brüssel 1911; vgl. *A. Eucken*, Die Theorie der Strahlung und der Quanten. Abhandl. d. deutsch. Bunsen-Ges., Nr. 7 (W. Knapp, Halle 1914), S. 252.

[90]) Bericht *Sommerfeld* auf dem Solvay-Kongreß 1911.

[91]) *A. Sommerfeld* und *P. Debye*, Ann. d. Phys. **41**, 873 (1913)

[92]) Vgl. z. B. die kürzlich erschienene zusammenfassende Darstellung von *E. Schrödinger*, Der Energieinhalt der Festkörper im Lichte der neueren Forschung. Phys. Zeitschr. **20**, 420, 450, 474 (1919). Dort findet man auch sehr vollständige Literaturhinweise.

[93]) 1 Grammatom eines Stoffes, dessen Atomgewicht a ist, ist definitionsgemäß eine Menge dieses Stoffes von a Gramm. Z. B. ist 1 Grammatom Kupfer gleich 63,57 Gramm Kupfer; denn 63,57 ist das Atomgewicht des Kupfers. Ganz analog ist die Definition des Grammoleküls (auch „Mol" genannt). 1 Grammolekül Sauerstoff sind 32 Gramm Sauerstoff, denn das Molekulargewicht des (2atomigen) Sauerstoffs ist = 32.

Ist c die spezifische Wärme des Stoffes vom Atomgewicht a, so heißt das: man muß einem Gramm des Stoffes die Wärmemenge c zuführen, um seine Temperatur um 1° zu steigern. Daher muß man einem Grammatom des Stoffes, d. h. a Gramm des Stoffes, die Wärmemenge $C = c \cdot a$ zuführen, um seine Temperatur um 1° zu steigern. C ist dann die Atomwärme.

[94]) Die Gleichheit der mittleren potentiellen und kinetischen Energie gilt hier ebenso wie beim linearen *Planck*schen Oszillator (schwingenden Elektron). Vgl. Anmerkung 41. Diese Gleichheit ist allgemein stets erfüllt, wenn die Kräfte, die auf die Atome wirken und sie in ihre Ruhelagen zurückziehen, lineare Funktionen der relativen Abstandsänderungen der Atome sind. Also z. B. wenn die Kraft „quasielastisch" ist, d. h. proportional der Entfernung aus der Ruhelage. Vgl. hierzu *L. Boltzmann,* Wiener Ber. *63* (II), 731 (1871) und *F. Richarz,* Wiedem. Ann. *67*, 702 (1899).

[95]) *Dulong* und *Petit,* Ann. de chim. et de phys. *10*, 395 (1819).

[96]) Die gewöhnlich durch die Messung gelieferte Größe ist nicht die Atomwärme bei konstantem Volum C_v, sondern die Atomwärme bei konstantem Druck C_p. Für diese ergeben die Messungen Werte, die im allgemeinen um 6,4 $\left[\frac{\text{Kalorien}}{\text{Grad}}\right]$ schwanken. Die Umrechnung von C_p auf C_v erfolgt mit Hilfe der aus der Thermodynamik abgeleiteten Formel:

$$C_p - C_v = \frac{\alpha^2 V T}{\varkappa},$$

wo α den kubischen Ausdehnungskoeffizienten, $\varkappa$ die (isotherme) kubische Kompressibilität und V das Atomvolumen $= \frac{\text{Atomgewicht}}{\text{Dichte}}$ bedeuten.

[97]) Z. B. ist

für	Silber	bei	0° C	$C_p = 6{,}00$
„	Aluminium	„	58° C	$C_p = 5{,}82$
„	Kupfer	„	17° C	$C_p = 5{,}79$
„	Blei	„	17° C	$C_p = 6{,}33$
„	Jod	„	25° C	$C_p = 6{,}64$
„	Zink	„	17° C	$C_p = 6{,}03$

98) *F. H. Weber*, Poggend. Ann. **147**, 311 (1872); **154**, 367, 553 (1875).

99) Als ein möglicher Ausweg bot sich die von *F. Richarz* [Marburger Ber. 1904, S. 1], *C. Benedicks* [Ann. d. Phys. **42**, 133 (1913)] u. a. vertretene „Agglomerationshypothese", nach welcher mit sinkender Temperatur die Zahl der Freiheitsgrade des Systems gleichsam durch „Einfrieren" abnimmt, indem gewisse Verbindungen völlig erstarren. Hiernach müßte jedoch die Kompressibilität mit sinkender Temperatur stark abnehmen, was nach *E. Grüneisens* Messungen [Verhandl. d. deutsch. physikal. Ges. **13**, 491 (1911)] nicht der Fall ist. Vgl. hierzu auch den zitierten Bericht von *E. Schrödinger* (siehe Anmerkung 92).

100) *A. Einstein*, Ann. d. Phys. **22**, 180, 800 (1907).

101) Vgl. *A. Einstein*, Ann. d. Phys. **35**, 683ff. (1911). Ferner Bericht *Einstein* auf dem Solvay-Kongreß in Brüssel 1911; siehe *A. Eucken*, Die Theorie der Strahlung und der Quanten. Abhandl. d. deutsch. Bunsen-Ges., Nr. 7 (W. Knapp, Halle 1914), S. 330ff.

102) *A. Einstein*, Ann. d. Phys. **34**, 170, 590 (1911); **35**, 679 (1911).

103) Die Art der Abhängigkeit der Schwingungszahl ν von den drei Größen A, ϱ, $\varkappa$ läßt sich nach *Einstein* (l. c.) durch eine einfache Dimensionalbetrachtung gewinnen. Nimmt man an, daß ν nur von der Masse der Atome m, ihrem Abstand d und der Kompressibilität $\varkappa$ des Körpers abhängt, so muß eine Gleichung von folgender Form bestehen:

$$\nu = C \cdot m^x \cdot d^y \cdot \varkappa^z .$$

C ist dabei eine Zahlenkonstante; x, y und z sind Zahlen, die noch bestimmt werden müssen.

Die Dimension der Schwingungszahl ist $[\nu] = [t^{-1}]$; die Dimension von m und d sind $[m]$ und $[l]$; die Dimension von der Kompressibilität $\varkappa$ folgt aus ihrer Definition:

$$\varkappa = \frac{\text{Volumzunahme}}{\text{Druckzunahme} \cdot \text{ursprüngliches Volumen}} .$$

Also hat $\varkappa$ die Dimension:

$$\left[\frac{1}{\text{Druck}}\right] = \left[\frac{\text{Fläche}}{\text{Kraft}}\right] = [l\, m^{-1}\, t^2]\,.$$

Daher hat man die folgende Dimensionalgleichung:

$$[t^{-1}] = C\,[m^x\, l^y\, l^z\, m^{-z}\, t^{2z}] = [m^{x-z}\, l^{y+z}\, t^{2z}]\,.$$

Daher muß:

$$x - z = 0\,; \qquad y + z = 0\,; \qquad 2z = -1$$

sein, woraus sich:

$$x = -\tfrac{1}{2}\,; \qquad y = +\tfrac{1}{2}\,; \qquad z = -\tfrac{1}{2}$$

ergibt. Also hat man

$$\nu = C\, m^{-\frac{1}{2}} \cdot d^{\frac{1}{2}}\, \varkappa^{-\frac{1}{2}}\,.$$

Nun sei N die *Avogadro*sche Zahl, d. h. die Zahl der Atome im Grammatom. Dann ist das Atomgewicht des Körpers gleich der Masse des Grammatoms, also:

$$A = m\, N\,.$$

Denkt man sich ferner die Atome in einem kubischen Gitter mit der Kubuslänge d angeordnet, so muß die Dichte

$$\varrho = \frac{m}{d^3}$$

sein. Daraus ergibt sich:

$$d = m^{\frac{1}{3}}\, \varrho^{-\frac{1}{3}}\,,$$

also:

$$\frac{d}{m} = m^{-\frac{2}{3}}\, \varrho^{-\frac{1}{3}} = A^{-\frac{2}{3}}\, N^{\frac{2}{3}}\, \varrho^{-\frac{1}{3}}\,.$$

Daher folgt:

$$\nu = C\, N^{\frac{1}{3}} \cdot A^{-\frac{1}{3}}\, \varrho^{-\frac{1}{6}}\, \varkappa^{-\frac{1}{2}} = \frac{C'}{A^{\frac{1}{3}}\, \varrho^{\frac{1}{6}}\, \varkappa^{\frac{1}{2}}}\,.$$

Den Faktor C bestimmt *Einstein* durch die vereinfachende Annahme, daß auf das verschobene Atom nur seine 26 Nachbaratome wirken.

[104]) *F. A. Lindemann*, Phys. Zeitschr. *11*, 609 (1910). — Die *Lindemann*sche Formel kann man kurz so ableiten: Es sei $r = a \sin(2\pi\nu t)$ die Elongation eines Atoms, das mit der

Amplitude a und der Schwingungszahl ν schwingt. Die mittlere Energie dieses Atoms ist

$$E = \frac{m}{2}\left(\frac{dr}{dt}\right)^2 + \frac{m}{2}\cdot(2\pi\nu)^2 r^2 = \frac{m}{2}\cdot(2\pi\nu)^2 a^2 = 2\pi^2\nu^2 m a^2 .$$

Beim Schmelzpunkt wird nun nach *Lindemanns* Vorstellung

$$a \backsim d \quad \text{(Abstand der Atome)}.$$

Andererseits ist die mittlere Energie des Atoms bei hohen Temperaturen $= 3kT$, also beim Schmelzpunkt $= 3kT_s$. (Der Schmelzpunkt liegt in der Regel hoch.) Daraus folgt:

$$2\pi^2\nu^2 m d^2 = 3kT_s ,$$

$$\nu = \sqrt{\frac{3kT_s}{2\pi^2 m d^2}} = \text{const}\, T_s^{\frac{1}{2}} \cdot m^{-\frac{1}{2}} \cdot d^{-1} .$$

Nun ist aber (siehe Anmerkung 103):

$$m = \frac{A}{N} ; \qquad d = m^{\frac{1}{3}} \varrho^{-\frac{1}{3}} = A^{\frac{1}{3}} N^{-\frac{1}{3}} \varrho^{-\frac{1}{3}} .$$

Daher:

$$\nu = \text{const}\, T_s^{\frac{1}{2}} \cdot A^{-\frac{1}{2}} N^{\frac{1}{2}} A^{-\frac{1}{3}} N^{\frac{1}{3}} \varrho^{\frac{1}{3}} = \text{const}\, T_s^{\frac{1}{2}} \cdot A^{-\frac{5}{6}} \cdot \varrho^{\frac{1}{3}} .$$

105) *E. Grüneisen*, Ann. d. Phys. *39*, 291 ff. (1912).

106) *E. Madelung*, Nachr. d. kgl. Ges. d. Wiss. zu Göttingen, mathem.-physikal. Klasse 1909, S. 100 und 1910, S. 1.

107) *W. Sutherland*, Phil. Mag. (6) *20*, 657 (1910).

108) Sind n und $\varkappa$ Brechungsquotient und Extinktionskoeffizient einer Substanz, so ist nach der *Maxwell*schen Theorie ihr Reflexionsvermögen:

$$\Re = \frac{(n-1)^2 + \varkappa^2}{(n+1)^2 + \varkappa^2} .$$

Fragt man nach der Stelle maximaler Reflexion, so hat man die Gleichung $\frac{\partial \Re}{\partial \nu} = 0$ zu bilden, die nach einiger Rechnung folgende Beziehung liefert:

$$(n^2 - \varkappa^2 - 1)\frac{\partial n}{\partial \nu} + 2n\varkappa\frac{\partial \varkappa}{\partial \nu} = 0 .$$

Daraus sieht man, daß die Stelle maximaler Reflexion nicht genau mit der Stelle maximaler Absorption $\left(\frac{\partial \varkappa}{\partial \nu} = 0\right)$ zusammenfällt. Sie liegt ihr aber um so näher, je geringer dort die Variation des Brechungsquotienten mit der Schwingungszahl ist. Andererseits liegt die Stelle maximaler Absorption nach der Dispersionstheorie in unmittelbarer Nähe der Eigenschwingungszahl ν_r.

109) *H. Rubens* und *E. F. Nichols*, Wiedem. Ann. **60**, 418 (1897). Ferner *H. Rubens* und *H. Hollnagel*, Ber. d. kgl. preuß. Akad. d. Wiss. 1910, S. 45; *H. Hollnagel*, Dissert. Berlin 1910; *H. Rubens*, Ber. d. kgl. preuß. Akad. d. Wiss. 1913, S. 513; *H. Rubens* und *H. v. Wartenberg*, ebenda 1914, S. 169.

Als Beispiel sei hier die folgende kleine Tabelle angeführt, in der λ die aus den Messungen obiger Forscher hervorgehende Wellenlänge der Reststrahlen bedeutet:

	λ		λ
NaCl	52 μ	TlCl	91,6 μ
KCl	63,4 μ	KBr	82,6 μ
AgCl	81,5 μ	AgBr	112,7 μ
HgCl	98,8 μ	TlBr	117 μ

110) Vgl. jedoch Anmerkung 108.

111) *W. Nernst* und *F. A. Lindemann*, Sitzungsber. d. kgl. preuß. Akad. d. Wiss. 1911, S. 494; *W. Nernst*, Ann. d. Phys. **36**, 426 (1911).

112) Die folgende kleine Tabelle gibt die ν-Werte, die nach *Einsteins* Formel (35), nach *Lindemanns* Formel (36), aus den Reststrahlen (siehe Anmerkung 109) und aus der beobachteten Atomwärme nach einer von *Nernst* und *Lindemann* aufgestellten empirischen Formel (40) berechnet sind. Ausführlichere Angaben mit z. T. korrigierten Zahlenfaktoren siehe bei *C. E. Blom*, Ann. d. Phys. **42**, 1397 (1913).

Stoff	ν_E	ν_L	$\nu_{\text{Reststrahlen}}$	$\nu_{\text{Atomwärme}}$ (*Nernst-Lindemann*)
Al	$6{,}7 \cdot 10^{12}$	$7{,}6 \cdot 10^{12}$		$8{,}3 \cdot 10^{12}$
Cu	$5{,}7 \cdot 10^{12}$	$6{,}8 \cdot 10^{12}$		$6{,}7 \cdot 10^{12}$
Zn		$4{,}4 \cdot 10^{12}$		$4{,}8 \cdot 10^{12}$
Ag	$4{,}1 \cdot 10^{12}$	$4{,}4 \cdot 10^{12}$		$4{,}5 \cdot 10^{12}$
Pb	$2{,}2 \cdot 10^{12}$	$1{,}8 \cdot 10^{12}$		$1{,}5 \cdot 10^{12}$
Diamant		$32{,}5 \cdot 10^{12}$		$40 \cdot 10^{12}$
NaCl		$7{,}2 \cdot 10^{12}$	$5{,}8 \cdot 10^{12}$	$5{,}9 \cdot 10^{12}$
KCl		$5{,}6 \cdot 10^{12}$	$4{,}7 \cdot 10^{12}$	$4{,}5 \cdot 10^{12}$

[113]) *W. Nernst, F. Koref, F. A. Lindemann,* Untersuchungen über die spezifische Wärme bei tiefen Temperaturen. I u. II. Sitzungsber. d. kgl. preuß. Akad. d. Wiss. 1910, 3. März. — *W. Nernst,* Desgl. III. Ebenda 1911, 9. März. — *F. A. Lindemann,* Desgl. IV. Ebenda 1911, 9. März. — *W. Nernst* und *F. A. Lindemann,* Desgl. V. Ebenda 1911, 27. April. — W. *Nernst* und *F. A. Lindemann,* Desgl. VI. Ebenda 1912, 12. Dez. — *W. Nernst,* Desgl. VII. Ebenda 1912, 12. Dez. — *W. Nernst* und *F. Schwers,* Desgl. VIII. Ebenda 1914. — *W. Nernst,* Der Energieinhalt fester Stoffe. Ann. d. Phys. *36,* 395 (1911).

[114]) *W. Nernst,* Die theoretischen und experimentellen Grundlagen des neuen Wärmesatzes. (W. Knapp, Halle 1918.)

[115]) Der erste Hauptsatz sagt aus: Ist $d'Q$ die einem System zugeführte Wärme, $d'A$ die am System von außen geleistete Arbeit, so ist die Zunahme der Energie U des Systems:

$$dU = d'Q + d'A\,.$$

Der 2. Hauptsatz sagt aus: Wird $d'Q$ bei der Temperatur T reversibel zugeführt, so ist $\frac{d'Q}{T}$ das vollständige Differential der Entropie S, also

$$dS = \frac{d'Q}{T}\,.$$

Man führe mit *Helmholtz* die „freie Energie" F ein durch die Definition:

$$F = U - T \cdot S\,.$$

Dann folgt:

$$dF = dU - T \cdot dS - S \cdot dT = d'Q + d'A - T \cdot dS - S \cdot dT$$

oder

$$dF = d'A - S \cdot dT\,,$$

für jeden reversiblen Prozeß.

Ist der Prozeß isotherm ($dT = 0$), so folgt $dF = d'A$ oder für eine endliche Zustandsänderung $F_2 - F_1 = A$. Setzt man $A' = -A$, so daß also A' die gewonnene Arbeit bezeichnet, so erhält man also:

$$F_1 - F_2 = A'\,,$$

d. h. die bei dem isothermen reversiblen Prozeß gewonnene Arbeit — es ist, wie man zeigen kann, die maximal gewinnbare — ist gleich der Abnahme der freien Energie.

Ferner ergibt sich, da bei konstantem Volumen V die Arbeit $d'A = 0$ ist:

$$\left(\frac{\partial F}{\partial T}\right)_V = -S \quad \text{oder} \quad T \cdot \left(\frac{\partial F}{\partial T}\right)_V = -TS = F - U\,.$$

Also, für zwei Zustände gebildet:

$$T\left[\frac{\partial (F_1 - F_2)}{\partial T}\right]_V = (F_1 - F_2) - (U_1 - U_2)$$

oder schließlich, wenn man noch abkürzend $U_1 - U_2 = U'$ setzt:

$$A' - U' = T\left(\frac{\partial A'}{\partial T}\right)_V$$

eine in der physikalischen Chemie vielgebrauchte Gleichung.

Da nun nach dem *Nernst*schen Wärmetheorem

$$\left(\frac{\partial A'}{\partial T}\right)_{\lim T=0} = 0$$

ist, so verschwindet also $(A' - U')$ für $T = 0$ von höherer als 1. Ordnung. Daher ist:

$$\lim_{T=0} \frac{\partial (A' - U')}{\partial T} = 0$$

und daher auch:

$$\lim_{T=0} \frac{\partial U'}{\partial T} = 0 \quad \text{oder} \quad \lim_{T=0} \frac{\partial U_1}{\partial T} = \lim_{T=0} \frac{\partial U_2}{\partial T}\,.$$

Das ist Gleichung (39) des Textes.

Aus $\frac{\partial F}{\partial T} = -S$ folgt ferner $\frac{\partial (F_1 - F_2)}{\partial T} = S_2 - S_1$

oder

$$S_2 - S_1 = \frac{\partial A'}{\partial T}$$

und daher läßt sich das *Nernst*sche Theorem auch so formulieren:

$$\lim_{T=0} (S_2 - S_1) = 0\,,$$

d. h. in der Nachbarschaft des absoluten Nullpunkts verlaufen alle Vorgänge ohne Entropieänderung.

[116]) Vgl. z. B. *M. Planck*, Vorlesungen über Thermodynamik. 5. Aufl. 1917, S. 268ff. — *Planck* geht insofern über *Nernst* hinaus, als er fordert, daß nicht nur die Differenz der Entropien $S_2 - S_1$ beim absoluten Nullpunkt gleich Null ist (siehe die vorige Anmerkung), sondern auch die Einzelwerte S_1 und S_2 für sich. Demnach ist also nach *Planck* beim Nullpunkt der absoluten Temperatur die Entropie jedes chemisch homogenen Körpers gleich Null. Daraus läßt sich die im Text angeführte Folgerung

$$\lim_{T=0}\left(\frac{\partial U}{\partial T}\right) = 0$$

sofort folgendermaßen ableiten: Aus der in der vorigen Anmerkung auftretenden Beziehung

$$F - U = -TS$$

und der *Planck*schen Fassung des *Nernst*schen Theorems folgt, daß $F - U$ für $T = 0$ von höherer als 1. Ordnung verschwindet. Es ist also:

$$\lim_{T=0}\frac{\partial(F - U)}{\partial T} = 0 \qquad \text{oder} \qquad \lim_{T=0}\left(\frac{\partial U}{\partial T} + S\right) = 0$$

oder schließlich

$$\lim_{T=0}\left(\frac{\partial U}{\partial T}\right) = 0 .$$

[117]) Für tiefe Temperaturen, d. h. große Werte von $x = \frac{h\nu}{kT}$, nimmt die *Einstein*sche Formel (34) folgende Gestalt an: $C_v = 3\,R\,x^2\,e^{-x}$. Der Abfall bei tiefen Temperaturen erfolgt also exponentiell, genauer gesprochen: wie

$$\frac{1}{T^2}\,e^{-\frac{\text{const}}{T}} .$$

[118]) *W. Nernst* und *F. A. Lindemann*, Sitzungsber. d. kgl. preuß. Akad. d. Wiss. 1911, S. 494; Zeitschr. f. Elektrochemie *17*, 817 (1911).

[119]) *A. Einstein*, Ann. d. Phys. *35*, 679 (1911).

[120]) Betrachtet man nämlich die Atome als Massenpunkte, so hat jedes Atom drei Freiheitsgrade, der ganze Körper also

3 *N* Freiheitsgrade. Wie aber in der Mechanik bewiesen wird (vgl. z. B. *R. H. Weber* und *R. Gans*, Repertorium der Physik Bd. *I*, S. 175ff.), besitzt ein mechanisches System von 3 *N* Freiheitsgraden auch 3 *N* Eigenschwingungen, und die allgemeinste kleine Bewegung jedes Atoms besteht in einer Übereinanderlagerung dieser 3 *N* Eigenschwingungen.

[121]) *P. Debye*, Ann. d. Phys. **39**, 789 (1912).

[122]) *M. Born* und *Th. v. Kármán*, Phys. Zeitschr. **13**, 297 (1912); **14**, 15, 65 (1913). Vgl. ferner *M. Born*, Ann. d. Phys. **44**, 605 (1914); *M. Born*, Dynamik der Kristallgitter (Teubner, Leipzig u. Berlin 1915).

[123]) Vgl. z. B. *R. Ortvay*, Über die Abzählung der Eigenschwingungen fester Körper. Ann. d. Phys. **42**, 745 (1913). *Ortvay* betrachtet die Eigenschwingungen eines elastischen Würfels von der Kantenlänge *L*. Dabei ergeben sich drei Gruppen von Eigenschwingungen. Die ersten beiden Gruppen sind die transversalen Schwingungen, die dritte Gruppe ist die Gruppe der longitudinalen Schwingungen. Daß die transversalen Schwingungen zwei, übrigens identische, Gruppen bilden, sieht man leicht ein: Denn bei einer transversalen Schwingung, die sich z. B. in der Richtung der x-Achse ausbreitet, sind zwei gleichwertige Möglichkeiten vorhanden, je nachdem die Teilchen parallel y oder parallel z schwingen. Für die longitudinalen Schwingungen aber gibt es natürlich nur eine Gruppe; denn z. B. bei der Ausbreitung längs der x-Achse existiert nur die eine Möglichkeit, daß die Teilchen parallel x schwingen. Die Schwingungszahlen der ersten beiden Gruppen sind durch die Werte

$$\nu_1 = \nu_2 = c_t \frac{\sqrt{\mathfrak{a}^2 + \mathfrak{b}^2 + \mathfrak{c}^2}}{2L}$$

charakterisiert, die dritte Gruppe durch

$$\nu_3 = c_t \frac{\sqrt{\mathfrak{a}^2 + \mathfrak{b}^2 + \mathfrak{c}^2}}{2L}.$$

Dabei sind c_t und c_l die Ausbreitungsgeschwindigkeiten transversaler und longitudinaler Wellen in dem Körper, $\mathfrak{a}\ \mathfrak{b}\ \mathfrak{c}$ sind beliebige positive ganze Zahlen. Erteilt man also $\mathfrak{a}$, $\mathfrak{b}$, $\mathfrak{c}$ alle möglichen Werte in allen denkbaren Kombinationen, so erhält man dadurch alle möglichen transversalen und longitudinalen Eigenschwingungen, die zusammen das elastische Spektrum des Würfels bilden. Fragt man jetzt: Wie viele transversale Eigenschwingungen der ersten Gruppe besitzen Schwingungszahlen unterhalb ν, so heißt das nichts anderes als: Wie viele Wertetripel ($\mathfrak{a}$, $\mathfrak{b}$, $\mathfrak{c}$) erfüllen die Bedingung:

$$c_t \frac{\sqrt{\mathfrak{a}^2 + \mathfrak{b}^2 + \mathfrak{c}^2}}{2L} < \nu ,$$

d. h.

$$\sqrt{\mathfrak{a}^2 + \mathfrak{b}^2 + \mathfrak{c}^2} < \frac{2L\nu}{c_t} .$$

Dazu denke man sich $\mathfrak{a}$, $\mathfrak{b}$, $\mathfrak{c}$ als Koordinaten eines Punktes im Raume. Dann sind alle möglichen Wertetripel ($\mathfrak{a}$, $\mathfrak{b}$, $\mathfrak{c}$) durch die sämtlichen „Gitterpunkte" des positiven Raumoktanten dargestellt, und die obige Frage läuft darauf hinaus, abzuzählen, wie viele Gitterpunkte vom Anfangspunkt (0, 0, 0) eine Entfernung besitzen, die kleiner ist als $\frac{2L\nu}{c_t}$. Alle diese Gitterpunkte liegen in dem positiven Kugeloktanten mit dem Radius $\frac{2L\nu}{c_t}$. Da nun auf jedes Volumen von der Größe 1 — nämlich auf jeden Elementarwürfel — ein Gitterpunkt kommt, so ist die Zahl der gesuchten Gitterpunkte, wenn sie nur hinreichend groß ist, gleich dem Volumen des positiven Kugeloktanten vom Radius $\frac{2L\nu}{c_t}$, d. h. gleich

$$\frac{1}{8}\,\frac{4\pi}{3}\left(\frac{2L\nu}{c_t}\right)^3 = \frac{4\pi}{3}\,\frac{L^3\nu^3}{c_t^3} .$$

Ist $V = L^3$ das Volumen des gegebenen würfelförmigen Körpers, so ist also die Anzahl der transversalen Eigenschwingungszahlen erster Gruppe unterhalb ν:

$$Z_1 = \frac{4\pi}{3}\,\frac{V\nu^3}{c_t^3} .$$

Ebenso groß ist die Anzahl der transversalen Eigenschwingungszahlen unterhalb ν für die zweite Gruppe, also:

$$Z_2 = Z_1 = \frac{4\pi}{3} \frac{V \nu^3}{c_t^3} .$$

Endlich ist die Anzahl der entsprechenden longitudinalen Eigenschwingungen:

$$Z_3 = \frac{4\pi}{3} \frac{V \nu^3}{c_l^3} .$$

Daraus folgt für die Zahl aller Eigenschwingungszahlen unterhalb ν:

$$Z = Z_1 + Z_2 + Z_3 = \frac{4\pi}{3} V \left(\frac{2}{c_t^3} + \frac{1}{c_l^3}\right) \nu^3$$

Die Anzahl der Eigenschwingungen im Intervall $\nu \ldots \nu + d\nu$ folgt daraus durch Differentiation nach ν; das gibt:

$$Z(\nu)\, d\nu = 4\pi V \left(\frac{2}{c_t^3} + \frac{1}{c_l^3}\right) \nu^2 \, d\nu ,$$

also die Formel (43) des Textes.

124) In der Formel (43) für $Z(\nu)\, d\nu$ ersetze man, nach Formel (44) des Textes, den Faktor

$$4\pi V \left(\frac{1}{c_l^3} + \frac{2}{c_t^3}\right) \quad \text{durch} \quad \frac{9N}{\nu_m^3} .$$

Dann folgt:

$$C_v = \frac{9R}{\nu_m^3} \int\limits_0^{\nu_m} \frac{\left(\frac{h\nu}{kT}\right)^2 e^{\frac{h\nu}{kT}}}{\left(e^{\frac{h\nu}{kT}} - 1\right)^2} \nu^2 \, d\nu .$$

Setzt man jetzt $\frac{h\nu}{kT} = x$ und $\frac{h\nu_m}{kT} = x_m$, so ergibt sich:

$$C_v = \frac{9R}{x_m^3} \int\limits_0^{x_m} \frac{x^4 e^x \, dx}{(e^x - 1)^2} .$$

125) Eine Tabelle für die *Debye*sche Funktion C_v in ihrer Abhängigkeit von x_m findet sich bei *W. Nernst* (Die theoretischen Grundlagen und experimentellen des neuen Wärmesatzes. W. Knapp, Halle 1918, S. 201). Dort ist auch die

einfache *Einstein*sche Funktion [Formel (34) des Textes] tabelliert.

[126]) Ist T groß, so ist x_m klein gegen 1; dann kann man in dem Integral in (45) im Zähler e^x durch 1, im Nenner $e^x - 1$ durch x ersetzen. So folgt:

$$C_v = \frac{9\,R}{x_m^3} \int_0^{x_m} \frac{x^4\,d\,x}{x^2} = \frac{9\,R}{x_m^3} \cdot \frac{x_m^3}{3} = 3\,R\,.$$

[127]) Ist T klein, so ist x_m groß und man kann in erster Näherung die obere Grenze des Integrals durch ∞ ersetzen. Das Integral wird dadurch zu einer von x_m unabhängigen Zahlenkonstanten, und es folgt:

$$C_v = \frac{9\,R}{x_m^3} \cdot \mathrm{const} = \frac{9\,R \cdot \mathrm{const} \cdot \nu_m^3}{h^3\,k^3} \cdot T^3 = \mathrm{const} \cdot T^3$$

[128]) Aus der Elastizitätstheorie folgt

$$c_l = \sqrt{\frac{3\,(1 - \sigma)}{(1 + \sigma)\,\varkappa\,\varrho}} \quad \text{und} \quad c_t = \sqrt{\frac{3\,(1 - 2\,\sigma)}{2\,(1 + \sigma)\,\varkappa\,\varrho}}\,,$$

wo $\varkappa$ die Kompressibilität, ϱ die Dichte und σ das Verhältnis $\frac{\text{Querkontraktion}}{\text{Längsdilatation}}$ ist. Setzt man diese Werte in (44) ein und beachtet ferner, daß $V = \frac{A}{\varrho}$, so folgt Formel (46) des Textes.

[129]) Da die Zahl der Schwingungszahlen unterhalb ν proportional ν^3 ist, so ergibt sich z. B. folgendes Bild: Teilt man das Intervall von 0 bis ν_m in 10 Teile, und liegt im ersten Abschnitt nur e i n e Eigenschwingung, so liegen in den folgenden Abschnitten 7, 19, 37, 61, 91, 127, 169, 217, 271 Eigenschwingungen, d. h. die Eigenschwingungszahlen rücken immer dichter aneinander.

[130]) *P. Debye*, Ann. d. Phys. *39*, 789 (1912); *W. Nernst* und *F. A. Lindemann*, Sitzungsber. d. Berl. Akad. d. Wiss. 1912, S. 1160.

[131]) *A. Eucken* und *F. Schwers*, Verhandl. d. deutsch. physikal. Ges. *15*, 578 (1913); *W. Nernst* und *F. Schwers*, Sitzungsber. d. Berl. Akad. d. Wiss. 1914, S. 355; *P. Günther*, Ann. d. Phys. *51*, 828 (1916); *W. H. Keesom* und *Kamerlingh-*

Onnes, Amsterdam Proc. *17*, 894 (1915). Vgl. ferner die übersichtliche Tab. bei *E. Schrödinger*, Phys. Zeitschr. *20*, 498 (1919).

[132]) Führt man in Gleichung (44) des Textes:

$$\frac{4\pi V}{3}\left(\frac{1}{c_l^3} + \frac{2}{c_t^3}\right)\nu_m^3 = 3N$$

eine „mittlere Schallgeschwindigkeit“ $\bar{c}$ durch die naheliegende Definition ein:

$$\frac{3}{\bar{c}^3} = \frac{1}{c_l^3} + \frac{2}{c_t^3},$$

so folgt für die Größenordnung der kleinsten Wellenlänge $\lambda_{\min}$:

$$\frac{\bar{c}}{\nu_m} \sim \lambda_{\min} \sim \sqrt[3]{\frac{4\pi V}{3N}}.$$

Sind nun die Atome z. B. im kubischen Raumgitter mit dem Abstand a angeordnet, so ist $N a^3 = V$ und daher

$$\lambda_{\min} \sim \sqrt[3]{\frac{4\pi}{3}} \cdot a.$$

[133]) Literatur siehe Anmerkung 122.

[134]) Vgl. *Born*, Dynamik der Kristallgitter, § 19.

[135]) *F. Haber*, Verhandl. d. deutsch. physikal. Ges. *13*, 1117 (1911).

Sind nämlich Atomrest (Masse m) und Elektron (Masse μ) durch Kräfte von derselben Größenordnung an ihre Ruhelagen gebunden und schwingen unabhängig voneinander (vereinfachte Annahme), so lautet die Schwingungsgleichung des Atoms: $m\ddot{x} + a^2 x = 0$, mit der Lösung $x = A \sin\left(\frac{a}{\sqrt{m}} t\right)$. Die ultrarote Schwingungszahl des Atoms ist also $\nu_r = \frac{a}{2\pi\sqrt{m}}$; entsprechend ist die ultraviolette Schwingungszahl des Elektrons $\nu_v = \frac{a}{2\pi\sqrt{\mu}}$. Daraus folgt der *Haber*sche Satz: $\nu_r : \nu_v = \sqrt{\mu} : \sqrt{m}$. Die allgemeine Gittertheorie von *M. Born* bestätigt diesen Satz und zeigt damit, daß wirklich auch im Gitter Atomreste und Elektronen gleichberechtigt auftreten und von Kräften derselben Größenordnung angegriffen werden.

[136]) Vgl. *M. Born* und *Th. v. Kármán*, Phys. Zeitschr. *13*, 297 (1912).

Man kann das vorliegende Problem, das ja eindimensional ist, am einfachsten so behandeln: Denkt man sich eine unendliche Kette von Punkten gleicher Masse m, im gegenseitigen Abstand a, längs der x-Achse erstreckt, nimmt der Einfachheit halber an, daß auf jeden Massenpunkt nur seine beiden Nachbarn wirken, und zwar mit Kräften, die der Veränderung ihrer Abstände proportional sind, so gilt für den $n$ten Punkt die Bewegungsgleichung

$$m\ddot{x}_n = \alpha(x_{n+1} - x_n) - \alpha(x_n - x_{n-1}) = \alpha(x_{n+1} + x_{n-1} - 2x_n).$$

Dabei ist α eine Konstante, und n kann alle Werte von $-\infty$ bis $+\infty$ annehmen.

Als Lösung setze man versuchsweise an:

$$x_n = A\sin\left(2\pi\nu t - n\frac{2\pi a}{\lambda}\right).$$

Das stellt einen zeitlich und räumlich periodischen Vorgang dar, also eine Welle, die sich längs der Kette in Richtung wachsender x ausbreitet. Die Schwingungszahl dieser Welle ist ν, ihre Länge ist λ. Denn wenn nach p Punkten derselbe Ausschlag wiederkehren soll, so muß $pa = \lambda$ sein, und daraus folgt in der Tat:

$$\begin{aligned} x_{n+p} &= A\sin\left[2\pi\nu t - (n+p)\frac{2\pi a}{\lambda}\right] \\ &= A\sin\left(2\pi\nu t - n\frac{2\pi a}{\lambda}\right) = x_n. \end{aligned}$$

Um die Beziehung zwischen ν und λ (d. h. das „Dispersionsgesetz“) zu finden, setze man den obigen Ansatz in die Bewegungsgleichung ein. Dann folgt:

$$\begin{aligned} &-m(2\pi\nu)^2 A\sin\left(2\pi\nu t - n\frac{2\pi a}{\lambda}\right) \\ &= \alpha A\left\{\sin\left[2\pi\nu t - (n+1)\frac{2\pi a}{\lambda}\right] + \sin\left[2\pi\nu t - (n-1)\frac{2\pi a}{\lambda}\right]\right. \\ &\qquad \left. - 2\sin\left[2\pi\nu t - n\frac{2\pi a}{\lambda}\right]\right\} \\ &= -2\alpha A\sin\left[2\pi\nu t - n\frac{2\pi a}{\lambda}\right]\cdot\left(1 - \cos\frac{2\pi a}{\lambda}\right). \end{aligned}$$

Also

$$(2\pi\nu)^2 m = 4\alpha \sin^2\left(\frac{\pi a}{\lambda}\right),$$

$$\nu = \frac{1}{\pi}\sqrt{\frac{\alpha}{m}}\sin\left(\frac{\pi a}{\lambda}\right) = \nu_m \sin\left(\frac{\pi a}{\lambda}\right), \quad \text{wenn} \quad \frac{1}{\pi}\sqrt{\frac{\alpha}{m}} = \nu_m$$

gesetzt wird.

137) Vgl. *Born*, Dynamik der Kristallgitter, S. 51.

Auch aus dem in der vorigen Anmerkung behandelten Spezialfall erkennt man das Gesetz (49); denn wenn $\lambda \gg a$, so nimmt das Dispersionsgesetz die Form $\nu = \nu_m \frac{\pi a}{\lambda} = \frac{q}{\lambda}$ an, wo $q = \nu_m \pi a$ die von der Wellenlänge unabhängige Ausbreitungsgeschwindigkeit der Welle darstellt.

138) Unter der Aussage, eine gegebene Richtung liege im „Raumwinkelelement" $d\Omega$, ist folgendes zu verstehen: Um einen willkürlichen Anfangspunkt O beschreibe man eine „Einheitskugel", d. h. eine Kugel vom Radius 1. Nun konstruiere man aus Strahlen durch O einen Kegel von unendlich kleinem Öffnungswinkel, dessen Spitze in O liegt. Dieser Kegel schneide aus der Oberfläche der Einheitskugel ein kleines Flächenstück vom Inhalt $d\Omega$ heraus. Jetzt ziehe man durch O den Parallelstrahl zu der „gegebenen Richtung" (hier z. B. der Wellennormale). Liegt dieser Strahl in dem eben konstruierten Kegel, so sagt man, die „gegebene Richtung" liegt im Raumwinkelelement $d\Omega$.

139) Wärmekapazität eines bestimmten endlichen Körpers ist diejenige Wärmemenge, die man dem ganzen Körper zuführen muß, um seine Temperatur um einen Grad zu erhöhen. Ist M die Masse des Körpers, c seine spezifische Wärme, so ist seine Wärmekapazität

$$\Gamma = c \cdot M .$$

Aus dem mittleren Energieinhalt $\overline{E}$ des ganzen Körpers folgt Γ durch Differentiation nach der Temperatur:

$$\Gamma = \frac{d\overline{E}}{dT} .$$

[140]) Diese etwas umständliche Rechnung verläuft so: Man geht aus von der Formel

$$\Gamma_v^{(1)} = k\,V \sum_{i=1}^{3} \int_0^{4\pi} d\Omega \int_{\lambda_m(n)}^{\infty} \frac{d\lambda}{\lambda^4} \cdot \frac{\left(\frac{h\,\nu_i}{kT}\right)^2 e^{\frac{h\nu_i}{kT}}}{\left(e^{\frac{h\nu_i}{kT}} - 1\right)^2}$$

und ersetzt zuerst λ durch $\frac{q_i(n)}{\nu_i}$. Dadurch wird

$$\frac{d\lambda}{\lambda^4} = -\frac{\nu_i^2\,d\nu_i}{q_i^3(n)}$$

und das Integral nach λ verwandelt sich in ein Integral nach ν_i. Die Grenzen dieses Integrals sind:

$$\nu_i = \frac{q_i(n)}{\lambda_m(n)} \qquad [\text{entsprechend} \quad \lambda = \lambda_m(n)]$$

und

$$\nu_i = 0 \qquad (\text{entsprechend} \quad \lambda = \infty)\,.$$

Setzt man noch:

$$\frac{h\,\nu_i}{k\,T} = x \qquad \text{und} \qquad \frac{h\,q_i(n)}{k\,T\,\lambda_m(n)} = x_i(n)\,,$$

so wird:

$$\Gamma_v^{\prime(1)} = k\,V\,\frac{k^3\,T^3}{h^3} \sum_{i=1}^{3} \int_0^{4\pi} \frac{d\Omega}{q_i^3(n)} \int_0^{x_i(n)} \frac{x^4\,e^x\,dx}{(e^x - 1)^2}\,.$$

An Stelle der von der Richtung noch wesentlich abhängenden Größen $q_i(n)$ und $\lambda_m(n)$ führe man jetzt gewisse Mittelwerte ein: Erstens setze man:

$$\frac{1}{\overline{q_i}^3} = \frac{1}{4\pi} \int_0^{4\pi} \frac{d\Omega}{q_i^3(n)} \qquad (i = 1, 2, 3)\,.$$

Dadurch sind drei mittlere, von der Richtung unabhängige Schallgeschwindigkeiten $\overline{q_1}\,\overline{q_2}\,\overline{q_3}$ definiert. Ferner führen wir auch statt $\lambda_m(n)$ einen von der Richtung unabhängigen Mittelwert $\overline{\lambda_m}$ ein, und zwar folgendermaßen: Bei der Ableitung der Formel (55) hatten wir gesehen, daß

$$V\int_0^{4\pi} d\Omega \int_{\lambda_m(n)}^{\infty} \frac{d\lambda}{\lambda^4} = N$$

ist. Führt man hier die Integration nach λ aus, so ergibt sich:

$$\frac{V}{3}\int_0^{4\pi} \frac{d\Omega}{\lambda_m^3(n)} = N$$

oder

$$\int_0^{4\pi} \frac{d\Omega}{\lambda_m^3(n)} = \frac{3N}{V}.$$

Nun setzen wir, analog wie bei den Schallgeschwindigkeiten q:

$$\frac{1}{\overline{\lambda_m}^3} = \frac{1}{4\pi}\int_0^{4\pi} \frac{d\Omega}{\lambda_m^3(n)} = \frac{3N}{4\pi V}.$$

Also

$$\overline{\lambda_m} = \sqrt[3]{\frac{4\pi V}{3N}}.$$

In $x_i(n) = \frac{h\,q_i(n)}{k\,T\,\lambda_m(n)}$ führen wir an Stelle von $q_i(n)$ und $\lambda_m(n)$ die von der Richtung unabhängigen Mittelwerte $\overline{q_i}$ und $\overline{\lambda_m}$ ein; dadurch wird auch $x_i(n)$ von der Richtung unabhängig und verwandelt sich in

$$x_i = \frac{h\,\overline{q_i}}{k\,T\,\overline{\lambda_m}} = \frac{h\,\overline{q_i}}{k\,T}\sqrt[3]{\frac{3N}{4\pi V}}.$$

Also folgt:

$$\Gamma_v^{(1)} = 4\pi k V \frac{k^3 T^3}{h^3}\sum_{i=1}^{3}\frac{1}{\overline{q_i}^3}\int_0^{\overline{x_i}} \frac{x^4 e^x\,dx}{(e^x-1)^2}$$

$$= 3Nk\sum_{i=1}^{3}\frac{1}{\overline{x_i}^3}\cdot\int_0^{\overline{x_i}} \frac{x^4 e^x\,dx}{(e^x-1)^2}$$

$$= 3R\cdot\sum_{i=1}^{3}\frac{1}{\overline{x_i}^3}\cdot\int_0^{\overline{x_i}} \frac{x^4 e^x\,dx}{(e^x-1)^2}.$$

[141]) Für tiefste Temperaturen wird:

$$\overline{C}_v = \frac{1}{3s} \cdot \sum_{1}^{3} D(\overline{x}_i) = \frac{1}{3s} \cdot 9R \sum_{i=1}^{3} \frac{1}{\overline{x}_i^3} \int_0^\infty \frac{x^4 e^x dx}{(e^x - 1)^2} .$$

Nun ist der Wert des Integrals $= \frac{4}{15}\pi^4$. Setzt man ferner $R = Nk$ und für $\overline{x}_i$ den Wert (59), so folgt:

$$\overline{C}_v = \frac{16\pi^5 k^4 V T^3}{15 h^3 s} \cdot \sum_{1}^{3} \frac{1}{\overline{q}_i^3} .$$

Führt man an Stelle der drei Schallgeschwindigkeiten $\overline{q}_1\,\overline{q}_2\,\overline{q}_3$ eine mittlere Schallgeschwindigkeit $\overline{q}$ ein durch die Definition:

$$\frac{3}{\overline{q}^3} = \sum_{i=1}^{3} \frac{1}{\overline{q}_i^3} = \sum_{i=1}^{3} \frac{1}{4\pi} \int_0^{4\pi} \frac{d\Omega}{q_i^3(n)} \quad \text{(siehe Anmerkung 140),}$$

so folgt:

$$\overline{C}_v = \frac{16\pi^5 k^4 V T^3}{5 h^3 s \overline{q}^3} .$$

Schließlich kann man für $\frac{V}{s}$ noch $\overline{V}_A$ (mittleres Atomvolumen) schreiben, und gewinnt so schließlich die Formel:

$$\overline{C}_v = \frac{16\pi^5 k^4 \overline{V}_A T^3}{5 h^3 \overline{q}^3} .$$

[142]) *H. Thirring*, Phys. Zeitschr. *14*, 867 (1913); *15*, 127, 180 (1914).

[143]) *M. Born* und *Th. v. Kármán*, Phys. Zeitschr. *14*, 15 (1913).

[144]) Vgl. Anmerkung 132.

[145]) Vgl. Anmerkung 128.

[146]) *A. Eucken*, Verhandl. d. deutsch. physikal. Ges. *15*, 571 (1913). Vgl. ferner *A. Eucken*, Die Theorie der Strahlung und der Quanten (W. Knapp, Halle 1914), S. 386ff. Anhang.

[147]) Vgl. *A. Eucken*, Die Theorie der Strahlung und der Quanten (W. Knapp, Halle 1914), S. 387.

[148]) Zur Berechnung der mittleren Schallgeschwindigkeit $\bar{q}$ dient die in Anmerkung 141 aufgestellte Beziehung:

$$\frac{3}{\bar{q}^3} = \sum_{i=1}^{3} \frac{1}{4\pi} \int_0^{4\pi} \frac{d\Omega}{q_i^3(n)} .$$

Es müssen also zuerst aus der „Dispersionsgleichung" des vorliegenden Kristalls (für lange Wellen) die Werte der drei Schallgeschwindigkeiten $q_1(n)\ q_2(n)\ q_3(n)$ als Funktionen der Wellenrichtung ermittelt werden; dann ergibt sich nach obiger Formel $\bar{q}$ durch Integration über alle Richtungen und Summation.

[149]) *L. Hopf* und *G. Lechner*, Verhandl. d. deutsch. physikal. Ges. *16*, 643 (1914).

[150]) Die folgende kleine Tabelle ist der in Anmerkung 149 zitierten Arbeit von *Hopf* und *Lechner* entnommen:

Kristall	$\bar{q}$ aus $\bar{C}_v$ berechnet	$\bar{q}$ aus elastischen Daten berechnet
Sylvin	$2{,}36 \cdot 10^5$	$2{,}03 \cdot 10^5$
Steinsalz	$2{,}82 \cdot 10^5$	$2{,}72 \cdot 10^5$
Flußspat	$4{,}02 \cdot 10^5$	$3{,}82 \cdot 10^5$
Pyrit	$5{,}43 \cdot 10^5$	$5{,}12 \cdot 10^5$

[151]) *W. Nernst*, Vorträge über die kinetische Theorie der Materie und der Elektrizität. Wolfskehl-Kongreß 1913 in Göttingen (Teubner, Leipzig u. Berlin 1914), S. 63ff.

[152]) *W. Nernst*, l. c. S. 81ff.

[153]) *E. Schrödinger*, Phys. Zeitschr. *20*, 503 (1919). — *Schrödinger* weist hier mit Recht darauf hin, daß — abgesehen von der Ersetzung der drei Werte $\bar{x}_i$ in den *Debye*schen Gliedern durch einen Mittelwert $\bar{x}$ —, vor allem die Näherung in dem zweiten Teil von C_v (d. h. die Ersetzung der $3(s-1)$ Schwingungszahlen $\nu_4 \ldots \nu_{3s}$ durch die Konstanten $\nu_4^0 \ldots \nu_{3s}^0$) in manchen Fällen unerlaubt werden kann: nämlich dann, wenn die Massen der einzelnen Atomarten nicht sehr verschieden voneinander sind. Würde man — so argumentiert er — die Massen der Atomarten und die auf sie wirkenden

Kräfte allmählich einander gleich werden lassen, so würde ja ein einfaches Atomgitter entstehen, und bei diesem Prozeß müßten die $3(s-1)$ Zweige des Spektrums, die dem zweiten Bewegungstypus entsprechen, mit den drei ersten Zweigen verschmelzen. „Sie können daher bei geringem Massenunterschied auch nicht angenähert monochromatisch sein."

[154]) *H. Thirring*, Phys. Zeitschr. **15**, 127, 180 (1914).

[155]) *M. Born*, Ann. d. Phys. **44**, 605 (1914).

[156]) *E. Grüneisen*, Ann. d. Phys. **39**, 257 (1912).

[157]) *S. Ratnowski*, Verhandl. d. deutsch. physikal. Ges. **15**, 75 (1913).

[158]) Vorträge über die kinetische Theorie der Materie und der Elektrizität. Wolfskehl-Kongreß zu Göttingen 1913. (Teubner, Leipzig u. Berlin 1914), Vortrag *P. Debye*.

[159]) Ist U die Energie, S die Entropie des Systems, so ist die „freie Energie" F nach *Helmholtz* durch die Beziehung:

$$F = U - S \cdot T$$

definiert. Aus Anmerkung 115 folgt dann:

$$dF = d'A - S \cdot dT,$$

wo $d'A$ die von außen geleistete Arbeit ist. Setzt man in bekannter Weise:

$$d'A = -p\,dV \qquad (p = \text{Druck}, \; V = \text{Volumen}),$$

so wird also:

$$dF = -p\,dV - S\,dT.$$

Daher ergibt sich ohne weiteres die Gleichung (66) des Textes:

$$\left(\frac{\partial F}{\partial V}\right)_T = -p.$$

Ebenso

$$\left(\frac{\partial F}{\partial T}\right)_V = -S$$

und daher

$$U = F + T \cdot S = F - T\left(\frac{\partial F}{\partial T}\right)_V.$$

[160]) *P. Debye*, l. c. Anmerkung 158.

[161]) *E. Grüneisen*, Ann. d. Phys. **26**, 211 (1908); **33**, 65 (1910); **39**, 285 (1912).

[162]) *P. Debye*, l. c. Anmerkung 158.

[163]) *A. Eucken,* Ann. d. Phys. *34,* 185 (1911); Verhandl. d. deutsch. physikal. Ges. *13,* 829 (1911).

[164]) *P. Drude,* Ann. d. Phys. *1,* 566 (1900).

[165]) *E. Riecke,* Wiedem. Ann. *66,* 353, 545 (1898).

[166]) Vgl. z. B. *H. A. Lorentz,* The theory of electrons (Teubner, Leipzig u. Berlin 1909).

[167]) Es sei q die durchschnittliche Geschwindigkeit der Elektronen auf der freien Weglänge l. Dann gebraucht das Elektron die Zeit $\tau = \frac{l}{q}$, um diese freie Weglänge zu durchfliegen. Während dieser Zeit unterliegt es der elektrischen Kraft $\mathfrak{E}$ des äußeren Feldes. Sein Geschwindigkeitszuwachs infolge dieser Einwirkung ist zu Beginn der freien Weglänge $= 0$, am Ende $= \frac{e\,\mathfrak{E}\,\tau}{m}$, wo e und m Ladung und Masse des Elektrons darstellen. Im Mittel ist also die durch das Feld erzeugte kleine Zusatzgeschwindigkeit: $\Delta q = \frac{e\,\mathfrak{E}\,\tau}{2\,m} = \frac{e\,\mathfrak{E}\,l}{2\,m\,q}$. Mit dieser Geschwindigkeit strömen die Elektronen einseitig, der Feldrichtung entgegen. Ist $\mathfrak{N}$ die Zahl der Elektronen pro Volumeinheit, so strömt durch die Flächeneinheit pro Sekunde eine Elektrizitätsmenge $\mathfrak{N}\,e\,\Delta q = \frac{\mathfrak{N}\,e^2\,l\,\mathfrak{E}}{2\,m\,q}$. Das ist aber die „Stromdichte" $\mathfrak{J}$, die bekanntlich mit dem Feld $\mathfrak{E}$ durch die Beziehung $\mathfrak{J} = \sigma\,\mathfrak{E}$ verknüpft ist. Es folgt also für die Leitfähigkeit σ der Ausdruck (67).

Eine eingehendere Betrachtung hat *H. A. Lorentz* durchgeführt (siehe Anmerkung 166). Er legt den Elektronen nicht eine einheitliche Geschwindigkeit q bei, sondern führte die aus der kinetischen Gastheorie bekannte *Maxwell*sche Annahme ein, daß alle möglichen Geschwindigkeiten vorkommen, die sich nach einem bestimmten Gesetz, dem sog. *Maxwell*schen Verteilungsgesetz, auf die Elektronen verteilen. So erhielt er eine Formel von folgender Gestalt:

$$\sigma = 2\sqrt{\frac{2}{3\pi}}\,\frac{\mathfrak{N}\,e^2\,l}{m\,q}\,,$$

die sich also nur durch den anderen Zahlenfaktor von der *Drude*schen Formel (67) unterscheidet; dabei ist $q = \sqrt{\overline{q^2}}$ die Wurzel aus dem Mittelwert des Geschwindigkeitsquadrats.

[168]) Es sei in dem Metallstück ein Temperaturgefälle längs der x-Achse vorhanden. Man lege (siehe Fig. 12) senkrecht zur x-Achse einen Querschnitt und frage nach dem Energietransport durch die Flächeneinheit dieses Querschnitts pro Sekunde. Denkt man sich von allen Elektronen je $\frac{1}{3}$ in den drei Raumrichtungen wandern, so fliegen also $\frac{1}{6}$ in der positiven x-Richtung; und zwar werden in 1 Sekunde alle die Elektronen durch die Flächeneinheit wandern, die in dem kleinen schraffierten Zylinder mit der Basisfläche 1 und der Höhe q (Geschwindigkeit) enthalten sind. Also $\frac{1}{6}\,\mathfrak{N}\,q$. Wir machen die auch in der Gastheorie übliche (wenn auch nicht strenge) Annahme, daß die Energie, die jedes Elektron durch den Querschnitt transportiert, denjenigen Wert hat, der der Stelle des letzten Zusammenstoßes entspricht.

Nun ist die Energie im Querschnitt selbst (Temperatur T) $= \frac{3}{2}\,k\,T$, also ist sie $= \frac{3}{2}\,k\,T \pm \frac{\partial\left(\frac{3}{2}\,k\,T\right)}{\partial x}\cdot l$ an denjenigen Stellen, die um das Stück l vor und hinter dem Querschnitt liegen. Dort finden durchschnittlich für die von rechts bzw. von links kommenden Elektronen die letzten Zusammenstöße statt.

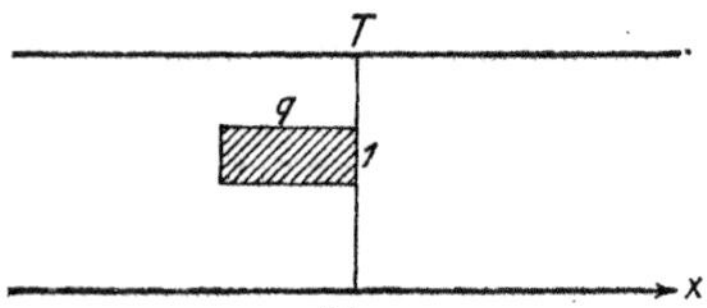

Fig. 12.

Der Energietransport pro Sekunde durch die Querschnittseinheit ist also:

$$\left(\tfrac{3}{2}\,k\,T - \tfrac{3}{2}\,k\,\frac{\partial T}{\partial x}\,l\right)\tfrac{1}{6}\,\mathfrak{N}\,q - \left(\tfrac{3}{2}\,k\,T + \tfrac{3}{2}\,k\,\frac{\partial T}{\partial x}\,l\right)\tfrac{1}{6}\,\mathfrak{N}\,q$$

$$= -\tfrac{1}{2}\,\mathfrak{N}\,l\,q\,k\,\frac{\partial T}{\partial x} = -\gamma\,\frac{\partial T}{\partial x}\,.$$

Daher ist

$$\gamma = \tfrac{1}{2}\,\mathfrak{N}\,l\,q\,k \quad \text{der Koeffizient der Wärmeleitung.}$$

Auch hier hat *H. A. Lorentz* die Theorie durch Berücksichtigung der Geschwindigkeitsverteilung vertieft und findet:

$$\gamma = \tfrac{4}{3}\sqrt{\frac{2}{3\,\pi}}\,\mathfrak{N}\,l\,q\,k\,,$$

wo wieder $q = \sqrt{\overline{q^2}}$ ist.

[169]) *G. Wiedemann* und *R. Franz*, Poggend. Ann. **89**, 497 (1853); *L. Lorenz*, Wiedem. Ann. **13**, 422, 582 (1881). Vgl. ferner *G. Kirchhoff* und *G. Hansemann*, Wiedem. Ann. **13**, 417 (1881); *W. Jaeger* und *H. Diesselhorst*, Abh. d. phys.-techn. Reichsanstalt **3**, 269 (1900).

Der Arbeit dieser letzten beiden Forscher ist folgende kleine Tabelle entnommen, die für verschiedene Metalle bei 18° C das Verhältnis $\frac{\gamma}{\sigma}$ angibt:

Metall	$\frac{\gamma}{\sigma} \cdot 10^{-10}$
Al	6,36
Cu	6,65
Ag	6,86
Au	7,09
Zn	6,72
Pb	7,15
Pt	7,53
Bi	9,64

[170]) Aus (67) folgt, wenn man $\frac{1}{2} m q^2 = \frac{3}{2} k T$, also $q = \sqrt{\frac{3 k T}{m}}$ setzt:

$$l = 2 \sigma \frac{\sqrt{3 k T m}}{\mathfrak{N} e^2}$$

Nun sei N die Zahl der Atome in der Volumeinheit, N^* die Zahl der Atome in einem Grammatom (*Avogadro*sche Zahl). Ist ferner A das Atomgewicht, M die Masse eines Atoms, ϱ die Dichte, so ist:

$$\begin{cases} A = M N^* , \\ \varrho = M N , \end{cases}$$

also

$$N = N^* \frac{\varrho}{A} .$$

Wir nehmen jetzt an, daß $\mathfrak{N}$, die Zahl der Elektronne pro Volumeinheit, klein sei gegen N, etwa

$$\mathfrak{N} = \frac{1}{100} N = \frac{1}{100} N^* \frac{\varrho}{A} .$$

Setzt man diesen Wert ein, so folgt für die freie Weglänge:

$$l = \frac{200\,\sigma A \sqrt{3\,k\,T\,m}}{N^*\,\varrho\,e^2}.$$

Wir machen einen Überschlag für Kupfer bei 0° C. Dort ist:

$$\begin{aligned}
\sigma &\sim 5{,}4 \cdot 10^{17} \quad \text{(im elektrostatischen Maß)}\\
A &= 63{,}57\\
k &= 1{,}4 \cdot 10^{-16}\\
T &= 273\\
m &= 0{,}9 \cdot 10^{-27}\\
N^* &= 6{,}1 \cdot 10^{23}\\
\varrho &= 8{,}9\\
e &= 4{,}77 \cdot 10^{-10}.
\end{aligned}$$

Mit diesen Werten ergibt sich:

$$l \sim 5{,}7 \cdot 10^{-5}.$$

Da der Atomabstand von der Größenordnung $2 \cdot 10^{-8}$ ist, so würden somit die Elektronen erst nach dem Passieren von mehreren Tausenden von Atomen einen Zusammenstoß erleiden. Dies ist undenkbar, da die „Wirkungssphären" der Atome selbst Dimensionen besitzen, die in die Größenordnung 10^{-8} fallen.

171) *H. A. Lorentz*, l. c. Anmerkung 43.

172) *J. J. Thomson*, Die Korpuskulartheorie der Materie. (F. Vieweg & Sohn, Braunschweig 1908), S. 77.

173) *H. Kamerlingh-Onnes*, Leiden Communicat. 1913, 133.

174) *C. H. Lees*, Phil. Trans. (A) *208*, 381—443 (1908).

175) *W. Meissner*, Ann. d. Phys. *47*, 1001 (1915).

176) *W. Nernst*, Berl. Ber. 1911, S. 310.

177) *H. Kamerlingh-Onnes*, Leiden Communicat. *119*, 22 (1911).

178) *F. A. Lindemann*, Berl. Ber. 1911, S. 316.

179) *W. Wien*, Berl. Ber. 1913, S. 184. Vgl. auch Vorlesungen über neuere Probleme der theoretischen Physik. (Teubner, Leipzig u. Berlin 1913.) 3. Vorlesung.

180) Ist s der Radius der Atomwirkungssphäre, N die Zahl der ruhenden Atome pro Volumeinheit, so ist nach einem be-

kannten Resultat der kinetischen Gastheorie die mittlere freie Weglänge der Elektronen

$$l = \frac{1}{\pi N s^2}.$$

Man setze:

$$s = s_0 + a,$$

wo s_0 den Radius der Atomwirkungssphäre für $T = 0$ darstellt, wenn also die Atome ruhen, a die Amplitude der Atomschwingung bedeutet. Nun ist aber die mittlere Energie E dieser Schwingung (Schwingungszahl ν) einerseits $= \frac{M}{2}(2\pi\nu)^2 a^2$ (M ist die Atommasse), andererseits ist sie nach *Planck-Einstein*

$$= \frac{3 h \nu}{e^{\frac{h\nu}{kT}} - 1}.$$

Daraus folgt:

$$a = \frac{1}{\pi}\sqrt{\frac{3h}{2 M \nu \left(e^{\frac{h\nu}{kT}} - 1\right)}}.$$

Nun ist nach Formel (67) des Textes der Widerstand

$$W = \frac{1}{\sigma} = \frac{2 m q}{\mathfrak{N} e^2 l}.$$

Setzt man hier für q den Wert $\sqrt{\frac{3kT}{m}}$ (vgl. Anmerkung 170), für $\mathfrak{N}$ nach *J. J. Thomson*s Annahme $\alpha\sqrt{T}$ und für $\frac{1}{l}$ den Wert $\pi N s^2 = \pi N (a^2 + 2 a s_0 + s_0^2)$, so folgt:

$$W = \frac{2\pi N\sqrt{3km}}{e^2\alpha}\left\{\frac{\frac{3h}{2M\nu\pi^2}}{e^{\frac{h\nu}{kT}} - 1} + \frac{\frac{2 s_0}{\pi}\sqrt{\frac{3h}{2M\nu}}}{\sqrt{e^{\frac{h\nu}{kT}} - 1}} + s_0^2\right\}$$

ein Ausdruck, der als unbekannte Konstanten nur α und s_0 enthält. Setzt man:

$$\left.\begin{aligned}\sqrt{\frac{2\pi N\sqrt{3km}}{e^2\alpha}\cdot\frac{3h}{2M\nu\pi^2}} &= A \\ s_0\sqrt{\frac{2\pi N\sqrt{3km}}{e^2\alpha}} &= B\end{aligned}\right\}$$

so nimmt W die Gestalt der Formel (70) an.

[181]) *F. A. Lindemann*, Phil. Mag. *29*, 127 (1915).

[181a]) *F. Haber*, Berl. Akad. Ber. 1919, S. 506 u. 990.

[182]) *J. Stark*, Jahrb. d. Radioakt. u. Elektronik *9*, 188 (1912).

[183]) *G. Borelius*, Ann. d. Phys. *57*, 278 (1918).

[184]) *K. Herzfeld*, Ann. d. Phys. *41*, 27 (1913).

[185]) Setzt man $\frac{1}{2} m q^2 = E$, also $q = \sqrt{\frac{2E}{m}}$, so folgt aus (67) die erste der beiden Formeln (72). Berücksichtigt man außerdem noch, daß in *Drude*s Theorie $E = \frac{3}{2} k T$, also $k = \frac{2}{3} \frac{dE}{dT}$, so folgt aus (68) auch die zweite Formel (72).

[186]) *F. v. Hauer*, Ann. d. Phys. *51*, 189 (1916).

[187]) *W. Nernst*, Berl. Ber. 1911, S. 65.

[188]) *A. Eucken*, Berl. Ber. 1912, S. 141.

[189]) *K. Scheel* und *W. Heuse*, Ann. d. Phys. *40*, 473 (1913). Vgl. auch *L. Holborn*, *K. Scheel* und *F. Henning*, Wärmetabellen der physikal.-techn. Reichsanstalt (Vieweg 1919).

[190]) *A. Einstein* und *O. Stern*, Ann. d. Phys. *40*, 551 (1913).

[191]) Die Quantenformeln (76) und (77) entsprechen eigentlich dem *Planck*schen Oszillator, also einem Gebilde von einem Freiheitsgrad, während wir es hier, bei der Rotation, mit zwei Freiheitsgraden zu tun haben. Dafür setzt sich aber die Energie des *Planck*schen Oszillators aus zwei gleichen Teilen, einem kinetischen und einem potentiellen, zusammen, während bei der Rotation nur kinetische Energie in Frage kommt. Man drückt das auch manchmal so aus: Der *Planck*sche Oszillator besitzt einen kinetischen und einen potentiellen Freiheitsgrad, das rotierende Molekül aber zwei kinetische Freiheitsgrade.

[192]) *P. Ehrenfest*, Verhandl. d. deutsch. physikal. Ges. *15*, 451 (1913).

[193]) Nach Anmerkung 48 ist die quantenmäßig erweiterte kanonische Verteilungsfunktion:

$$w_n = \frac{p_n e^{-\frac{E_n}{kT}}}{\sum_n p_n e^{-\frac{E_n}{kT}}}$$

und die mittlere Energie:

$$\overline{E} = \frac{\sum\limits_n p_n E_n e^{-\frac{E_n}{kT}}}{\sum\limits_n p_n e^{-\frac{E_n}{kT}}}.$$

Setzt man hier alle $p_n = 1$ und für E_n den Wert $E_r^{(n)}$ aus (80), so folgt für die mittlere Rotationsenergie eines Moleküls:

$$\overline{E}_r = \frac{h^2}{8\pi^2 J} \cdot \frac{\sum\limits_0^\infty n^2 e^{-n^2\sigma}}{\sum\limits_0^\infty e^{-n^2\sigma}}, \quad \text{wo} \quad \sigma = \frac{h^2}{8\pi^2 J k T}$$

und für die Rotationswärmen des Wasserstoffs der Ausdruck:

$$C_r = 2N \frac{d\overline{E}_r}{dT}.$$

[194]) Der Drehimpuls (das Impulsmoment) eines Systems, dessen Massenpunkte die Massen m_i, die Geschwindigkeiten v_i und die Abstände r_i von einem festen Punkt (etwa dem Anfangspunkt des Koordinatensystems) besitzen, ist ein Vektor vom Betrage

$$|\mathfrak{U}| = \sum_i m_i v_i r_i \sin(v_i r_i).$$

In dem vorliegenden Fall besteht das System nur aus den beiden Atomen (Masse M), die auf einem Kreise vom Radius r mit der konstanten Geschwindigkeit $v = r \cdot 2\pi\nu$ umlaufen. Also ist hier

$$|\mathfrak{U}| = p = 2Mr^2 \cdot 2\pi\nu = J \cdot 2\pi\nu,$$

wobei $J = 2Mr^2$ das Trägheitsmoment bedeutet.

[195]) Der zu einer allgemeinen Koordinate q_i gehörige Impuls p_i ist nach Anmerkung 48 durch die Beziehung $p_i = \frac{\partial \mathfrak{L}}{\partial \dot{q}_i}$ definiert, wo $\dot{q}_i = \frac{dq_i}{dt}$ und $\mathfrak{L}$ die kinetische Energie des Systems ist. Nun ist hier als allgemeine Koordinate q der Drehungswinkel φ gewählt. Bekanntlich ist aber die kine-

tische Energie eines um eine feste Achse rotierenden Körpers $= \frac{1}{2} \cdot$ Trägheitsmoment · (Winkelgeschwindigkeit)², also

$$\mathfrak{L} = \frac{J}{2} \cdot \left(\frac{d\varphi}{dt}\right)^2 = \frac{J}{2} \dot{\varphi}^2 .$$

Daher ist

$$p_\varphi = \frac{\partial \mathfrak{L}}{\partial \dot{\varphi}} = J\dot{\varphi} = J \cdot 2\pi\nu .$$

[196]) *F. Reiche*, Ann. d. Phys. *58*, 657 (1919).

[197]) Die beste Kurve wurde erhalten, wenn man dem $n$ten Quanten-Rotationszustand das „Gewicht" $2n$ beilegte. Der rotationslose Zustand ($n = 0$) erhält dadurch das „Gewicht" Null, d. h. er existiert nicht. Es kommt dies also darauf hinaus, eine wahre Nullpunktsrotation einzuführen.

[198]) *E. Holm*, Ann. d. Phys. *42*, 1311 (1913).

[199]) *J. v. Weyssenhoff*, Ann. d. Phys. *51*, 285 (1916).

[200]) *M. Planck*, Ber. d. deutsch. physikal. Ges. *17*, 407 (1915)

[201]) *S. Rotszayn*, Ann. d. Phys. *57*, 81 (1918).

[202]) Die Kurve ist bei *Planck* nicht gezeichnet, jedoch in der in Anmerkung 196 zitierten Arbeit des Verfassers diskutiert.

[203]) Siehe ebenfalls die in Anmerkung 196 zitierte Arbeit des Verfassers.

[204]) *P. S. Epstein*, Ber. d. deutsch. physikal. Ges. *18*, 398 (1916). Vgl. auch Phys. Zeitschr. *20*, 289 (1919).

[205]) *N. Bohr*, Phil. Mag. 1913, S. 857.

[206]) Bei der „regulären Präzession" dreht sich der Kreisel gleichförmig um seine Symmetrieachse (Figurenachse), während zugleich diese Achse einen Kreiskegel um eine raumfeste Richtung beschreibt.

[207]) Eine Zusammenstellung der von den verschiedenen Forschern benutzten Trägheitsmomente des Wasserstoffmoleküls ergibt folgendes Bild:

	$J \cdot 10^{41}$	
Einstein-Stern	1,47	
Ehrenfest	0,69	
Reiche	2,214	verschiedene Kurven
	2,293	
	2,095	
Holm	1,36	
Weyssenhoff	0,34	
Rotszayn	2,12	
Epstein (*Bohr*sches Modell)	2,82	

[208]) *N. Bjerrum*, *Nernst*-Festschrift 1912, S. 90. *Bjerrum* hat übrigens nicht die Formel (79) zugrunde gelegt, sondern mit den Werten $\nu_n = \frac{n h}{2 \pi^2 J}$ gerechnet, da er, nach einem Vorschlag von *H. A. Lorentz*, die Rotationsenergie $E_r^{(n)}$ gleich $n h \nu_n$ setzte, im Gegensatz zu *Ehrenfest*s begründeterer Formulierung (78).

[209]) *S. P. Langley*, Annals of the Astrophysical Observatory of the Smithsonian Institution, Vol. I, p. 127, Tafel XX (1900).

[210]) *F. Paschen*, Wiedem. Ann. *51*, 1; *52*, 209; *53*, 335 (1894).

[211]) *H. Rubens*, Berl. Ber. 1913, S. 513.

[212]) *H. Rubens* und *E. Aschkinass*, Wiedem. Ann. *64*, 584 (1898).

[213]) *H. Rubens* und *G. Hettner*, Berl. Ber. 1916, S. 167. Siehe auch *G. Hettner*, Ann. d. Phys. *55*, 476 (1918).

[214]) *W. Burmeister*, Ber. d. deutsch. physikal. Ges. *15*, 589 (1913).

[215]) *Eva v. Bahr*, Ber. d. deutsch. physikal. Ges. *15*, 710, 731, 1150 (1913).

[216]) Vgl. *Lord Rayleigh*, Phil. Mag. *34*, 410 (1892). — Es werde z. B. ein HCl-Molekül betrachtet, das aus einem positiv geladenen H^+-Atom und einem negativ geladenen Cl^--Atom besteht (siehe Fig. 13). Ihr Schwerpunkt sei S, und a sei der Abstand des H^+-Atoms von S. Die Verbindungslinie der beiden Atome sei die x'-Achse, und diese Achse drehe sich um S in positivem Sinne mit der Umlaufszahl ν_r gegen das feste $x\,y$-System. Schwingen jetzt die beiden Atome gegeneinander mit der Schwingungszahl ν_0 und der Amplitude A, so kann man die x'-Koordinate des H^+-Atoms folgendermaßen darstellen:

$$x' = a + A \sin(2 \pi \nu_0 t) .$$

Projiziert man diese Schwingung auf das feste Koordinatensystem, so folgt:

$$\begin{cases} x = x' \cos(2 \pi \nu_r t) = a \cos(2 \pi \nu_r t) + A \sin(2 \pi \nu_0 t) \cos(2 \pi \nu_r t) , \\ y = y' \sin(2 \pi \nu_r t) = a \sin(2 \pi \nu_r t) + A \sin(2 \pi \nu_0 t) \sin(2 \pi \nu_r t) , \end{cases}$$

wofür man auch schreiben kann:

$$\begin{cases} x = a\cos(2\pi\nu_r t) + \dfrac{A}{2}\sin 2\pi(\nu_0+\nu_r)\,t + \dfrac{A}{2}\sin 2\pi(\nu_0-\nu_r)\,t\,, \\ y = a\sin(2\pi\nu_r t) - \dfrac{A}{2}\cos 2\pi(\nu_0+\nu_r)\,t + \dfrac{A}{2}\cos 2\pi(\nu_0-\nu_r)\,t\,. \end{cases}$$

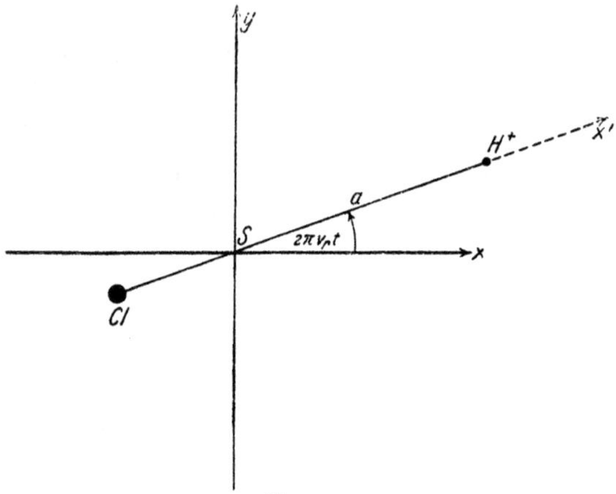

Fig. 13.

Vom ruhenden System aus betrachtet hat man also drei Schwingungen:

die linkszirkulare

$$\left.\begin{aligned} x &= a\cos(2\pi\nu_r t) \\ y &= a\sin(2\pi\nu_r t) \end{aligned}\right\}\text{ mit der Schwingungszahl } \nu_r\,,$$

die linkszirkulare

$$\left.\begin{aligned} x &= \frac{A}{2}\sin 2\pi(\nu_0+\nu_r)\,t \\ y &= -\frac{A}{2}\cos 2\pi(\nu_0+\nu_r)\,t \end{aligned}\right\}\text{ mit der Schwingungszahl } \nu_0+\nu_r$$

und die rechtszirkulare

$$\left.\begin{aligned} x &= \frac{A}{2}\sin 2\pi(\nu_0-\nu_r)\,t \\ y &= \frac{A}{2}\cos 2\pi(\nu_0-\nu_r)\,t \end{aligned}\right\}\text{ mit der Schwingungszahl } \nu_0-\nu_r\,.$$

[217]) *E. S. Jmes*, Astroph. Journ. *50*, 251 (1919).

[218]) *A. Eucken*, Ber. d. deutsch. physikal. Ges. *15*, 1159 (1913). — *Eucken* hat dort, mit Rücksicht auf den asymmetrischen Bau des Wasserdampfmoleküls, zwei verschiedene Trägheitsmomente $J_1 = 0{,}96 \cdot 10^{-40}$ und $J_2 = 2{,}21 \cdot 10^{-40}$ angenommen und daher zwei Reihen von Rotationsumlaufzahlen ν_r erhalten. Vgl. die dort angegebene Tabelle. Siehe auch die Tabelle bei *Rubens* und *Hettner*, l. c. Anmerkung 213.

[219]) *M. Planck*, Ann. d. Phys. *52*, 491 (1917); *53*, 241 (1917).

[220]) *O. Sackur*, Ann. d. Phys. *36*, 958 (1911); *40*, 67 (1913).

[221]) *H. Tetrode*, Phys. Zeitschr. *14*, 212 (1913); Ann. d. Phys. *38*, 434 (1912).

[222]) *W. H. Keesom*, Phys. Zeitschr. *15*, 695 (1914).

[223]) *A. Sommerfeld*, Vorträge über die kinetische Theorie der Materie und der Elektrizität. Wolfskehl-Kongreß in Göttingen 1913. (Teubner, Leipzig u. Berlin 1914), S. 125.

[224]) *P. Scherrer*, Göttinger Nachr., 8. Juli 1916.

[225]) *M. Planck*, Berl. Ber. 1916, S. 653.

[226]) *W. Nernst*, Die theoretischen und experimentellen Grundlagen des neuen Wärmesatzes. (W. Knapp, Halle 1918), S. 154ff.

[227]) *O. Sackur*, Ber. d. deutsch. chem. Ges. *47*, 1318 (1914).

[228]) *O. Stern*, Phys. Zeitschr. *14*, 629 (1913); Zeitschr. f. Elektrochemie *25*, 66 (1919).

[229]) Für das Folgende vgl. die in der vorigen Anmerkung zitierte Arbeit von *O. Stern*. Ferner *W. Nernst*, Die theoretischen und experimentellen Grundlagen des neuen Wärmesatzes. (W. Knapp, Halle 1918), Kap. XIII.

[230]) Was dieses und die folgenden Kapitel anlangt, so sei für genauere Einzelheiten auf den Artikel von *P. S. Epstein* in dem Planckheft der Naturwissenschaften (1918, S. 230) verwiesen.

[231]) Als einfachstes *Thomson*sches Atom hat man sich eine Kugel vom Radius a vorzustellen, die mit der positiven Einheitsladung e von der Raumdichte ϱ erfüllt ist, und in deren Mitte ein Elektron von der Ladung $(-e)$ ruht. Dieses Gebilde ist nach außen hin neutral. Zieht man das Elektron aus dem

Zentrum bis zur Entfernung r heraus (siehe Fig. 14), so übt nach bekannten Sätzen der Potentialtheorie die äußere (schraffierte) Kugelschale keine Kraft auf das Elektron aus. Die innere Vollkugel vom Radius r dagegen wirkt auf das Elektron ebenso, als sei ihre Gesamtladung im Zentrum konzentriert. Die Kraft, die das Elektron in seine Ruhelage zurückzieht, ist also:

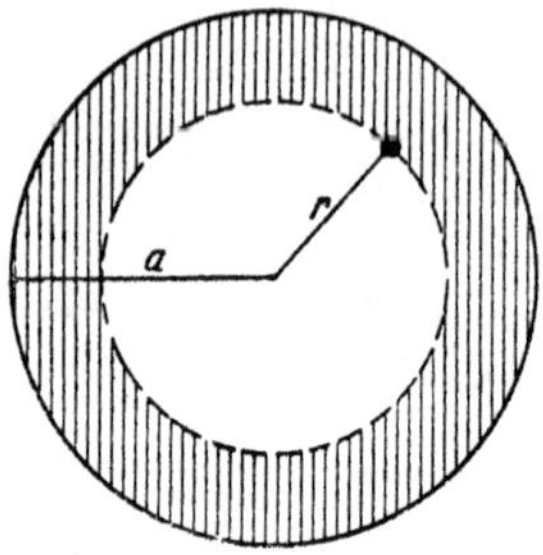

Fig. 14.

$$F = \frac{\frac{4\pi}{3} r^3 \varrho e}{r^2} = \frac{4\pi}{3} \varrho e r = \frac{e^2}{a^3} r ,$$

d. h. sie ist der Entfernung des Elektrons aus seiner Gleichgewichtslage proportional.

[232]) Vgl. z. B. *P. Drude*, Lehrbuch der Optik. 2. Aufl., Kap. V u. VII (Hirzel 1906).

[233]) Vgl. *W. Voigt*, Magneto- und Elektrooptik (Teubner 1908).

[234]) *M. Planck*, Ber. d. Berl. Akad. d. Wiss. 1902, S. 470; 1903, S. 480; 1904, S. 740; 1905, S. 382.

[235]) *H. A. Lorentz*, The theory of electrons, Kap. III, IV (Teubner 1909).

[236]) Das Elektron schwingt, bei quasielastischer Bindung, gemäß der Bewegungsgleichung $m \frac{d^2 x}{d t^2} = -f x$, wenn wir uns auf lineare Schwingungen beschränken. Dabei ist m die Masse des Elektrons, x seine Entfernung aus der Ruhelage, f ein Proportionalitätsfaktor. Die Lösung dieser Differentialgleichung wird durch die rein harmonische Bewegung

$$x = A \cos(n t + \delta)$$

dargestellt, wo die Frequenz

$$n = \sqrt{\frac{f}{m}}$$

ist. Die Frequenz n ist also, wie man sieht, von der Amplitude A und damit auch von der Schwingungsenergie unabhängig.

237) Die Schwingungszahlen ν derjenigen Spektrallinien des leuchtenden Wasserstoffs, die man unter dem Namen „*Balmer*-Serie" zusammenfaßt, lassen sich mit großer Genauigkeit durch die folgende von *Balmer* aufgestellte Formel darstellen

$$\nu = N\left(\frac{1}{2^2} - \frac{1}{n^2}\right) \quad \text{wo} \quad n = 3, 4, 5, 6 \ldots \infty .$$

N ist dabei eine Konstante, die sog. *Rydberg*sche Zahl. Setzt man für die „Laufzahl" n nacheinander die Werte 3, 4, 5 ..., so erhält man nacheinander die Schwingungszahlen der roten Linie des Wasserstoffs (H_α), der grünen Linie (H_β), der blauen Linie (H_γ) usw.

238) *J. Stark*, Ann. d. Phys. *43*, 965 (1914); *J. Stark* und *G. Wendt*, ebenda *43*, 983 (1914); *J. Stark* und *H. Kirschbaum*, ebenda *43*, 991; *43*, 1017 (1914); *J. Stark*, ebenda *48*, 193, 210 (1915); *J. Stark*, *O. Hardtke* und *G. Liebert*, ebenda *56*, 569 (1918); *J. Stark*, ebenda *56*, 577 (1918); *G. Liebert*, ebenda *56*, 589, 610 (1918); *J. Stark* und *O. Hardtke*, ebenda *58*, 712 (1919); *J. Stark*, ebenda *58*, 723 (1919).

239) Vgl. *H. A. Lorentz*, The theory of electrons. (Teubner, Leipzig u. Berlin 1909), Kap. III.

240) *H. Geiger* und *Marsden*, Phil. Mag., April 1913.

241) *E. Rutherford*, Phil. Mag. *21*, 669 (1911).

242) Nach *C. G. Darwin* [Phil. Mag. *27*, 506 (1914)] ist der Radius des kugelförmig gedachten Kerns bei Gold höchstens $= 3 \cdot 10^{-12}$ cm, bei Wasserstoff höchstens $= 2 \cdot 10^{-13}$ cm.

243) *A. van den Broek*, Phys. Zeitschr. *14*, 32 (1913).

244) Vgl. Anmerkung 247.

245) *N. Bohr*, Phil. Mag. *26*, 1, 476, 857 (1913).

246) *A. Einstein*, Phys. Zeitschr. *18*, 121 (1917).

247) Die ganz elementare Rechnung verläuft so: Es umfliege ein Elektron von der Ladung e und der Masse m in einer Kreisbahn einen Kern von der Ladung $E = e\,z$; dann ist z die „Ordnungszahl" (für Wasserstoff speziell $= 1$). Ist a der Kreisradius, v die Geschwindigkeit und ω die Winkelgeschwindigkeit (Umlaufsfrequenz) des Elektrons auf der Kreisbahn,

so lautet die Gleichgewichtsbedingung zwischen der Anziehung des Kerns und der Zentrifugalkraft:

$$\frac{e\,E}{a^2} = m\,a\,\omega^2 \quad \text{oder} \quad m\,a^3\,\omega^2 = e\,E = e^2 z\,.$$

Nach der zweiten *Bohr*schen Hypothese ist das Impulsmoment $p(= m\,v\,a = m\,a^2\,\omega)$ ein ganzes Vielfaches von $\frac{h}{2\pi}$, also

$$m\,a^2\,\omega = n\,\frac{h}{2\pi} \qquad (n = 1, 2, 3\ldots)\,.$$

Aus diesen beiden Bestimmungsgleichungen für a und ω folgen die diskreten Radien der erlaubten Quantenbahnen:

$$a_n = \frac{n^2\,h^2}{4\,\pi^2\,e^2 z\,m} \qquad (n = 1, 2, 3\ldots)$$

und die entsprechenden Umlaufsfrequenzen:

$$\omega_n = \frac{8\,\pi^3\,e^4\,z^2\,m}{n^3\,h^3}\,.$$

Die Energie (kinetische + potentielle) ist:

$$W = \tfrac{1}{2}\,m\,v^2 + \left(-\frac{e\,E}{a}\right) = \tfrac{1}{2}\,m\,a^2\,\omega^2 - \frac{e^2 z}{a} = -\frac{e^2 z}{2\,a}\,,$$

also die diskreten Quantenwerte der Energie:

$$W_n = -\frac{2\,\pi^2\,e^4\,z^2\,m}{h^2\,n^2}\,.$$

Setzt man in dem Ausdruck:

$$W = -\frac{e^2 z}{2\,a}\,, \quad \text{für } a \text{ den Wert} \left(\frac{e^2 z}{m\,\omega^2}\right)^{\frac{1}{3}},$$

so erkennt man, daß W eine Funktion von ω, also von $\nu = \frac{\omega}{2\pi}$, ist. Die Energie des Elektrons im *Rutherford*schen Modell hängt also, wie im Text gesagt, von seiner Umlaufszahl ν ab.

Geht das Elektron von der $n$ten nach der $s$ten Bahn über, so wird nach *Bohr*s dritter Hypothese eine homogene Spektrallinie emittiert von der Schwingungszahl:

$$\nu = \frac{W_n - W_s}{h} = \frac{2\,\pi^2\,e^4\,m\,z^2}{h^3}\left(\frac{1}{s^2} - \frac{1}{n^2}\right) = N\,z^2\left(\frac{1}{s^2} - \frac{1}{n^2}\right),$$

wo

$$N = \frac{2\,\pi^2\,e^4\,m}{h^3}\,.$$

[248]) Vgl. Anmerkung 237.

[249]) Historisch sei hier bemerkt, daß schon vor *Bohr* *A. E. Haas* im Jahre 1910 (Sitzungsber. d. Wiener Akad., 10. März 1910) zu einer Darstellung der *Rydberg*schen Zahl mit Hilfe der universellen Konstanten e, h, m gelangt ist, die sich von der *Bohr*schen nur um einen Faktor 8 unterscheidet. Er ging dabei so vor: er berechnete auf Grund des damals allgemein anerkannten *J. J. Thomson*schen Atommodells die maximale Schwingungszahl (Umlaufszahl) ν_{max} des Elektrons im einfachsten Atom (Wasserstoffatom), wenn es, mit einem Energiequant versehen, gerade an der Oberfläche der positiven Kugel kreist. Dann ergibt sich:

$$\nu_{max} = \frac{4\pi^2 e^4 m}{h^3} .$$

Diese maximale Schwingungszahl identifizierte nun *Haas* mit der Seriengrenze ($n = \infty$) in der *Balmer*schen Formel

$$\nu = N\left(\frac{1}{2^2} - \frac{1}{n^2}\right) .$$

Dann folgt:

$$N_{Haas} = \frac{16\pi^2 e^4 m}{h^3}$$

also 8 mal größer als N_{Bohr}. *Haas* benutzte seine Beziehung, um aus den als bekannt vorausgesetzten Größen der *Rydberg*schen Zahl N, der *Planck*schen Konstanten h, und dem Verhältnis $\frac{e}{m}$ die Ladung e des Elektrons zu berechnen. Infolge des Faktors 8 erhielt er den nach dem heutigen Stand der Forschung zu kleinen Wert $e = 3{,}18 \cdot 10^{-10}$, der mit den damals vorliegenden Messungen von *J. J. Thomson* und *H. A. Wilson* gut im Einklang war.

[250]) *Th. Lyman*, Phil. Mag. *29*, 284 (1915).

[251]) *F. Paschen*, Ann. d. Phys. *27*, 565 (1908).

[252]) *A. Fowler*, Month. Not. Roy. Astron. Soc. *73*, Dez. 1912.

[253]) *F. Paschen*, Ann. d. Phys. *27*, 565 (1908).

[254]) *E. C. Pickering*, Astroph. Journ. *4*, 369 (1896); *5*, 92 (1897).

[255]) *E. J. Evans*, Nature *93*, 241; (1914).

[256]) *W. Kossel*, Ann. d. Phys. **49**, 229 (1916); Die Naturwissenschaften **7**, 339, 360 (1919).

[257]) *L. Vegard*, Verhandl. d. deutsch. physikal. Ges. **19**, 344 (1917).

[258]) *A. Sommerfeld*, Atombau und Spektrallinien. (Vieweg 1919.)

[259]) *R. Ladenburg*, Die Naturwissenschaften **8**, 5 (1920).

[260]) *A. Sommerfeld*, Ann. d. Phys. **51**, 1 (1916).

[261]) In Polarkoordinaten r und φ drückt sich die kinetische Energie L bekanntlich so aus:

$$L = \frac{m}{2}(\dot{r}^2 + r^2\dot{\varphi}^2) .$$

Dabei ist m die Masse des Elektrons, die Punkte bedeuten Differentiationen nach der Zeit. Die Impulse p_r und p_φ sind dann so definiert (siehe Anmerkung 48):

$$p_r = \frac{\partial L}{\partial \dot{r}} = m\dot{r}; \qquad p\varphi = \frac{\partial L}{\partial \dot{\varphi}} = m r^2 \dot{\varphi} .$$

[262]) Nur wenn jeder Impuls p_i allein von dem entsprechenden q_i abhängt (oder eine Konstante ist), und wenn außerdem die Grenzen des Phasenintegrals von den q_i unabhängig sind, wird das ausgeführte Phasenintegral wirklich eine Konstante. Bei beliebiger Wahl des Koordinatensystems ist das indessen keineswegs der Fall.

[263]) *P. S. Epstein*, Ann. d. Phys. **50**, 489 (1916); **51**, 168 (1916.)

[264]) *K. Schwarzschild*, Sitzungsber. d. Berl. Akad. d. Wiss. 4. Mai 1916.

[265]) *A. Einstein*, Verhandl. d. deutsch. physikal. Ges. **19**, 82 (1917).

[266]) *M. Planck*, Verhandl. d. deutsch. physikal. Ges. **17**, 407, 438 (1915); Ann. d. Phys. **50**, 385 (1916).

[267]) Die große Halbachse der Ellipse, die durch die Quantenzahlen n und n' charakterisiert ist, hat hier den Wert:

$$a = \frac{h^2(n + n')^2}{4\pi^2 e^2 z m} .$$

Das Achsenverhältnis ist:

$$\frac{b}{a} = \frac{n}{n + n'},$$

$n' = 0$ entspricht also den *Bohr*schen Kreisbahnen.

[268]) Die Energie des Elektrons auf der *Kepler*-Ellipse (n, n') hat hier den Wert:

$$W_{n n'} = - \frac{2 \pi^2 e^4 z^2 m}{h^2 (n + n')^2} = - \frac{N h z^2}{(n + n')^2}.$$

Aus dem *Bohr*schen Frequenzansatz

$$\nu = \frac{W_{n n'} - W_{s s'}}{h}$$

folgt dann die Serienformel (102) des Textes.

[269]) Bei Berücksichtigung des Relativitätseinflusses wird die Serienformel für die wasserstoffähnlichen Spektren in erster Näherung:

$$\nu = \nu_0 + \nu_1,$$

wo

$$\nu_0 = N z^2 \left[\frac{1}{(s + s')^2} - \frac{1}{(n + n')^2} \right],$$

$$\nu_1 = N z^4 \alpha^2 \left[\frac{\frac{1}{4} + \frac{s'}{s}}{(s + s')^4} - \frac{\frac{1}{4} + \frac{n'}{n}}{(n + n')^4} \right]$$

Dabei ist:

$$N = \frac{2 \pi^2 e^4 m_0}{h^3 \left(1 + \frac{m_0}{M}\right)} \quad \text{und} \quad \alpha = \frac{2 \pi e^2}{h c}; \quad \alpha^2 \backsim 5{,}3 \cdot 10^{-5},$$

m_0 ist hier die Masse des Elektrons für unendlich kleine Geschwindigkeiten.

Während also das erste Glied ν_0 die alte Formel ergibt, die bei Vernachlässigung des Relativitätseinflusses gewonnen wurde, stellt das kleine Zusatzglied ν_1 den Relativitätseinfluß dar. Wie man sieht, hängt ν_1 nicht allein von den Quantensummen $s + s'$ und $n + n'$, sondern auch von den Einzelwerten s, s', n, n' ab. Dieses Glied erzeugt also die Feinstruktur.

270) Wendet man die Formel der vorigen Anmerkung auf H_α an, so hat man $z = 1$, $s + s' = 2$, $n + n' = 3$ zu setzen. Es folgt:

$$\nu = N\left[\frac{1}{2^2} - \frac{1}{3^2}\right] + N\alpha^2\left[\frac{\frac{1}{4} + \frac{s'}{s}}{2^4} - \frac{\frac{1}{4} + \frac{n'}{n}}{3^4}\right].$$

Entsprechend den Zerlegungen:

$$\left.\begin{aligned} s + s' = 2 &= 2 + 0 \\ &= 1 + 1 \end{aligned}\right\} \quad \left.\begin{aligned} &\text{(Kreis)} \\ &\text{(Ellipse)} \end{aligned}\right\} \; 2 \text{ Endbahnen}$$

und

$$\left.\begin{aligned} n + n' = 3 &= 3 + 0 \\ &= 2 + 1 \\ &= 1 + 2 \end{aligned}\right\} \quad \left.\begin{aligned} &\text{(Kreis)} \\ &\text{(Ellipse)} \\ &\text{(Ellipse)} \end{aligned}\right\} \; 3 \text{ Anfangsbahnen}$$

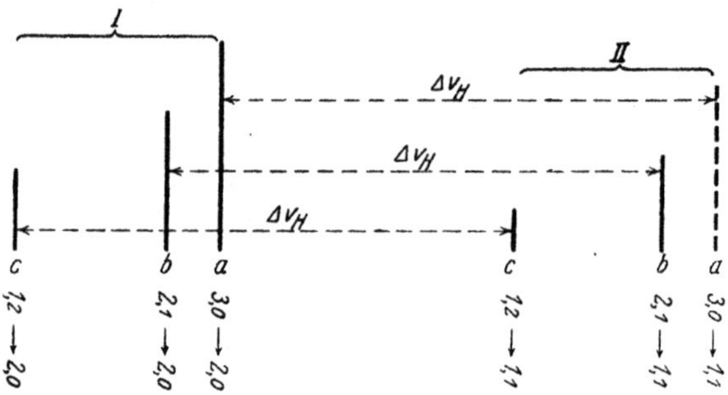

Fig. 15.

(ein Nullwerden der azimutalen Quantenzahl ist unter normalen Umständen aus dynamischen Gründen nicht möglich) müßte man $2 \cdot 3 = 6$ Erzeugungsmöglichkeiten und daher 6 Komponenten der Feinstruktur für H_α erwarten. Eine dieser Komponenten, nämlich diejenige, die dem Übergang des Elektrons aus dem Kreis ($n = 3$, $n' = 0$) in die Ellipse ($s = 1$, $s' = 1$) entspricht, tritt jedoch nach einem von *Rubinowicz* und *Sommerfeld* aufgestellten „Auswahlprinzip" (siehe Kap. VI, § 9) unter normalen Verhältnissen nicht auf. So bleiben 5 Feinstrukturkomponenten übrig, deren Lage aus Fig. 15 hervorgeht. Wie man sieht, ordnen sich die 5 Komponenten in 2 Hauptgruppen zu je 3 und 2 an. Die „ausfallende" Linie II_a ist punktiert. Den Abstand $\Delta\nu_H$ zwischen I_a und II_a, I_b und II_b, I_c und II_c nennt man „das theoretische Wasserstoffdublett' [Nach der obigen Formel ist die Schwingungszahl der Linie I_a (3,0 → 2,0)

$$\nu_{I_a} = N\left[\frac{1}{2^2} - \frac{1}{3^2}\right] + N\alpha^2\left[\frac{\frac{1}{4}}{2^4} - \frac{\frac{1}{4}}{3^4}\right]$$

die der Linie II_a (3,0 → 1,1):

$$\nu_{II_a} = N\left[\frac{1}{2^2} - \frac{1}{3^2}\right] + N\alpha^2\left[\frac{\frac{1}{4}+1}{2^4} - \frac{\frac{1}{4}}{3^4}\right].$$

Also

$$\Delta\nu_H = \nu_{II_a} - \nu_{I_a} = \frac{N\alpha^2}{2^4} = 1{,}095 \cdot 10^{10},$$

entsprechend $\Delta\lambda_H = 0{,}157$ Å.

Das wirklich beobachtete Wasserstoffdublett wird, da die Linie II_a ausfällt, etwa von der Mitte von I_a und I_b bis zur Mitte von II_b und II_c gemessen; das gibt $0{,}8\,\Delta\lambda_H$, also den Wert 0,126 Å.

Nach einem von *Bohr* aufgestellten Auswahlprinzip (siehe Kap. VI, § 9), nach dem die azimutale Quantenzahl nur um ± 1 springen darf, fallen auch noch die Komponenten I_b und II_c fort.

[271]) *F. Paschen*, Ann. d. Phys. *50*, 901 (1916).

[272]) Aus Formel (97) des Textes folgen die beiden *Rydberg*schen Konstanten für Wasserstoff und Helium:

$$N_H = \frac{2\pi^2 m_0 e^4}{h^3\left(1 + \frac{m_0}{M_H}\right)}$$

$$N_{He} = \frac{2\pi^2 m_0 e^4}{h^3\left(1 + \frac{m_0}{M_{He}}\right)}.$$

Ferner nach Anmerkung 269 als dritte Gleichung die Formel für die Feinstrukturkonstante:

$$\alpha = \frac{2\pi e^2}{h c}.$$

Aus den beiden ersten Beziehungen gewinnt man unter Beachtung von $M_{He} = 4\, M_H$:

$$\frac{m_0}{M_H} = \frac{\frac{e}{M_H}}{\frac{e}{m_0}} = \frac{N_{He} - N_H}{N_H - \frac{1}{4} N_{He}},$$

also

$$\frac{e}{m_0\, c} = \frac{e}{M_H\, c} \cdot \frac{N_H - \frac{1}{4} N_{He}}{N_{He} - N_H}.$$

Die beiden *Rydberg*schen Zahlen N_H und N_{He} sind von *Paschen* mit großer Genauigkeit gemessen:

$$N_H = (109677{,}691 \pm 0{,}06) \cdot c\,,$$

$$N_{He} = (109722{,}144 \pm 0{,}04) \cdot c\,.$$

Ferner ist $\frac{e}{M_H \cdot c} = F$ die elektrochemische Äquivalentladung (*Faraday*sche Zahl), d. h. diejenige Ladung, die bei der Elektrolyse mit einem Grammatom (d. h. mit $\mathfrak{N} = \frac{1}{M_H}$ Atomen) wandert. Diese Zahl hat den Wert:

$$F = 9649{,}4 \text{ elektromagnetische Einheiten.}$$

Setzt man die drei Werte für N_H, N_{He} und $\frac{e}{M_H \cdot c}$ in die oben abgeleitete Beziehung ein, so folgt:

$$\frac{e}{m_0\, c} = 1{,}7686 \cdot 10^7 \quad \text{elektromagn. Einh.}$$

in bester Übereinstimmung mit denjenigen Werten dieser Größe, die auf direktem Wege (Ablenkung der Kathoden- und β-Strahlen im elektrischen und magnetischen Felde) gewonnen worden sind. Jetzt schreibe man:

$$\frac{2\,\pi^2\, m_0\, e^4}{h^3} = N_H\left(1 + \frac{m_0}{M_H}\right)$$

oder unter Benutzung des oben angegebenen Wertes von $\frac{m_0}{M_H}$:

$$\frac{2\,\pi^2\, m_0\, e^4}{h^3} = \frac{3}{4}\, \frac{N_H \cdot N_{He}}{N_H - \frac{1}{4} N_{He}}.$$

Die rechte Seite dieser Gleichung ist bekannt. Kombiniert man mit ihr den soeben gefundenen Wert für $\frac{e}{m_0 c}$ und ferner den Wert:

$$\alpha = \frac{2 \pi e^2}{h c} = 7{,}290 \cdot 10^{-3},$$

der aus den Feinstrukturmessungen *Paschens* an den Heliumlinien folgt, so hat man jetzt drei Gleichungen für die drei Unbekannten e, m_0, h zur Verfügung. Es folgt:

$$e = (4{,}766 \pm 0{,}088) \cdot 10^{-10},$$
$$h = (6{,}526 \pm 0{,}200) \cdot 10^{-27}.$$

Vorteilhafter ist es (nach *Sommerfeld*), den *Millikan*schen Wert für e zugrunde zu legen. Dann erhält man:

$$\begin{cases} e = (4{,}774 \pm 0{,}004) \cdot 10^{-10}, \\ h = (6{,}545 \pm 0{,}009) \cdot 10^{-27}, \\ \alpha = (7{,}295 \pm 0{,}005) \cdot 10^{-3}. \end{cases}$$

[273]) *K. Glitscher*, Ann. d. Phys. *52*, 608 (1917).

[274]) *A. Landé*, Phys. Zeitschr. *20*, 228 (1919), *21*, 114 (1920).

[275]) Vgl. *A. Sommerfeld*, Atombau und Spektrallinien. Kap. IV, § 6.

[276]) *P. S. Epstein*, Ann. d. Phys. *50*, 489 (1916).

[277]) *P. Debye*, Göttinger Nachr., 3. Juni 1916.

[278]) *A. Sommerfeld*, Phys. Zeitschr. *17*, 491 (1916). Vgl. auch Atombau und Spektrallinien. Kap. VI, § 5.

[279]) *F. Paschen* und *E. Back*, Ann. d. Phys. *39*, 897 (1912); *40*, 960 (1913).

[280]) *A. Rubinowicz*, Phys. Zeitschr. *19*, 441, 465 (1918).

[281]) *N. Bohr*, On the quantum theory of line-spectra. Part I u. II. D. Kgl. Danske Vidensk. Selsk. Skrifter, Naturvidensk. og Mathem. Afd. 8 Raekke IV, 1. Kopenhagen 1918.

[282]) Die Umlaufszahl (in 1 Sekunde) des Elektrons im $s$ten *Bohr*schen Kreis des Wasserstoffatoms ist nach Anmerkung 247:

$$\nu_s = \frac{\omega_s}{2 \pi} = \frac{4 \pi^2 e^4 m}{s^3 h^3}.$$

Andererseits folgt aus Formel (93) des Textes, wenn man $s \gg 1$ (hohe Quantenzahlen) und $n = s + 1$ (Übergang zwischen benachbarten Kreisen) annimmt:

$$\nu = \frac{2\pi^2 e^4 m}{h^3} \frac{(s+1)^2 - s^2}{n^2 s^2}$$

oder

$$\nu \sim \frac{2\pi^2 e^4 m}{h^3} \frac{2s}{s^4} = \frac{4\pi^2 e^4 m}{h^3 s^3} = \nu_s .$$

283) *P. S. Epstein,* Ann. d. Phys. *58,* 553 (1919).

284) *H. A. Kramers,* Intensities of spectral lines. D. Kgl. Danske Vidensk. Selsk. Skrifter, Naturvidensk. og Mathem. Afd. 8, Raekke III, 3. Kopenhagen 1919.

285) *A. Sommerfeld* und *W. Kossel,* Ber. d. deutsch. physikal. Ges. *21,* 240 (1919).

286) *J. Franck* und *G. Hertz,* Phys. Zeitschr. *20,* 132 (1919); dort auch Literaturverzeichnis. Vgl. ferner *J. Franck* und *P. Knipping,* Phys. Zeitschr. *20,* 481 (1919); *J. Franck, P. Knipping* und *Thea Krüger,* Ber. d. deutsch. physikal. Ges. *21,* 728 (1919).

287) *J. Tate* und *Foote,* Phil. Mag., Juli 1918.

288) Literatur siehe in dem in Anmerkung 286 genannten Bericht von *J. Franck* und *G. Hertz.*

289) *A. Einstein,* Phys. Zeitschr. *18,* 121 (1917).

Man betrachte die beiden Quantenzustände (1) und (2) des Atoms, mit den Energien E_1 und $E_2 > E_1$. Die Anzahl der in der Zeit dt durch Ausstrahlung erfolgenden Übergänge $2 \to 1$ ist dann nach *Einstein*: $N_2 A_{21} dt$. Dabei ist N_2 die Zahl der Atome im Zustand 2, also nach Anmerkung 48:

$$N_2 = N w_2 = N C p_2 e^{-\frac{E_2}{kT}},$$

wenn N die Zahl aller Atome ist. A_{21} ist ein Proportionalitätsfaktor.

Die Einstrahlung der monochromatischen Strahlung von der Schwingungszahl ν und der Intensität $\mathfrak{K}_\nu$ bewirkt erstens positive Absorption, d. h. Übergänge $1 \to 2$. Ihre Anzahl in der Zeit dt ist nach *Einstein* $= N_1 B_{12} \mathfrak{K}_\nu$. Dabei ist B_{12} ein

Proportionalitätsfaktor, N_1 ist die Zahl der Atome im Zustand 1, also

$$N_1 = N C p_1 e^{-\frac{E_1}{kT}}.$$

Zweitens bewirkt die Einstrahlung auch Übergänge 2 → 1 (negative Absorption). Ihre Anzahl in der Zeit dt ist $= N_2 B_{21} \mathfrak{R}_\nu$, wo B_{21} ein Proportionalitätsfaktor ist. Im Energiegleichgewicht muß die Zahl der Übergänge 2 → 1 gleich der Zahl der Übergänge 1 → 2 sein, also

$$N C p_2 e^{-\frac{E_2}{kT}} A_{21} dt + N C p_2 e^{-\frac{E_2}{kT}} B_{21} \mathfrak{R}_\nu dt = N C p_1 e^{-\frac{E_1}{kT}} B_{12} \mathfrak{R}_\nu dt$$

oder

$$\mathfrak{R}_\nu = \frac{\dfrac{A_{21}}{B_{21}}}{\dfrac{p_1 B_{12}}{p_2 B_{21}} \cdot e^{\frac{E_2 - E_1}{kT}} - 1}.$$

Für unendlich anwachsende Temperatur muß auch $\mathfrak{R}_\nu$ ins Unendliche wachsen; daraus folgt, daß

$$\frac{p_1 B_{12}}{p_2 B_{21}} = 1$$

sein muß. Also folgt schließlich, wenn wir noch $\frac{A_{21}}{B_{21}}$ abkürzend $= A$ setzen, die im Text angegebene Beziehung:

$$\mathfrak{R}_\nu = \frac{A}{e^{\frac{E_2 - E_1}{kT}} - 1}.$$

[290]) Vgl. den zusammenfassenden Bericht von *E. Wagner*, Phys. Zeitschr. *18*, 405, 432, 461, 488 (1917).

[291]) *G. Moseley*, Phil. Mag. *26*, 1024 (1913); *27*, 703 (1914).

[292]) *W. Kossel*, Verhandl. d. deutsch. physikal. Ges. *16*, 898, 953 (1914); *18*, 339 (1916).

[293]) *A. Sommerfeld*, Ann. d. Phys. *51*, 125, (1916). Phys. Zeitschr. *19*, 297 (1918). Vgl. auch Atombau und Spektrallinien. Kap. III, Kap. IV § 4, Kap. V § 5.

[294]) *L. Vegard*, Verhandl. d. deutsch. physikal. Ges. *1917*, S. 328, 344; Phys. Zeitschr. *20*, 97, 121 (1919).

[295]) *P. Debye*, Phys. Zeitschr. *18*, 276 (1917).

[296]) *J. Kroó*, Phys. Zeitschr. *19*, 307 (1918).

[297]) *A. Smekal*, Wiener Ber. IIa *127*, 1229 (1918); *128*, 639 (1919); Verhandl. d. deutsch. physikal. Ges. *21*, 149 (1919). Vgl. auch *A. Smekal* und *F. Reiche*, Ann. d. Phys. *57*, 124 (1918).

[298]) *W. Kossel*, Zeitschr. f. Physik *1*, 119 (1920).

[299]) Da der *L*-Ring aus mehreren Elektronen besteht, so ist unter der „elliptischen" Bewegung folgender Bewegungstypus zu verstehen: Jedes Elektron beschreibt für sich eine Ellipse um den Kern; dabei befinden sich die Elektronen in jedem Moment an den Ecken eines regulären Polygons, das sich bei der Bewegung der Elektronen dreht und abwechselnd erweitert und zusammenzieht („Ellipsenverein"). Vgl. *Sommerfeld*, Atombau und Spektrallinien, S. 366ff.

[300]) *A. Smekal*, Wiener Ber. IIa *128*, 639 (1919).

[301]) *M. Born* und *A. Landé*, Berl. Akad. Ber. 1918, S. 1048; Verhandl. d. deutsch. physikal. Ges. *20*, 202, 210 (1918); *M. Born*, ebenda *20*, 230 (1918); Ann. d. Phys. *61*, 87 (1920).

[302]) *A. Landé*, Verhandl. d. deutsch. physikal. Ges. *21*, 2, 644, 653 (1919). Zeitschr. f. Phys. *2*, 83 (1920), vergl. auch *A. Landé* und *E. Madelung*; Zeitschr. f. Phys. *2*, 230 (1920).

[303]) *W. Kossel*, Ann. d. Phys. *49*, 229 (1916).

[304]) *P. Debye*, Münch. Akad. Ber., 9. Jan. 1915.

[305]) *P. Scherrer*, Die Rotationsdispersion des Wasserstoffs. Dissertation, Göttingen 1916.

[306]) *G. Laski*, Phys. Zeitschr. *20*, 269, 550 (1919).

[307]) Vgl. z. B. *A. Sommerfeld*, Atombau und Spektrallinien, Kap. IV, § 6.

[308]) *Langumir*, Journ. Amer. Chem. Soc. *34*, 860 (1912); Zeitschr. f. Elektrochemie *23*, 217 (1917).

[309]) *Jsnardi*, Zeitschr. f. Elektrochemie *21*, 405 (1915).

[310]) *J. Franck*, *P. Knipping* und *Thea Krüger*, Ber. d. deutsch. physikal. Ges. *21*, 728 (1919).

[310a]) Einen Versuch, das *Bohr*sche Modell so abzuändern, daß es die richtige Dissoziationswärme liefert, machte *M. Planck*, Berl. Akad. Ber. 1919, S. 914. Vergl. auch *H. Kallmann*. Dissertation, Berlin 1920.

[311]) *W. Lenz*, Ber. d. deutsch. physikal. Ges. *21*, 632 (1919).

312) *A. Sommerfeld,* Ann. d. Phys. *53*, 497 (1917).

313) *F. Pauer,* Ann. d. Phys. *56*, 261 (1918).

314) *G. Laski,* siehe Anmerkung 314.

315) *M. Pier,* Zeitschr. f. Elektrochemie *16*, 897 (1910).

316) *K. Schwarzschild,* Berl. Akad. Ber. 1916, S. 548.

317) *H. Deslandres,* Compt. Rend. *138*, 317 (1904).

318) *T. Heurlinger,* Phys. Zeitschr. *20*, 188 (1919); Zeitschr. f. Physik *1*, 82 (1920).

319) *W. Lenz,* siehe Anmerkung 311.

320) Eine andere Anschauung vertritt *J. Burgers* (Versl. K. Ak. van Wet. Amsterdam *26*, 115; 1917), nach dem auch hier springende Elektronen die ultrarote Mittellinie der Bande erzeugen. Zum Unterschied gegen *Schwarzschild* und *Lenz* nimmt *Burgers* an, daß die Bewegung der Elektronen durch die Rotation des Moleküls beeinflußt wird. Die Energie des Systems setzt sich dann nicht additiv aus der Energie der Elektronen und der Rotationsenergie des Moleküls zusammen; vielmehr tritt ein drittes Glied hinzu, das von der Corioliskraft in rotierenden Systemen herrührt.

321) *T. Heurlinger,* siehe Anmerkung 318.

322) *F. Reiche,* Zeitschr. f. Physik *1*, Heft 4, 283 (1920).

323) *E. S. Jmes,* Astrophys. Journ. *50*, 251 (1919).

324) *A. Kratzer,* Dissertation, München 1920.

325) Für die von *Imes* untersuchten Gase HCl, HBr und HF ergeben sich die Trägheitsmomente:

$J_{HCl} = 2{,}64 \cdot 10^{-40}$; $J_{HBr} = 3{,}27 \cdot 10^{-40}$; $J_{HF} = 1{,}37 \cdot 10^{-40}$.

GPSR Compliance

The European Union's (EU) General Product Safety Regulation (GPSR) is a set of rules that requires consumer products to be safe and our obligations to ensure this.

If you have any concerns about our products, you can contact us on ProductSafety@springernature.com

In case Publisher is established outside the EU, the EU authorized representative is:

Springer Nature Customer Service Center GmbH
Europaplatz 3
69115 Heidelberg, Germany

Batch number: 10682534

Printed by Printforce, the Netherlands